MECHANICAL MAINTENANCE

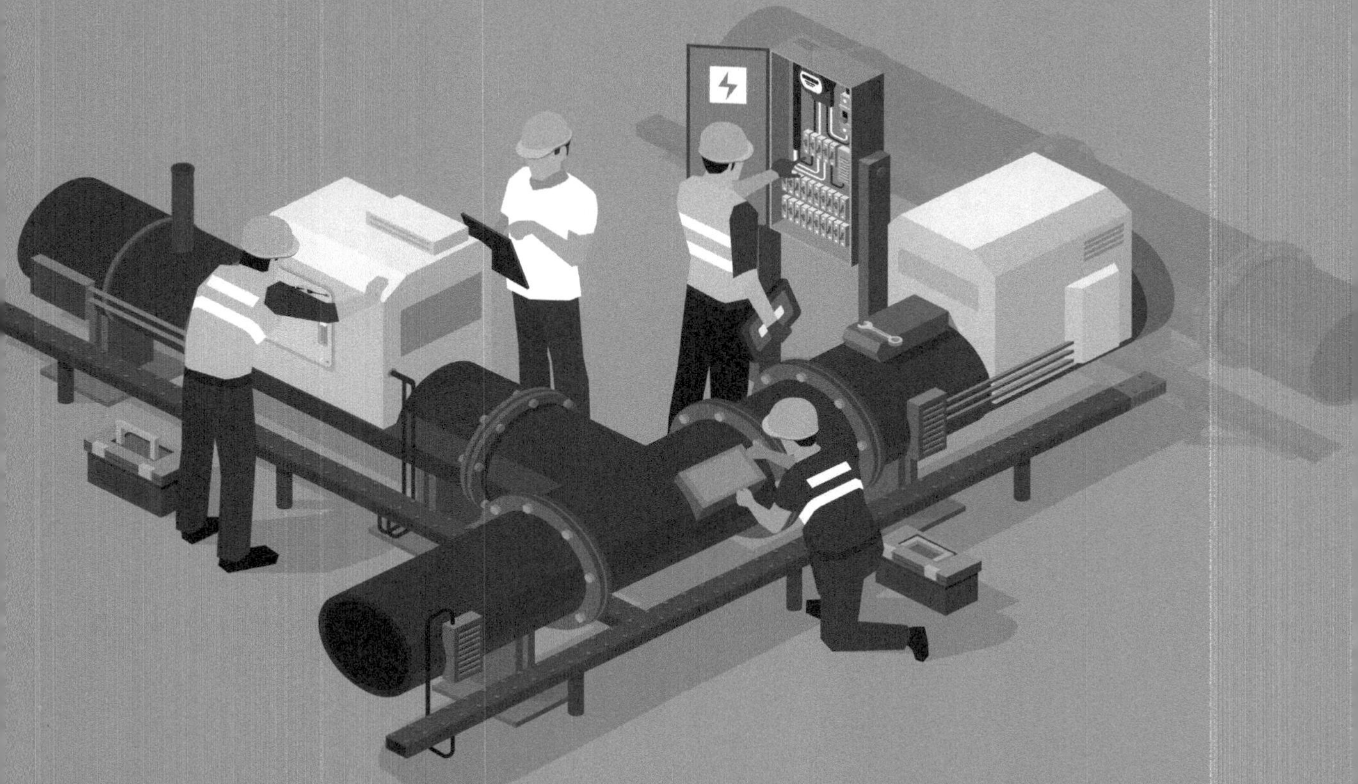

기계설비보전

김창균 지음

기전연구사

Introduce | 머리말

산업의 발전과 더불어 현장에서의 설비 유지 관리에 대한 중요성은 더욱 커지고 있다. 그러나 지금 이 순간에도 관리 소홀로 인하여 크고 작은 재해가 발생되고 있으며 그로 인해 많은 인명과 재산상의 손실을 초래하고 있다.

우리가 매일 타고 다니는 승용차의 엔진오일, 브레이크, 타이어, 핸들 등 각 부분은 때에 맞추어 점검하고 교환하여야만 우리의 생명과 안전을 보장받을 수 있는 것처럼, 산업 현장에서 다루고 있는 산업기계도 적기에 점검하고 효율적으로 관리되어야 한다.

이를 위한 계획적이고 체계적인 점검과 보수는 반드시 필요하며, 담당하고 관리되는 설비에 관한 동작 특성은 물론 약점을 파악하고 설비의 각종 트러블 발생 시 해결 능력을 갖춘 기술자의 확보가 필수적이다.

또한 현장에서 담당 설비의 보전 담당자와 관리자는 기계장치를 단순 기계로만 대할 것이 아니라, 맡겨진 기계장치에 대해서 기계가 요구하는 세밀한 소리를 들으며 이상 상태를 미리 예측하여 조치하고, 각각의 트러블을 방지하는 노력과 배려가 반드시 있어야 할 것이다. 갓 태어난 아이를 기르는 일(육아)과 같이 세심한 관심과 배려가 필요하다.

기계장치에 대한 애정과 관심은 기계의 수명과 성능을 향상시키지만, 적시에 적절한 처치를 하지 못함으로 인하여 기계의 정지, 기계 자체의 성능 저하와 역할을 다하지 못하고 조기에 폐기되는 등 경제적 시간적 손실도 헤아릴 수 없이 발생되고 있다.

본 교재는 기계장치의 설비보전 부분과 기계장치를 구성하는 체결부, 전동장치, 베어링의 기계요소, 송풍기와 펌프 및 기계정렬, 윤활과 밀봉 부분을 기술하였다.

본 교재가 관련 기계장치에 대해 학습하고 운용, 관리하는 분들께 학습 또는 참고자료로서 사용되어지기를 바라면서 이 책이 출판되기까지 협조하여 주신 관계자 여러분께 진심으로 감사를 드린다.

저 자

Contents | 차 례

chapter 01 설비보전 ······ 013

- **01** 설비보전 개요 ······ 015
- **02** TPM(Total Productive Maintenance) ······ 015
- **03** TPM의 도입 목적 ······ 016
- **04** TPM 선행활동 ······ 017
  - 4.1 추진방법 ··· 017
- **05** 자주보전 ······ 018
  - 5.1 자주보전이란 ··· 018
  - 5.2 자주보전의 목표 ··· 018
  - 5.3 자주보전의 주요활동 ··· 019
- **06** 생산의 요소 ······ 020
  - 6.1 생산의 3요소 ··· 020
  - 6.2 생산의 5요소 ··· 020
- **07** 설비관리 영역 ······ 020
  - 7.1 설비에 의한 생산 손실 ··· 021
- **08** 기계설비의 고장 발생과 원인 ······ 022

chapter 02 볼트와 체결　025

01 볼트의 재질과 강도　027
- 1.1 고장력 볼트의 체결 … 028
- 1.2 압력과 토크 … 029
- 1.3 볼트의 적정 조임 … 030
- 1.4 고장력 볼트의 강도 … 034
- 1.5 볼트의 길이 설계 … 035
- 1.6 볼트 조임 순서 … 036

02 일반용 볼트 너트의 체결　038
- 2.1 일반용 볼트의 종류 … 038
- 2.2 너트의 종류 … 041
- 2.3 육각 볼트(Hexagon Head Bolt) … 043
- 2.4 볼트의 체결 … 045
- 2.5 볼트 너트의 이완 방지 … 047
- 2.6 고착된 볼트 너트 분해 … 051
- 2.7 볼트 너트의 적정한 쥠 방법 … 054
- 2.8 안전율 … 056

chapter 03 직접 및 간접 전동장치　057

01 기어 전동 장치　059
- 1.1 기어의 각부 명칭 … 059
- 1.2 기어의 종류 … 061
- 1.3 기어 손상 … 063
- 1.4 스퍼기어 또는 헬리컬 기어의 접촉 … 076
- 1.5 기어장치의 소음 측정 … 077

02 간접 전동장치(벨트, 로프, 체인)　083
- 2.1 간접 전동장치의 분류 … 083

- 2.2 평 벨트의 전동 … 083
- 2.3 V벨트의 전동 … 084
- 2.4 타이밍 벨트 전동 … 086
- 2.5 체인 전동 … 087
- 2.6 체인 전동과 V벨트 전동의 비교 … 089
- 2.7 최소 풀리 지름과 최소 스프로킷 지름의 결정 … 091

03 감속기 보전 ··· 092
- 3.1 감속기의 점검과 분해조립 … 092

chapter 04 베어링 / 축 이음 097

01 베어링 보전 ··· 099
- 1.1 저널과 베어링의 개요 … 099
- 1.2 베어링의 종류 … 100
- 1.3 베어링의 비교 … 103
- 1.4 주요치수와 호칭기호 … 104
- 1.5 베어링의 선정 … 108
- 1.6 베어링의 배열과 틈새 … 113
- 1.7 정격 하중과 베어링 수명 … 117
- 1.8 베어링의 끼워맞춤 … 119
- 1.9 베어링 끼워맞춤 공차 선정 … 119
- 1.10 베어링 취급과 청결한 환경의 유지 … 120
- 1.11 베어링의 보수와 관리 … 120
- 1.12 베어링의 설치 … 125
- 1.13 베어링의 이상 운전 상태와 그 원인 및 대책 … 132
- 1.14 베어링의 윤활 … 140

02 축 이음 ··· 146
- 2.1 커플링 … 146
- 2.2 클러치 … 149

05 축정렬　　153

01 축정렬(Alignment)이란　　155
1.1 축정렬(Alignment) 목적 … 156
1.2 축정렬 불량(Misalignment)시 현상 … 156
1.3 축정렬 불량(Misalignment) 발생요소 … 157
1.4 축정렬 불량 (Misalignment)의 종류 … 157
1.5 축정렬 불량 (Misalignment)시 증상 … 158

02 다이얼게이지 축정렬　　158
2.1 Centering의 준비 … 158
2.2 Coupling의 측정과 수정 … 159
2.3 고정기기와 유동기기의 결정 … 161

03 레이저 축정렬　　161
3.1 Unbalance와 Mis-Alignment … 163
3.2 축정렬 방법과 비교 … 165
3.3 Misalignment에 따른 결과 … 166
3.4 커플링 선정 … 168

06 펌 프　　171

01 펌프의 기본원리　　173
1.1 펌프의 전양정 … 174
1.2 펌프의 동력과 효율 … 175
1.3 포화증기 압력 … 176
1.4 빨아올리는 높이 … 177
1.5 펌프와 양정 … 178

02 펌프의 종류와 분류법　　179
2.1 원리 구조상에서의 분류 … 179
2.2 펌프의 동력원에 의한 분류 … 180

2.3 펌프에 사용되는 재질에 의한 분류 ··· 183
2.4 취급액에 의한 분류 ··· 184

03 원심 펌프 ··· 185
   3.1 원심 펌프의 구조 ··· 187
   3.2 원심 펌프와 축류 펌프의 운전특성 비교 ··· 188
   3.3 펌프의 캐비테이션(Cavitation) ··· 189
   3.4 캐비테이션 방지법 ··· 191
   3.5 펌프의 축추력 ··· 191
   3.6 서징현상 및 수격현상 ··· 193
   3.7 펌프 밀봉장치 ··· 194

04 편심 펌프 ··· 196

05 웨이브 펌프 ·· 197

06 단단 펌프와 다단 펌프 ··· 198

07 프로펠러 펌프 ··· 201
   7.1 사류 펌프 ··· 201
   7.2 축류 펌프 ··· 202

08 점성 펌프(마찰 펌프) ··· 203

09 왕복동 펌프 ·· 205
   9.1 피스톤 펌프 ··· 206
   9.2 브란자 펌프 ··· 207
   9.3 다이어프램 펌프 ··· 208
   9.4 윙 펌프 ··· 208

10 회전 펌프 ··· 209
   10.1 기어 펌프 ··· 210
   10.2 나사 펌프 ··· 212

11 기포 펌프 ··· 212

12 분사 펌프 ··· 214

| 13 | 수추 펌프(무동력 펌프) | 215 |
| 14 | 펌프의 정기점검과 고장원인 | 216 |

chapter 07 송풍기   221

| 01 | 송풍기의 개요 | 223 |

| 02 | 송풍기의 분류 | 224 |

  2.1 압력에 의한 분류 ··· 224
  2.2 날개의 형상에 따른 분류 ··· 226

| 03 | 풍량과 압력 | 233 |

  3.1 풍량 ··· 233
  3.2 압력 ··· 234

| 04 | 공기동력과 효율 | 235 |

  4.1 공기동력 ··· 235
  4.2 효율 ··· 235

| 05 | 송풍기의 특성곡선 | 236 |

| 06 | 송풍기의 유지관리 주안점 | 237 |

  6.1 송풍기 점검정비의 3위치 ··· 237
  6.2 V벨트는 정기적으로 교환 ··· 239
  6.3 벨트 교체시 주의사항 ··· 241
  6.4 임펠러 청소는 연 1회 ··· 242
  6.5 베어링의 정비불량은 소음발생의 원인 ··· 243

| 07 | 송풍기의 일상점검과 고장원인 | 245 |

08 윤활 및 작동유　　　　　　　249

01　윤 활 ·· 251

　　1.1　윤활유의 일반개론 … 251
　　1.2　윤활제의 역할 … 253
　　1.3　윤활제의 구성 … 254
　　1.4　완제품 제조공정 … 255
　　1.5　윤활유 선정시 고려사항 … 257
　　1.6　윤활관리의 목적 … 259
　　1.7　윤활제의 선정기준 … 260
　　1.8　윤활 급유법 … 263
　　1.9　윤활제 선정 … 270
　　1.10　윤활 관리 … 272
　　1.11　사용유의 관리 … 275
　　1.12　윤활유의 산화 … 277
　　1.13　윤활유의 오염관리 … 279
　　1.14　사용유의 열화판정법 … 282
　　1.15　윤활유의 열화방지법 … 283

02　작동유 ··· 283

　　2.1　작동유의 종류와 특성 … 283
　　2.2　작동유의 선정과 평가 … 287
　　2.3　작동유의 관리기준 … 289
　　2.4　플러싱 … 298
　　2.5　작동유의 취급과 보관방법 … 301

09 밀봉 장치　　　　　　　303

01　밀봉의 개요 ··· 305
02　실의 선택 ··· 306

| 03 | 실의 종류 ··· 308 |

3.1 패킹 ⋯ 308
3.2 그랜드 패킹 ⋯ 308
3.3 오일 실 ⋯ 310
3.4 개스킷 ⋯ 312
3.5 메커니컬 실 ⋯ 314

chapter 10 부 록   331

1. 안전율과 허용응력 ··· 333
2. 체결 볼트의 고장 유형 ··· 334
3. 기어의 일상점검 ··· 335
4. 기어의 백래시(Back Lash) 기준 ··· 336
5. 기어 이너비의 평행오차와 오차의 허용치 ··· 337
6. 변속기의 고장원인과 대책 ··· 338
7. 원심 펌프의 점검 ··· 339
8. 3상 유도 전동기의 점검 ··· 340
9. 유압 탱크의 점검 ··· 341
10. 베어링의 점검 ··· 342
11. 유압 펌프에 관한 용어 ··· 342

■ 찾아보기 ··· 344

제01장 설비보전

1. 설비보전 개요
2. TPM(Total Productive Maintenance)
3. TPM의 도입 목적
4. TPM 선행활동
5. 자주보전
6. 생산의 요소
7. 설비관리 영역
8. 기계설비의 고장 발생과 원인

설비보전

01 설비보전 개요

생산 공장에서 제품의 생산성을 높이고 품질을 향상시키기 위해 공장 설비의 자동화와 각종 합리화 혁신운동을 항상 추진하고 있다.

산업 현장에서 추진된 혁신 또는 개선운동으로는 ISO 품질, 안전, 설계인증 등의 활동과 공장 합리화 운동이지만 공장의 생산설비에 직접적으로 관련된 생산과 품질이 어우러진 혁신운동인 전사적 설비보전(Total Productive Maintenance : TPM) 활동은 80년대 초에 국내에 도입되었다.

02 TPM(Total Productive Maintenance)

생산설비를 사전 계획대로 문제점 없이 원활하게 가동할 수 있다면 그 회사는 우수한 경쟁력을 갖춘 우량 기업으로 분류될 것이다. 이러한 목적을 달성하기 위하여 설비 시스템의 안정성을 확보하기 위한 방법으로 각종 예방보전(Preventive Maintenance, Predictive Maintenance, Proactive Maintenance) 활동에 전사적 품질관리(TQM)와 전사적 근로자 참여운동(Total Employee Involvement)을 접목하여 탄생된 설비보전 운동이 전사적 설비보전(TPM)이다.

TPM은 설비와 생산시스템의 효율화와 체질 개선을 위하여 고장을 사전에 예방하고 개선하여 기업 경쟁력을 높이며 재해, 불량, 장비의 고장을 막아(Zero) 기업의 체질을 강화하기 위한 것이다.

이에 따른 체질개선을 목표로 생산 최고 경영자와 생산, 공무, 기술지원팀 등 전원이 참가하는 활동을 말한다.

03 TPM의 도입 목적

생산설비를 제작한 원래의 설계 목적대로 100% 기대효과를 얻기 위해서는 생산설비 시스템의 효율적 설비보전 활동을 통하여 설비보전 관련 불필요한 손실이나 안전사고를 미연에 방지함으로써 생산설비의 안정성을 확보하고 제품의 품질과 생산성을 확보하기 위한 공장 합리화 운동을 전사적 설비보전이라 한다.

TPM 운동에서는 설비관리에 대한 최적화를 추구하고 정상적으로 가동중인 생산설비 시스템의 예기치 못한 일시정지를 최소화하면서 설비 관리자의 매일 보전활동을 체크하여 그 성과를 얻고자 한다.

① 설비관리 비용의 절감
② 예기치 못한 설비고장의 제거
③ 설비 시스템의 안정성 확보 및 수명연장
④ 기계적 고장에 대한 대처능력 제고
⑤ 제품 품질의 고급화 유지
⑥ 생산성 및 제품의 균질성 확보
⑦ 정부나 국제 규격에 적합한 설비환경 상태 유지
⑧ 생산설비로 인한 안전사고 방지
⑨ 기업의 국제 경쟁력 강화

04 TPM 선행활동

정리, 정돈, 청소, 청결, 습관화의 5항목을 5행(5S)이라 한다.

5행은 낭비를 줄이고 개선과 혁신의 기반이며, 다른 어떤 혁신활동보다 선행되어야 할 활동이라 할 수 있다. 5행이 필요한 사유는 다음과 같다.

① 깨끗한 환경에서 좋은 아이디어가 나온다.
② 산만하지 않아야 집중이 된다.
③ 집중해야 업무의 효율이 오른다.
④ 필요한 것을 쉽게 찾는다.
⑤ 오랜 기간 동안 한 번도 필요한 적이 없었다.
⑥ 깨끗한 현장이라야 품질이 향상된다.
⑦ 필요한 만큼만 가지면 비용을 줄인다.
⑧ 설비가 깨끗하면 잘못된 것이 보인다.
⑨ 내 스스로 실천하면 애사심이 생긴다.

4.1 추진방법

1) 5행 추진조직 만들기

① 최고경영자에서부터 담당자까지 전원이 참가하여 진행한다.
② 추진 주관부서인 사무국은 전담자를 정하여 그 일에 집중하도록 한다.
③ 관련부문 책임자로 구성된 추진위원회를 구성한다.

2) 추진조직의 임무

① 최고경영자는 직접 참여하고 전사적인 지원과 동기부여 및 현황을 파악하여 독려한다.
② 추진위원회는 진행에 대한 중요 의사 결정과 소속된 추진 조직의 활동에 대한

지원을 한다.
③ 추진사무국은 5행 교육, 홍보, 추진에 따른 전반적인 지원을 한다.

3) 운영방향
① 최고경영자는 지시만 하는 게 아니라 솔선수범해야 한다.
② 단위 조직별 추진에 대한 독자적인 아이디어를 수용하여 효율성을 높인다.
③ 짧은 기간 내 5행을 완료하기 위하여 급하게 추진하지 않는다.

4) 5행 활동 선언하기
5행 추진이 결정되면 최고경영자는 전 직원이 모이는 조회 등을 통하여 5행 활동이 시작되었음을 선언해야 한다. 최고경영자가 직접 참여하여 솔선수범하는 자세를 보여 주는 것이 중요하므로, 회사 내 쓰레기를 줍거나 책상 주변을 깨끗이 하는 행동을 보여 주어야 하며 5행 추진을 전사적으로 알린다.

05 자주보전

5.1 자주보전이란

자주보전이란 오퍼레이터가 행하는 보전활동을 말하며 운전대상이 되는 공정, 설비 및 1시스템을 이해함과 동시에 상호간의 관계를 파악하고 종합적인 판단에 의해 안전하고 효율적인 운전을 실행할 수 있는 기술자를 육성하는 활동을 말한다.

5.2 자주보전의 목표

자주보전을 실시하는 중요한 목표는 다음과 같이 3가지로 정리할 수 있다.

① 설비에 강한 오퍼레이터(Operator)의 육성이다.

자주보전의 기본적인 목표가 설비에 강한 오퍼레이터를 육성하여 대다수 고장을 작업자가 해결하는 것이다.

이 결과로 전문부서인 보전부서는 일상적인 점검이나 수리 업무가 줄어들게 되어 시간적인 여유가 생겨 전문 분야의 업무를 깊게 연구할 수 있어 전문성과 효율성을 높일 수 있게 된다.

② 이상을 알 수 있는 현장체계를 구축한다.

현장을 깨끗이 하고 설비를 청결상태로 유지하며, 자동이상 감지나 눈으로 보이는 관리 등을 실시하여 평소에 설비사용자가 이상의 징후를 쉽게 느낄 수 있도록 해야 한다.

③ 고장, 불량, 재해 제로의 현장을 구현한다.

자주적인 보전활동실시하며 개별개선활동을 활성화하고 설비를 예방관리하는 등의 활동을 강력하게 추진하여 현장의 설비에 대한 종합적 예방관리가 될 수 있도록 한다.

5.3 자주보전의 주요활동

자주보전의 주요 활동을 나열하면 다음과 같다.

① 5행(정리, 정돈, 청소, 청결, 습관화)활동
② 눈으로 보는 관리체제 구축
③ 초기청소 활동
④ 발생원 곤란개소 개선활동
⑤ 청소, 점검, 주유기준 작성
⑥ 총 점검
⑦ 자주점검
⑧ 공정품질관리
⑨ 자주보전 시스템화 활동

⑩ 자주관리 활동

06 생산의 요소

6.1 생산의 3요소

산업현장에서 제품의 생산 활동을 하기 위한 기본적인 3요소로 사람(Man), 설비(Machine), 재료(Meterial)이다.

6.2 생산의 5요소

생산에 필요한 기본적인 요소로 사람(Man), 설비(Machine), 재료(Meterial) 외에 비용(Money)과 생산방법(Production Method)을 추가한 것이다.

07 설비관리 영역

설비란 형고정자산의 총칭으로 건물이나 기계, 장치 등과 같이 기업 내에 오랜 동안 사용과 수익을 제공하는 것이다.

① 목적분류 : 생산설비, 유티리티 설비, 연구개발 설비, 수송설비, 판매설비, 관리설비
② 형태분류 : 토지, 건물, 구축물, 기계 및 장치, 차량, 운반구, 선박, 공구, 기구 및 부품

7.1 설비에 의한 생산 손실

설비에 의해 발생하는 생산손실은 생산에 투입되는 총시간 즉, 조업시간은 설비의 부하시간과 조업손실로 구성되는데, 부하시간이란 가동 목적에 따라 설비를 원하는 만큼 가동하고자 하는 시간을 말한다.

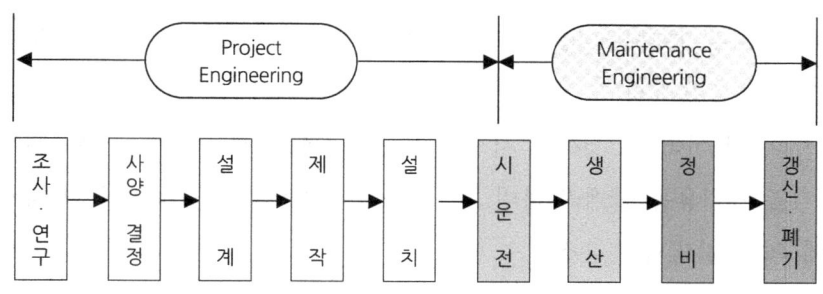

그림 1.1 설비관리 영역(설비의 일생)

조업손실이란 계획정지손실과 관리상 정지손실을 말하며, 계획정지손실이란 정전, 회의, TPM활동에 소요되는 시간 등 사전에 계획하여 정지하는 손실을 말한다.

설비가 정상적으로 가동하지 못하여 발생하는 손실을 정지손실이라 하는데, 정지손실이란 고장발생이나 작업준비 및 조정을 하기위하여 설비를 정지시킴으로 인하여 가동시간에 영향을 주어 발생하는 손실을 말한다.

설비 정지로 인해 발생하는 손실에는 고장발생이나 작업준비, 조정에 의한 손실이 있으며, 속도에 의한 손실에는 순간정지나 속도저하에 의한 손실이 있다. 불량에 의해 발생하는 손실에는 공정불량과 초기수율에 의한 손실이 있다.

6대손실의 사례는 다음과 같다.

① 고장, 정지

　설비의 정지로 인하여 발생되는 손실.

② 준비, 조정손실

　작업 전 후의 준비 및 마무리, 품종교체, 치공구 교환, 정상가동을 위한 확인ㆍ

조정하는 시간에 의한 손실.
③ 공전, 순간정지손실
일시적인 트러블에 의한 설비의 정지 또는 공회전으로 발생되는 손실.
④ 속도 저하손실
설비기능 열화. 불량발생 방지를 위한 속도저하로 발생되는 손실.
⑤ 공정불량, 수정손실
기계 가동 중 불량을 만들어 내는 손실 및 수정시간으로 인하여 발생되는 손실.
⑥ 초기유동, 수율손실
시험생산에 이어 본 생산이 시작되어도 초기에는 공정이 유동적인 경우가 많은데 이를 초기유동 단계라 하며, 이 단계에서 발생하는 불량손실 및 자재 스크랩 등에 의해 발생되는 손실.

08 기계설비의 고장 발생과 원인

① 초기고장 기간
  ㉮ 윤활법의 부적절, 윤활제의 습윤성, 부적합한 부품 선정, 플러싱 불량 등 설계와 제작시의 윤활 기술 부족에 의한 고장이 발생한다.
  ㉯ 단순 실수에 의한 것이 많고 원인에 대한 조사와 대책은 비교적 용이하므로 보전 담당자와 설계 담당자의 협력이 필요하다.
② 우발고장 기간
  ㉮ 그림 1.2는 고장특성 곡선을 나타낸 것으로서 운전 보전 관리, 윤활제 관리, 오염 관리가 지속적으로 필요한 구간에서 발생한다.
  ㉯ 최근에는 설비진단 기술이 발달되어 설비의 이상을 조기에 발견하면 큰 고장을 미연에 방지할 수 있게 된다.

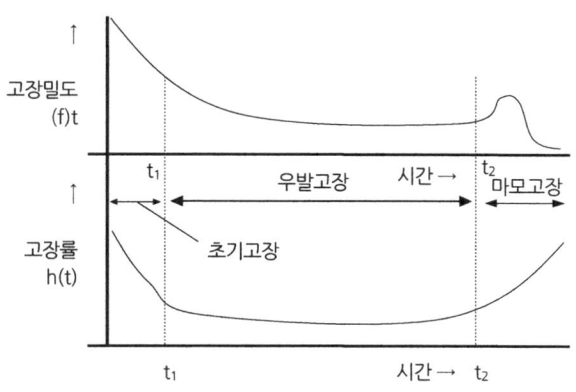

그림 1.2 고장특성 곡선

③ 마멸고장 기간
  ㉮ 윤활에 관련된 개선 업무가 가장 중요한 시기로 위험하다.
  ㉯ 현재의 상태를 정량적 또는 경향 관리로 조사하여 문제점을 밝히고 설비 관리자의 현장 경험을 토대로 부품의 수명과 신뢰성을 증대시킬 필요가 있다.
  ㉰ 접촉면의 재료 조합 변경, 이물질과 수분의 혼입 방지를 위한 밀봉 장치의 개선, 윤활법과 급유, 급지 장치의 개선 등을 실시하여 효과적인 설비 보전 대책을 강구해야 한다.

제02장 **볼트와 체결**

1. 볼트의 재질과 강도

2. 일반용 볼트 너트의 체결

볼트와 체결

01 볼트의 재질과 강도

일반적으로 볼트를 체결하고자 할 때 그 대상 볼트가 어느 정도의 토크로 체결되어야 하는가의 규정은 볼트에 의해 결합되어지는 대상물(기계 또는 구조물)의 설계된 시점에서 결정되는 것이 일반적이며, 지정된 토크에 따라 적합한 체결장치(공구)를 선정하여 사용된다.

어느 정도의 힘으로 체결해야 하는가는 체결토크, 체결응력, 체결축력, 볼트의 신장량, 너트의 회전각 등으로 지시되어 체결 작업을 하게 된다.

일반 기계장치 및 자동차와 건설용으로 사용되는 체결용 볼트는 일반적으로 볼트 재료의 탄성 한계 내에서 체결되며 볼트의 각종 사용조건 등에 따라 달라지겠으나 체결 나사면의 마찰토크 또는 축력에 의해 항복을 일으킨다.

탄성 영역에서 볼트를 체결하는 경우에는 볼트 재료가 갖는 항복강도의 60~70% 정도가 활용된다.

중량기기 등을 지지하는 볼트의 강도는 안전상 대단히 중요한 요소이며 볼트의 재질과 체결부의 수량과 체결방법 피로응력과 하중 조건 등이 고려되어야 한다.

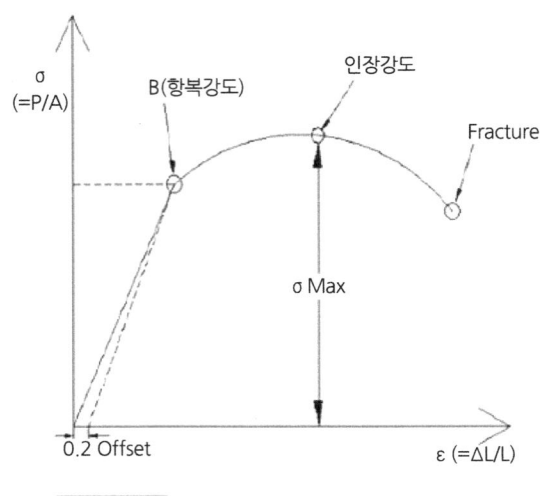

그림 2.1 항복강도(Yield Strenth)

1.1 고장력 볼트의 체결

1) 토크법(Torque Method)

볼트 체결에 필요한 신장량을 스패너나 유압 토크렌치를 이용하여 축 방향으로 신장시켜 체결하는 방식이다.

나사의 체결 응력이 탄성 영역 내에서 충분한 여유를 갖는 체결에 적용되며 체결 목표 값을 정하고 체결한다.

체결 토크는 나사부에 작용하는 토크와 머리부 좌면에 작용하는 토크로 나누어진다.

2) 신장법(Tensioning Method)

나사를 탄성역과 소성역의 한계를 통과한 위치까지 체결하는 방식이다.

나사 자체의 응력 한도(Max)에서 체결이 가능하도록 연산에 의해 항복점 도달을 감지하며 토크 및 각도의 상, 하한치를 설정하여 모터를 제어한다.

① 가열법(Heating Method) : 중공으로 된 볼트 홀에 히터로 열을 가해 볼트를 신장 체결하는 방법으로 가열법의 신장값은 볼트의 재질에 따라 볼트의 길이, 가열온도, 가열시간을 고려하여 설계되어진다.

볼트 가열 방식은 필요한 신장량을 얻기 위해 볼트 사이즈에 따라 다르지만 약 30분 정도의 시간이 소요되며, 가열시 케이싱 플렌지도 함께 늘어나는 단점이 있다. 또한 열팽창계수라는 변수가 있어 체결정확도(Accuracy)를 통상 ±10%로 보는 것이 일반적이다.

② 텐셔닝법(Tensioning Method) : 볼트텐셔너를 이용하여 볼트를 신장하여 체결하는 방법으로, 이 체결 방식은 체결 시 나사면 마찰이 없는 상태에서 너트를 고정하는 방식으로 원자로를 포함한 철강 석유화학 분야의 중요설비에 널리 사용되고 있다. 신장력(Tensioning Force)은 볼트의 규격, 재질, 클램핑 길이에 의해 설계된다.

3) 각도법(Angle Method)

토크법에서는 소성 연신량을 제어할 수 없기 때문에 너트 또는 볼트의 회전각에 의하여 볼트의 소성 연신량을 규제하여 초기 체결력을 관리하는 방법이다.

체결시 축력의 산포가 크게 되면 초기 체결력 관리는 불가능하며, 중요한 것은 필요 최소 축력의 확보에 있다.

탄성력 내에서 너트 회전각에 의하여 초기 체결력을 관리하면 토크법보다 40% 높은 최소 축력을 얻을 수 있다.

1.2 압력과 토크

① 압력의 단위
$1\ kgf/cm^2 = 9.8 \times 10^4\ Pa$
$1\ kgf/cm^2 = 9.8 \times 10^{-2}\ MPa$
$1\ kgf/cm^2 = 0.098\ MPa$
$10\ kgf/cm^2 = 0.98\ MPa$

10 MPa = 10^3 kPa = 10^6 Pa

② 토크의 단위

1 kg · m = 9.8 N · m

1 kg · m = 9.8×10^{-3} kN · m

1 kg · m = 0.0098 kN · m

100 kg · m = 0.98 kN · m

1.3 볼트의 적정 조임

1) 나사의 체결력 관리

볼트가 바르게 체결되었는지는 체결력이 적정한 수치로 되어 있는가에 달려 있다. 근래 초음파 축력계와 자기를 이용한 축력계 등을 개발, 실용화되고 있다. 볼트의 체결력은 사용 중의 진동과 충격 등에 의해 볼트가 느슨해지지 않는 최소치 이상, 체결 부분을 해체시키지 않는 최대치 이하의 범위에 있지 않으면 안 된다(탄성영역은 항복점의 30%~60% 정도).

표 2.1 볼트 체결 방법의 종류

체결방법	축력의 오차(분산)
토크법	±25%
각도법	±10~15%
신장법	±3%

2) 토크와 축력과의 관계

나사 체결력을, 역학적으로 생각한 경우 토크와 축력과의 관계이다.

그림과 같이 소재 A와 B를 볼트와 너트로 체결하는 경우 회전하는 너트에는 두 개의 접촉면이 있다.

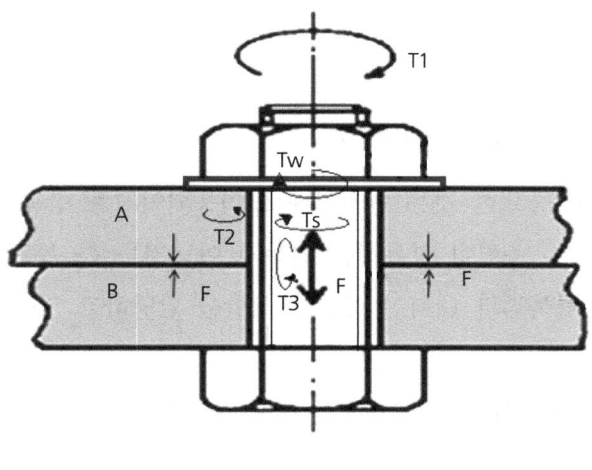

그림 2.2 토크와 축력

한 개는 너트의 좌면과 소재A 또는 와셔와의 접촉면, 다른 하나는 볼트와 너트와의 접촉면이다.

체결한 토크 T_1은 너트 와셔의 마찰에 필요한 토크 T_W와 볼트 축에 전해지는 토크 T_2로 나누어진다. 다시 T_2는 볼트면 마찰에 허비되는 토크 T_S와 볼트 리드에 의거해서 볼트에 축력을 발생시키는 토크 T_3로 나뉘어진다.

이 토크의 관계는 다음과 같다.

$$\left.\begin{array}{l} T_1 = T_2 + T_W \\ T_2 = T_3 + T_S \end{array}\right\} \tag{1}$$

토크 T_3에 의해서 볼트에 발생한 축력 $+F$는 소재 A, B에는 압축방향의 체결력 $-F$로 된다. 이 축력과 토크의 관계를 (1)식과 비교해서 표시하면 일반적으로 체결 토크 100% 중 와셔의 마찰에 필요한 토크는 50%, 나사면 마찰에 필요한 토크는 40%로, 결국 90%가 마찰에 필요한 토크로서 소모된다.

볼트는 높은 체결력이 얻어지는 체결품이다라고 말해지지만 체결력에 직접 관계하는 토크는 겨우 10% 정도밖에 안 된다.

토크와 축력과의 관계는 이처럼 나사면과 와셔와 소재의 마찰에 따라 크게 좌우된다.

3) 축력의 항복과 인장 항복점의 차이

볼트 인장시험에서 중요한 것은 탄성한계로 이용되어지는 항복점과 내력이다. 체결력 관리에 있어서도, 축력이 항복점을 넘는지 아닌지를 큰 목표로 삼고 있다. 이 때문에 볼트에서는 항복점과 내력이 중요한 역할을 담당하고 있다.

4) 토크값과 렌치의 선정

그림 2.3 유압토크렌치를 사용한 체결

표 2.2 적정 체결 토크

호칭경	일반 볼트		고장력 볼트		
	20 kgf/mm²	30 kgf/mm²	40 kgf/mm²	50 kgf/mm²	60 kgf/mm²
M 30	74	111	148	185	222
M 33	98	147	196	245	294
M 36	126	189	252	315	378
M 39	148	222	296	370	444
M 42	212	318	424	530	636

호칭경	일반볼트		고장력 볼트		
	20 kgf/mm²	30 kgf/mm²	40 kgf/mm²	50 kgf/mm²	60 kgf/mm²
M 45	250	375	500	625	750
M 48	302	453	604	755	906
M 52	384	576	768	960	1,152
M 56	478	717	956	1,795	1,434
M 60	588	882	1,176	1,470	1,764
M 64	710	1,065	1,420	1,775	2,130
M 68	852	1,278	1,704	2,130	2,556
M 72	1,012	1,518	2,024	2,530	3,036
M 76	1,190	1,785	2,380	2,945	3,570
M 80	1,386	2,079	2,772	3,465	4,158
M 85	1,658	2,487	3,316	4,145	4,974
M 90	1,988	2,982	3,976	4,970	5,964
M 95	2,332	3,498	4,664	5,830	6,990
M 100	2,774	4,116	5,488	6,860	8,323
M 105	3,166	4,749	6,332	7,915	9,498
M 110	3,630	5,445	7,260	9,075	10,890
M 115	4,136	6,204	8,272	10,340	12,408
M 120	4,728	7,092	9,456	11,820	14,184

5) 토크 계수(K)

체결 토크 T와 체결력 F와의 관계는 나사면과 금속면(와셔, 접촉면)의 마찰계수를 포함한 식으로 나타낸다.

$$T = KDF \tag{2}$$

T : 체결토크(Nm, kgf-m)
K : 토크계수(0.11~0.19)
D : 볼트의 직경(mm)
F : 체결력(N)

D는 나사의 호칭경(M Size), K를 토크계수(나사면과 금속면의 마찰계수를 한 개의 계수로서 합쳐 놓은 것), F는 체결력이라 한다.

토크계수(마찰계수) K는 일반적으로 0.15를 적용하지만 적용설비, 너트의 형태, 볼트의 형태, 나사, 와셔 등에 따라 마찰계수를 0.08, 0.1로 하며 경우에 따라서는 0.2를 적용하기도 한다. 이와 같이 토크 체결 방식은 볼트와 너트의 좌면 상태에 따라 토크 값이 2배 이상 차이가 날 수도 있다.

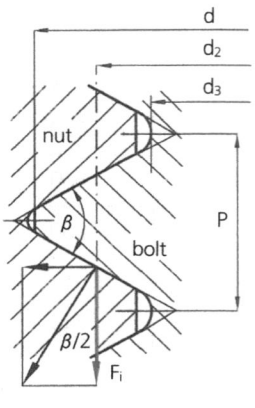

1. Pitch Diameter(유효지름, d_2)
   $d_2 = d - 0.649519P$

2. Root Diameter(골지름, d_3)
   $d_3 = d - 1.226869P$

3. 나사의 유효단면적(A)
   $A = (\pi/4)d_0^2$

   $d_0 = (d_2 + d_3)/2$

그림 2.4 체결볼트의 단면

1.4 고장력 볼트의 강도

1) 고장력 볼트의 형태별 종류

① 마찰 접합용
② T/S(Torque Shere) 볼트

구분	기호	인장강도 (kgf/mm²)	항복강도 (kgf/mm²)
건축용	F8T	80~100	64 이상
	F10T	100~120	90 이상
	F11T	110~130	95 이상
	F13T		
일반기계용	10.9T	100 이상	90 이상

그림 2.5 고장력 볼트의 기호와 강도

예) F 10 T 기호의 의미
   F : Friction Grip Koint (건축용)
   10 : 최소 인장강도의 1/10 표시(kgf/mm²)
   T : Tensile Strength

1.5 볼트의 길이 설계

적정한 볼트 길이의 선정은 매우 중요하며 체결부의 두께를 고려하여 적정길이를 신중히 선정하여야 한다. 나사의 길이는 KS의 기준에 따라 5 mm 단위로 공급되고 있으므로 아래의 선정요령에 의해 선정된 길이에 가장 가까운 것을 선택하여 사용하면 된다.

$$L = G + (2 \times T) + H + (3 \times P)$$

L : 볼트의 길이
G : 체결물의 두께
T : 와셔의 두께
H : 너트의 두께
P : 볼트의 피치

볼트 체결 후 너트 위로 나오는 볼트의 길이를 여유길이라 하며, 보통 나사산 3개 정도의 길이로 한다.

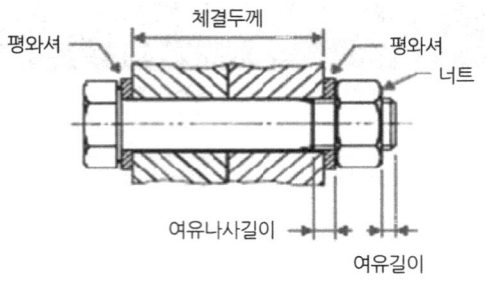

그림 2.6   볼트의 각부 길이

그림 2.7   유압토크렌치셋(Power Pack and Hydraulic Torque Wrenches Set)

1.6 볼트 조임 순서

볼트 조임시 1차 체결과 2차 체결을 통해 조임부의 균등한 축력을 얻을 수 있다. 또한 결합부의 조임 순서는 중심으로부터 바깥쪽으로 순차적으로 체결해야 한다.

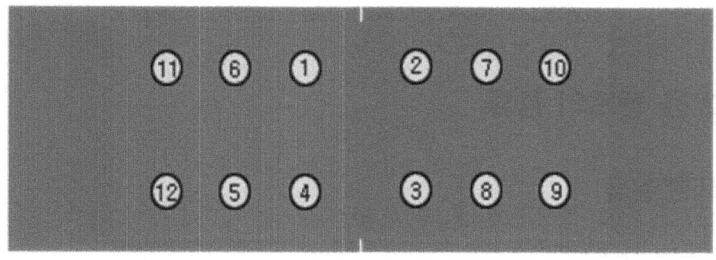

그림 2.8 볼트 조임 순서

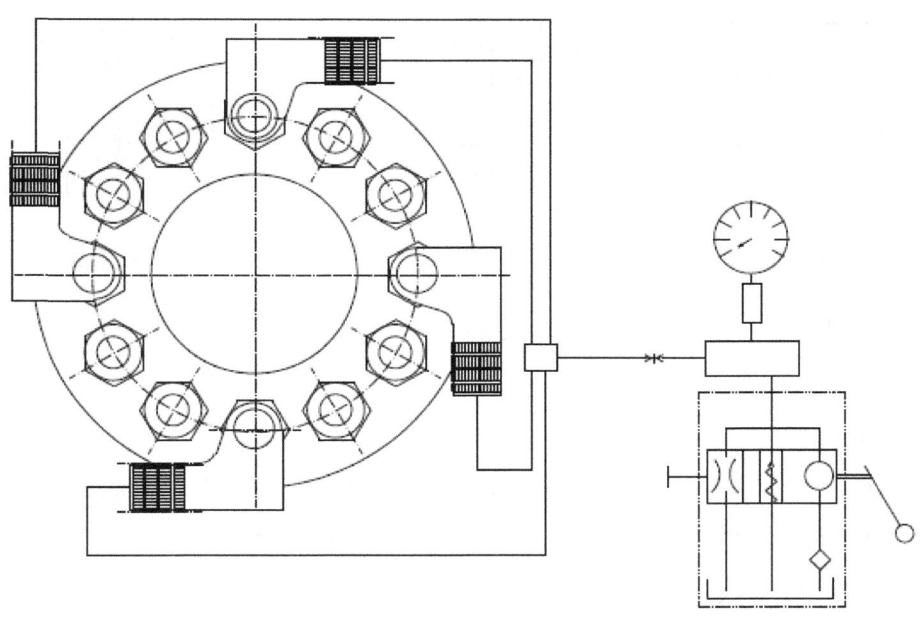

그림 2.9 유압토크렌치를 사용한 체결

02 일반용 볼트 너트의 체결

2.1 일반용 볼트의 종류

1) 용도에 의한 분류

① 탭 볼트(Tap Bolt)

그림 2.10의 (a)와 같이 너트를 사용하지 않고 상대 쪽에 직접 암나사를 내고 머리붙이 볼트를 조여 부품을 결합하는 볼트이다.

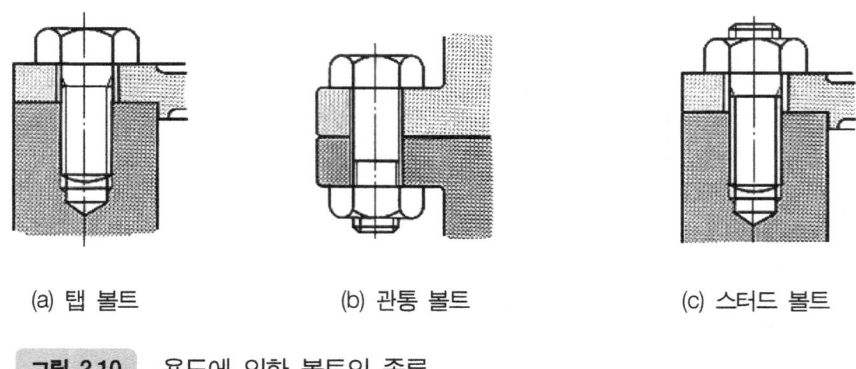

(a) 탭 볼트　　　(b) 관통 볼트　　　(c) 스터드 볼트

그림 2.10 용도에 의한 볼트의 종류

② 관통 볼트(Through Bolt)

그림 (b)는 가장 널리 사용되며 볼트 지름보다 약간 큰 구멍을 뚫고 여기에 머리붙이 볼트를 끼워 넣은 후 너트를 결합하는 볼트이다.

③ 스터드 볼트(Stud Bolt)

그림 (c)와 같이 환봉 양끝에 나사를 낸 것으로 관통하는 구멍을 뚫을 수 없는 경우에 사용되며, 한쪽 끝에 암나사를 만들어 미리 반영구적으로 나사 박음하고 반대쪽 끝에 너트를 끼워 조이도록 하는 볼트이다.

2) 볼트 머리부에 따른 분류

① 육각 볼트

그림 2.11은 볼트 머리부에 따른 볼트의 종류를 나타낸 것이며 그림 (a)는 머리 모양이 정육각형인 볼트로서 일반적으로 가장 많이 사용하고 있으며 머리 접촉면이 넓어 강한 조임력이 얻어진다.

② 육각 구멍붙이 볼트

볼트의 머리를 원통형으로 하고 머리 중심에 육각 렌치를 넣고 죌 수 있는 구멍이 있는 볼트이다. 볼트 재질로는 강도가 우수한 합금강인 크롬몰리브덴강 3종(SCM3)이 사용된다.

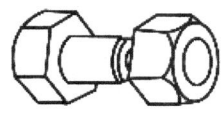 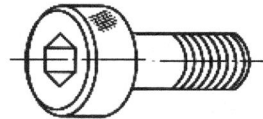 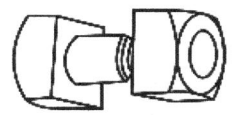

(a) 육각 볼트   (b) 육각 구멍붙이 볼트   (c) 사각 볼트

그림 2.11 볼트 머리부에 따른 볼트 종류

③ 사각 볼트

볼트 머리모양이 정사각형이고 볼트의 머리 자리면적이 육각 볼트의 2배로서 스패너를 이용할 때 회전 모멘트를 크게 할 수 있으며, 또한 고착되어 있는 경우에 볼트를 쉽게 풀어 분리할 수 있다.

3) 특수 볼트

① 나비 볼트(Wing Bolt)

그림 2.12의 (a)와 같이 스패너 없이 손으로 조이거나 풀어낼 수 있도록 볼트의 머리부를 나비 모양으로 만들어 공구 없이 손으로 탈착이 가능하다.

② 간격유지 볼트(Stay Bolt)

일명 스테이 볼트라고도 하며 두 물체 사이의 거리를 일정하게 유지시키면서 결합하는데 사용되며, 그림 (b)와 같이 중간에 격리 파이프를 끼우는 방법과 볼트에 간격유지 턱을 양쪽에 붙이는 방법 등이 있다.

③ 아이 볼트(Eye Bolt)

그림 (c)는 무거운 부품을 들어올리는데 사용되는 링 모양이나 구멍이 뚫려 있는 볼트이다.

④ 기초 볼트(Foundation Bolt)

기계, 구조물 등을 콘크리트 기초에 고정시키기 위하여 사용되는 볼트로서 그림 (d)와 같이 볼트의 한쪽은 콘크리트 기초에 묻혔을 때 빠지지 않도록 하기 위하여 여러 가지 형태로 되어 있다.

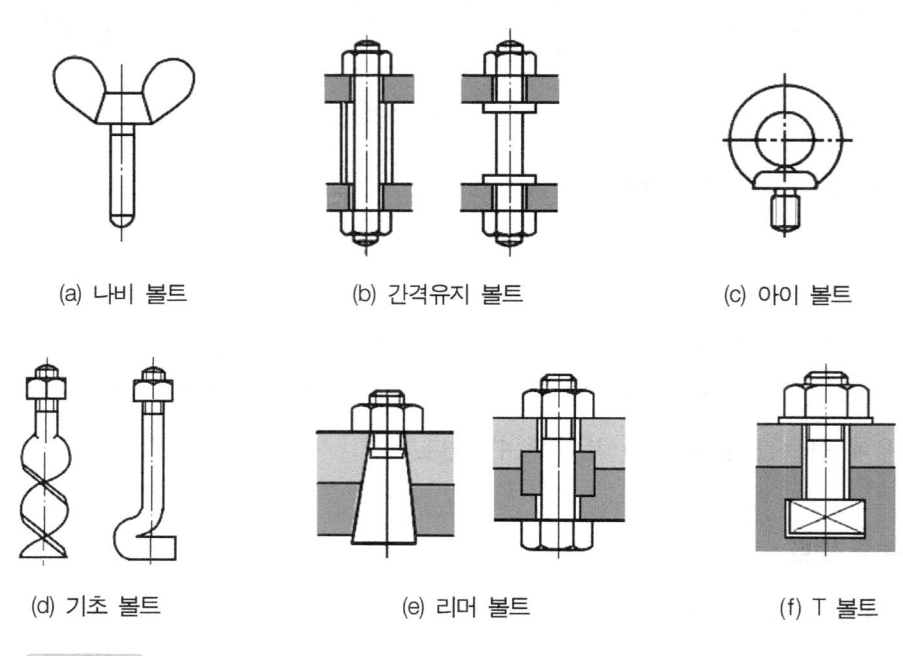

(a) 나비 볼트   (b) 간격유지 볼트   (c) 아이 볼트

(d) 기초 볼트   (e) 리머 볼트   (f) T 볼트

그림 2.12   특수 볼트

⑤ 리머 볼트(Reamer Bolt)

볼트가 끼워지는 구멍은 볼트 지름보다 크므로 전단력이 작용하면 볼트가 파손되기 때문에 큰 전단력이 작용할 때는 볼트의 맞춤이 중간 끼워 맞춤 또는 억지 끼워 맞춤이 되도록 볼트 구멍을 리머로 다듬질한 후 정밀 가공된 리머 볼트를 끼워서 결합하는데 사용되며, 그림 (e)는 볼트부분을 테이퍼지게 하여 움직이지 않도록 결합하는 방법과 전단력이 발생하는 부분에 링을 끼워 전단력을 받도록 결합하는 방법 등이 있다.

⑥ T 볼트(T-Bolt)

공작기계 테이블은 다른 물체를 용이하게 고정시킬 수 있도록 그림 (f)와 같이 T자형 홈이 파져 있으며, 볼트의 머리를 사각형으로 만들어 너트를 조일 때 볼트 머리가 회전하지 않도록 한다.

2.2 너트의 종류

1) 육각 너트(Hexagon Nut)

그림 2.13은 너트의 종류를 나타낸 것으로서 그림 (a)는 가장 널리 사용되는 너트로서 육각 모양으로 되어 있으며, 육각 너트에는 호칭 높이가 호칭 지름에 대하여 0.8배 이상인 일반 육각 너트와 0.8배 이하인 육각 낮은 너트가 있다.

2) 사각 너트(Square Nut)

사각 모양으로 되어 있으며 주로 목재에 사용되고 또한 가끔 기계의 부품 결합으로 사용된다.

3) 둥근 너트(Circular Nut)

자리가 좁아 보통의 육각너트를 사용할 수 없을 경우 또는 너트의 높이를 작게 할 경우에 사용된다. 너트를 죄는 데는 특수한 스패너가 필요하며, 주로 선반주축 등의 회전축에 사용하는 경우가 많다.

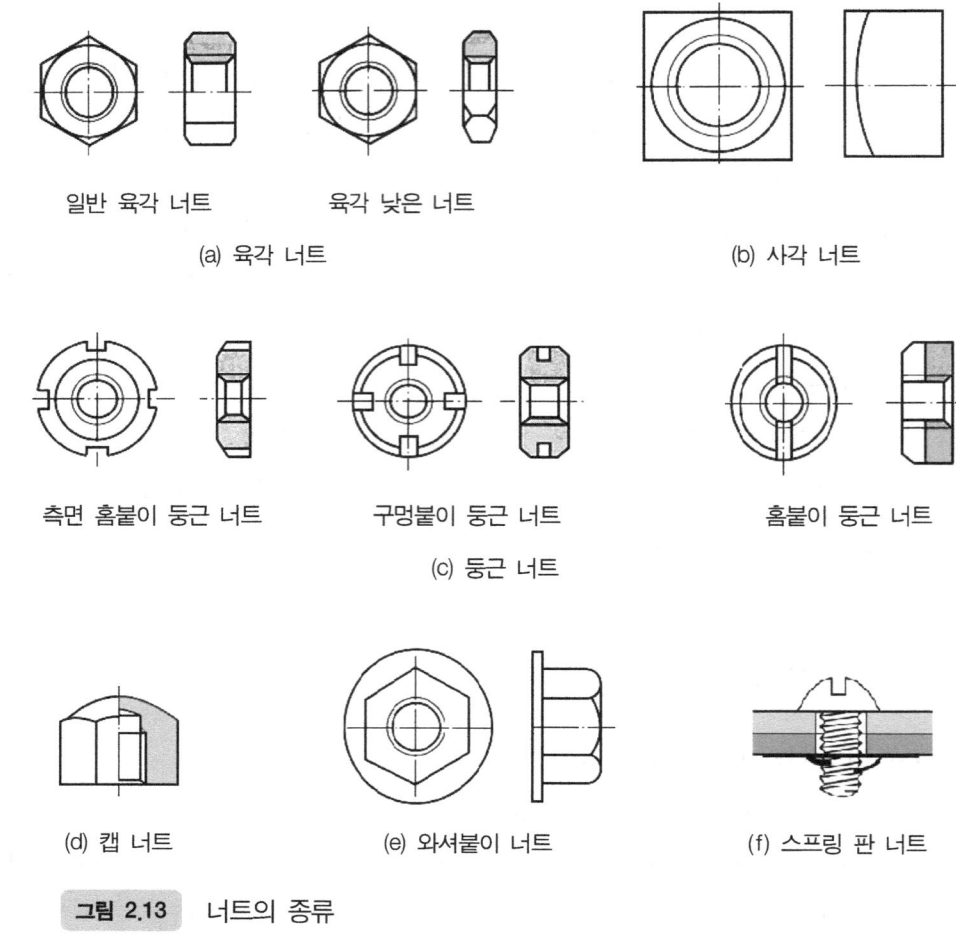

그림 2.13 너트의 종류

4) 캡 너트(Cap Nut)

나사 구멍이 뚫려 있지 않은 너트로서 유체가 나사의 접촉면 사이의 틈새나 볼트와 너트의 구멍 틈으로 흘러 새는 것을 방지할 필요가 있을 때에 사용된다.

5) 와셔붙이 너트(Washer Based Nut)

너트의 밑면에 넓은 원형 플랜지가 붙어있는 와셔붙이 너트는 볼트 구멍이 큰 경우 또는 접촉하는 물체와의 접촉면적을 크게 함으로서 접촉 압력을 작게 하려고 할 때 주로 사용되며 너트 하나로 와셔의 역할을 겸한 너트이다.

6) 스프링 판 너트(Spring Plate Nut)

스프링 판을 굽혀서 만들며 나사 박음을 하지 않고 간단하게 끼울 수 있기 때문에 사용이 간단하여 일명 스피드 너트(Speed Nut)라고도 한다.

2.3 육각 볼트(Hexagon Head Bolt)

1) 종류와 등급

그림 2.14와 같이 육각 볼트의 종류에는 호칭지름 육각 볼트, 유효지름 육각 볼트, 온나사 육각 볼트 등의 3종류가 있다. 또한 등급은 부품 등급(나사 등급)과 기계적 성질의 강도 구분을 조합한 것으로 나타낸다.

① 호칭지름 육각 볼트
  그림 (a)와 같이 볼트의 축부가 나사부의 바깥지름과 동일한 볼트이다.
② 유효지름 육각 볼트
  그림 (b)와 같이 볼트의 축부가 나사부의 바깥지름보다 작은 볼트이다.
③ 온나사 육각 볼트
  그림 (c)와 같이 볼트의 축부가 나사부의 바깥지름과 동일하며 축부 전체가 나사부로 원통부가 없는 볼트이다.

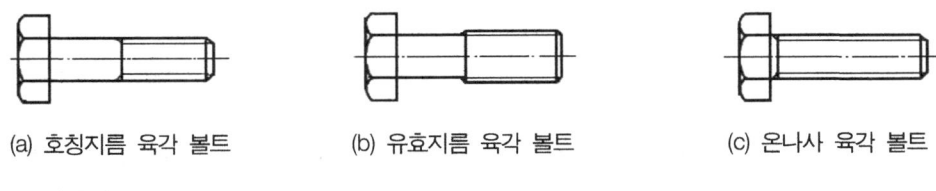

(a) 호칭지름 육각 볼트　　(b) 유효지름 육각 볼트　　(c) 온나사 육각 볼트

그림 2.14 육각 볼트의 종류

2) 육각 볼트의 등급

표 2.3과 같이 볼트재료의 강도 정도는 숫자로 구분하며 숫자는 인장 강도와 항복점을 나타낸다.

표 2.3 육각 볼트의 재료에 따른 등급

볼트의 종류	재료에 따른 구분	등급	
		부품 등급	강도 구분(성상 구분)
호칭지름 육각 볼트	강	A	8.8
		B	
		C	4.6, 4.8
	스테인리스강	A	A2-70
		B	
	비철 금속	A	-
		B	
유효지름 육각 볼트	강	B	5.8, 8.8
	스테인리스강		A2-70
	비철 금속		-
온나사 육각 볼트	강	A	8.8
		B	
		C	4.6, 4.8
	스테인리스강	A	A2-70
		B	
	비철 금속	A	-
		B	

예를 들어 8.8의 숫자에서 8은 호칭 인장 강도(N/mm^2)의 1/100인 8로서 볼트의 인장 강도는 800 N/mm^2 이상인 것을 나타내고 소수점 아래 8은 호칭 항복점(N/mm^2) 또는 내력(N/mm^2)이 호칭 인장 강도의 80%를 의미한다. 특히 800(N/mm^2) 이상의 인장 강도를 갖는 볼트를 고장력 볼트라 해서 교량, 철골 구조물 등에 사용된다.

2.4 볼트의 체결

보전 작업은 체결에서 시작해서 체결로 끝난다고 할 정도로 체결 작업이 많고 중요한 작업이다. 그림 2.15는 체결용 공구를 나타낸 것으로서, 조임시 볼트가 탄성 한계를 벗어나지 않는 범위에서 충분히 체결되어 풀림이 발생하지 않도록 하여야 한다.

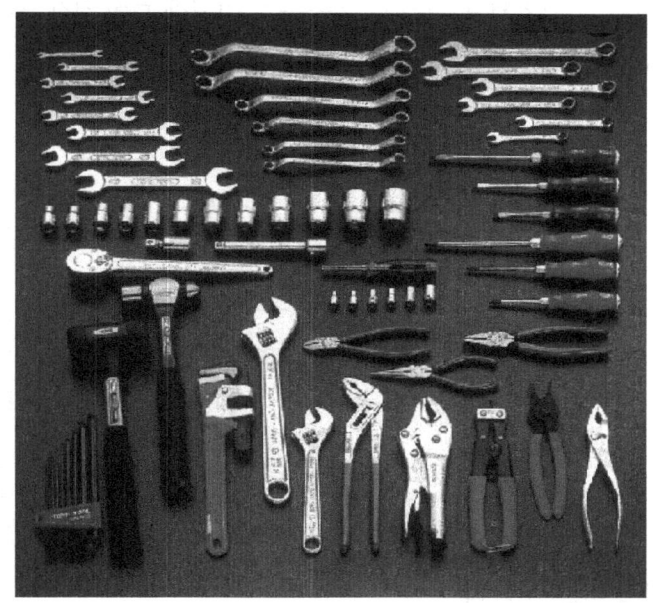

그림 2.15 체결용 공구

나사의 체결은 볼트 너트의 강도, 상대 부재의 재질, 강도, 사용하는 공구의 종류 및 유효길이, 체결력 나사 조임면의 윤활 상태 등이 고려되어야 한다. 따라서 볼트 너트의 체결시 고려되어야 할 사항은 다음과 같다.

① 볼트의 올바른 체결 방법
② 각종 볼트의 규격
③ 마찰계수와 토크값
④ 체결 문제점 발생 사례와 방지책

1) 마찰 계수

나사 체결에서 조임시 이론식에서 마찰계수가 0.15라 하면 미터나사의 볼트 너트를 스패너로 조일 때 토크의 50%는 조임면의 마찰로 40%는 나사면의 마찰로 작용된다. 그리고 나머지 10%는 나사기구에 의한 볼트 너트를 조이는 인장력으로 작용된다.

그림 2.16은 마찰과 인장력을 나타낸 것으로서 마찰계수를 작게 하기 위해서는 조임면이나 나사 운동면에 윤활유를 주유하면 큰 효과가 있다.

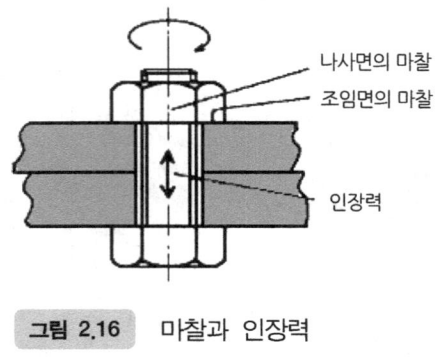

그림 2.16 마찰과 인장력

2) 토크렌치의 올바른 사용법

토크렌치는 볼트, 너트, 작은나사 등의 조임에 필요한 토크를 주기 위한 체결용 공구이다.

그림 2.17은 토크렌치의 올바른 사용법을 나타낸 것이며 토크렌치의 종류에는 프리세트형, 단능형, 플레이트형, 다이알형 등의 4종류가 있고 그 정밀도는 다음 식과 같다.

$$토크렌치의\ 정밀도 = \frac{지시토크 - 실제토크}{실제토크} \times 100(\%)$$

토크렌치의 정밀도는 ±3% 정도이지만 사용법을 잘못하여 사용하거나 장시간 방치하여 사용하지 않으면 오차가 발생하므로 반드시 사용하기 전에 토크렌치 테스터로 교정하여 사용하는 것이 바람직하다.

(a) 올바른 사용 (b) 토크가 커진다. (c) 토크가 작아진다.

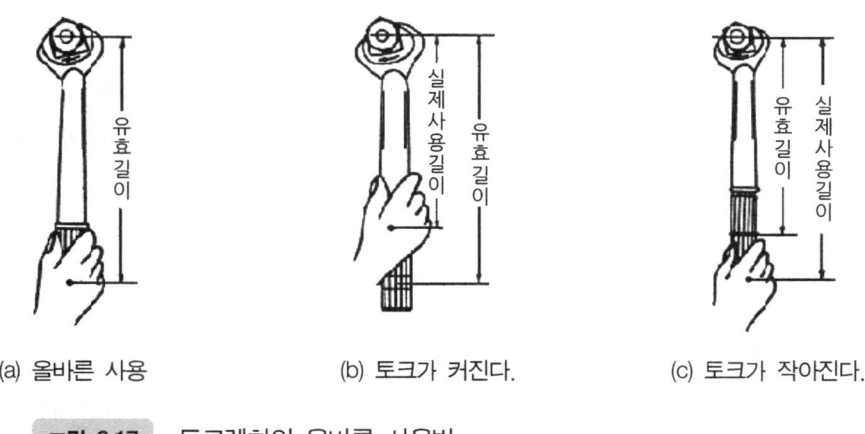

그림 2.17 토크렌치의 올바른 사용법

2.5 볼트 너트의 이완 방지

1) 자동 죔 너트(Self-Locking)에 의한 방법

그림 2.18과 같이 너트의 끝을 안쪽으로 변형시키면 굽혀지는 성질을 이용한 풀림을 방지하는 방법이다. 볼트에 너트를 결합시킬 때 나사부가 강하게 압착되도록 역할을 하지만 반복하여 사용하는 경우 압착력이 약해진다.

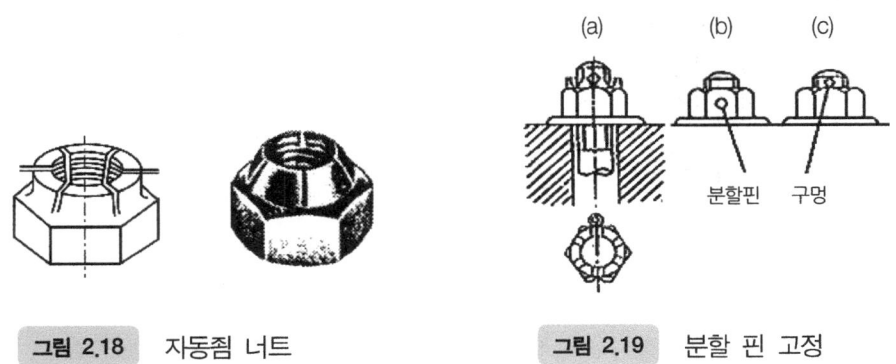

그림 2.18 자동죔 너트

그림 2.19 분할 핀 고정

2) 분할 핀(Split Pin)에 의한 방법

그림 2.19 (a)와 같은 고정은 일반적으로 많이 사용하는 방법이다. 홈과 분할 핀 구멍을 맞출 때 너트를 되돌려 맞추지 말고 규격에 적합한 분할 핀을 사용한다. 또한 분할된 선단을 충분히 굽혀 확실한 시공을 하면 완벽하다. 그림 (b)와 같이 보통 너트를 죈 다음 구멍을 내서 분할 핀을 끼우는 것은 볼트의 강도를 약하게 하고 또한 재사용할 경우에는 구멍이 어긋나기도 하므로 좋은 방법이라고 할 수 없다. 그림 (c)와 같은 방법은 너트의 탈락 방지는 되지만 풀림 방지라고는 할 수 없다.

3) 로크너트에 의한 방법

로크너트(Lock Nut)는 더블너트라고도 하며 산업 기계에서 많이 사용되는 것이다. 로크너트의 사용 방법은 그림 2.20 (a)와 같이 시초에 얇은 로크너트로 죄고 다음에 정규너트를 죈다.

그리고 그림 (c)와 같이 스패너 2개를 써서 상측의 정규 너트를 고정하면서 밑의 로크너트를 15~20° 역전시킨다. 이와 같이 하면 2개의 너트와 볼트의 관계는 서로 미는 상태가 되고 나사 축은 두 너트 사이에서 인장을 받도록 되어 진동이 발생하더라도 너트가 결합상태를 유지하게 된다. 이 때 아래쪽 너트를 로크너트라 한다.

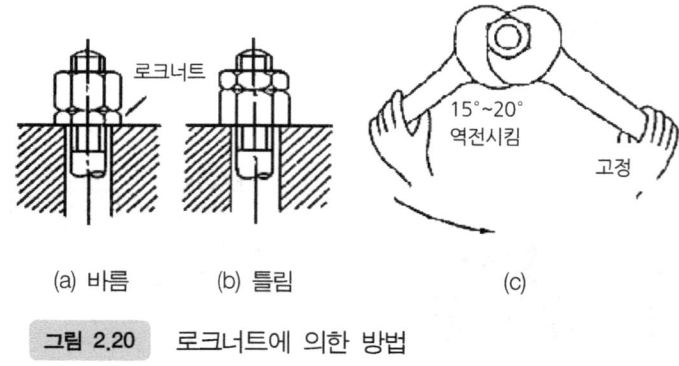

그림 2.20 　로크너트에 의한 방법

4) 와셔에 의한 방법

① 스프링 와셔 또는 고무 와셔

결합된 부품사이에 일정한 축 방향 힘을 유지하기 위하여 너트 밑에 그림 2.21 (a)와 같이 탄성이 큰 스프링 와셔(Spring Washer) 또는 그림 (b)와 같이 고무 와셔(Rubber Washer)를 끼운다.

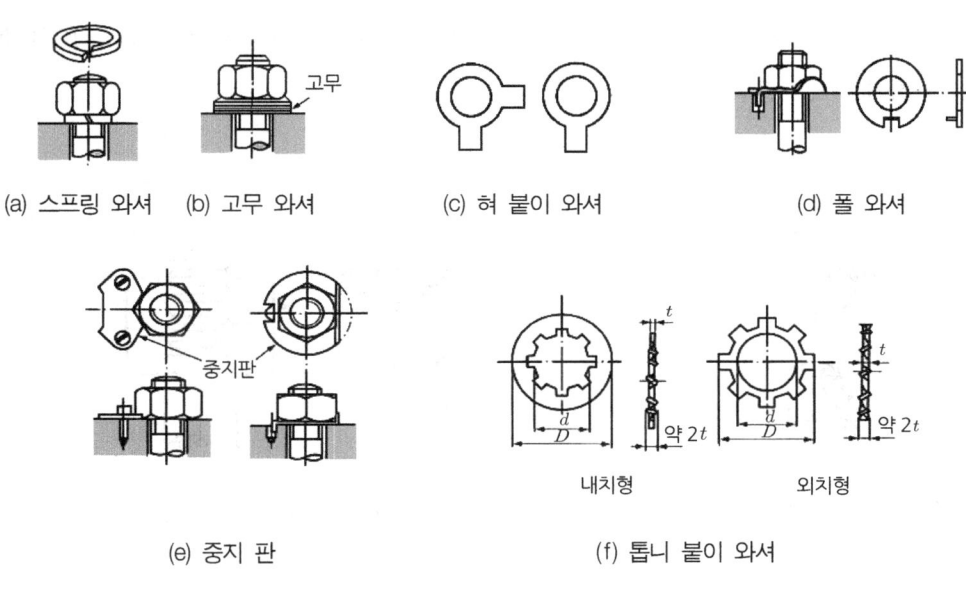

(a) 스프링 와셔   (b) 고무 와셔   (c) 혀 붙이 와셔   (d) 폴 와셔

(e) 중지 판   (f) 톱니 붙이 와셔

그림 2.21 각종 와셔에 의한 방법

② 혀 붙이 와셔

그림 (c)와 같이 혀 붙이 와셔의 혀를 굽혀서 고정하는 방법이다.

③ 폴 와셔

그림 (d)와 같이 폴 와셔를 굽히거나 구멍을 만들어 그곳에 끼운 후 고정하는 방법이며 그 외에는 중지 판, 톱니 붙이 와셔에 의한 방법 등이 있다.

④ 중지 판(Locking Plate)

그림 (e)와 같이 너트의 옆이나 밑에 중지 판을 설치하여 고정하는 방법이다.

⑤ 톱니 붙이 와셔

그림 (f)와 같이 톱니붙이 와셔를 사용하여 고정하며 톱니가 안쪽에 있는 것을 내치형이라 하고 톱니가 바깥쪽에 있는 것을 외치형이라 한다.

5) 멈춤 나사에 의한 방법

그림 2.22와 같이 볼트와 너트의 나사부 사이에 또는 너트의 옆에 멈춤 나사로서 고정하는 방법으로서, 이 방법은 너트가 죄어져 끝나는 위치에 제한을 받고 또한 볼트를 약하게 하는 단점이 있다.

그림 2.22 멈춤 나사 그림 2.23 플라스틱 플러그

6) 플라스틱 플러그에 의한 방법

그림 2.23과 같이 나사면에 플라스틱이 들어간 너트를 사용하면 나사면의 마찰계수가 크게 되어 풀림이 방지된다.

7) 철사를 이용하는 방법

그림 2.24와 같이 철사로 감아서 풀림을 방지한다.

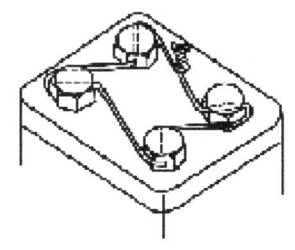

그림 2.24 철사를 이용하는 방법

2.6 고착된 볼트 너트 분해

1) 고착의 원인

볼트를 분해하려고 할 경우 때에 따라서는 굳어서 쉽게 풀리지 않는다. 이것은 너트를 조였을 때 나사 부분에 틈이 발생하고 이 틈새로 수분, 부식성 가스, 부식성 액체가 침입해서 녹이 발생하여 고착의 원인이 된다. 녹은 산화철이며 이것은 원래의 체적의 몇 배로 팽창하기 때문에 틈새를 메워서 너트가 풀리지 않게 된다. 또한 높게 가열됐을 때도 산화철이 생기므로 위와 같이 풀리지 않게 된다.

2) 고착 방지법

녹에 의한 고착을 방지하려면 우선 나사의 틈새에 부식성 물질이 침입하지 못하게 해야 한다. 그 방법으로서 조립 현장에서 산화 연분을 기계유로 반죽한 적색 페인트를 나사 부분에 칠해서 죄는 방법이 쓰인다. 이 방법은 수분이나 다소의 부식성 가스가 있어도 침해되지 않고 2~3년은 충분히 견딘다. 또한 유성 페인트를 나사 부분에 칠해서 조립하는 방법도 효과적이며 공장 배수중의 플랜지나 구조물의 볼트, 너트에도 이 방법이 효과적이다.

3) 고착된 볼트의 분해법

① 너트를 두드려 푸는 방법

그림 2.25와 같이 해머를 두 개를 사용하는 방법으로 한 개의 해머는 너트의

각에 강하게 밀어대고 반대측을 두드렸을 때 강하게 튀어나게끔 지지한다. 그리고 한편의 해머로 몇 번씩 순차적으로 그림과 같이 위치를 바꾸어가며 두드리면 녹이 많이 난 너트도 풀 수 있다.

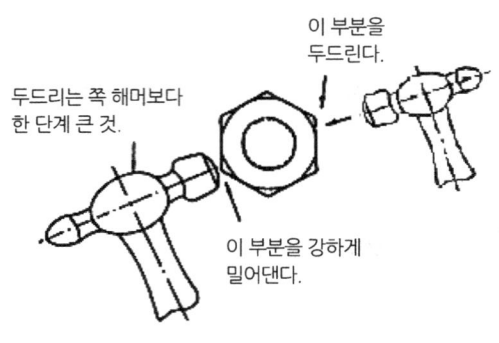

그림 2.25 너트를 두드려 푸는 방법

② 너트를 잘라 넓히는 방법

너트를 두드려 푸는 방법으로 풀리지 않는 경우에는 그림 2.26과 같은 방법으로 너트를 정으로 잘라 넓힌다. 이 방법은 너트의 치수가 M20 정도의 것까지 소형 해머로 절단할 수 있다. 그 이상의 것은 손잡이가 있는 정과 큰 해머를 사용하면 넓힐 수 있다. 주의할 점은 어느 경우라도 정과 볼트사이에 틈새를 남겨 수나사에 손상을 주지 않게 주의해야 한다.

③ 비틀어 넣기 볼트를 빼는 방법

이 방법의 경우는 보통은 볼트의 목밑의 구멍 부분에 녹이 발생하여 잘 빠지지 않을 때가 많다. 그림 2.27과 같이 우선 볼트 머리의 위에서 해머로 몇 번 두드린 다음에 너트를 두드려 푸는 방법과 같은 요령으로 볼트의 각을 두드려주면 뺄 수 있다. 그러나 녹이 심할 경우 볼트의 6각머리도 부식해서 정규의 스패너를 걸 수 없을 때는 파이프렌치 등으로 물리고 빼는 것도 효과적이다.

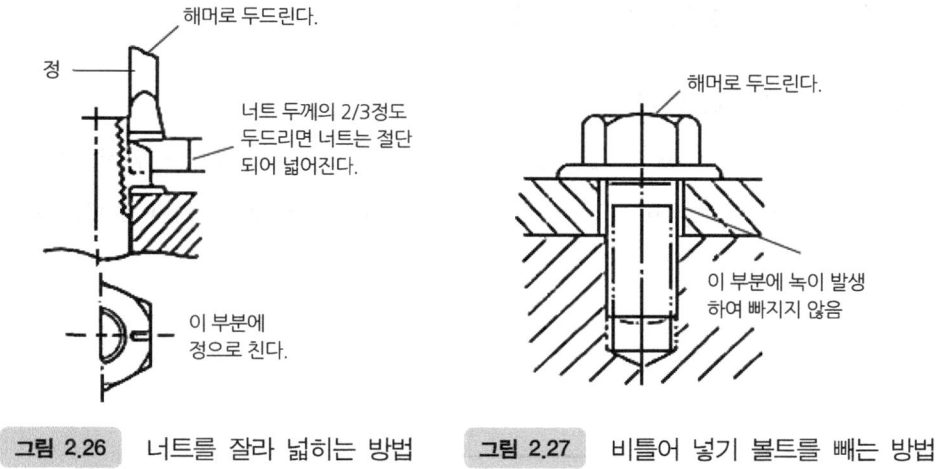

그림 2.26 너트를 잘라 넓히는 방법   그림 2.27 비틀어 넣기 볼트를 빼는 방법

4) 부러진 볼트 빼는 방법

비틀어 넣은 볼트가 밑부분에서 부러져 있을 경우가 있다. 이때 그림 2.28과 같이 각 종류의 스크루엑스트랙터를 사용한다. 이것이 없을 경우에는 공구강의 환봉으로 그림과 같은 수제의 것을 만들어 사용한다. 밑의 구멍 지름은 볼트 직경의 60% 정도가 적당하다.

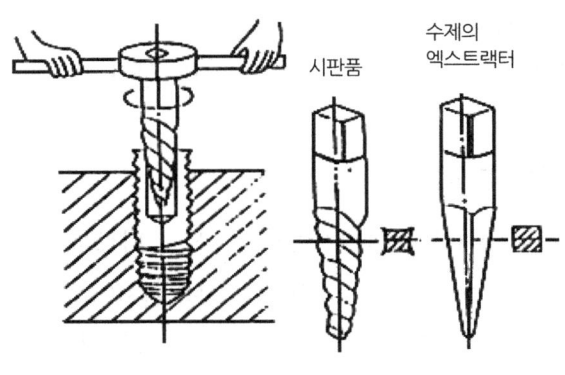

그림 2.28 부러진 볼트 빼는 방법

2.7 볼트 너트의 적정한 죔 방법

1) 적정한 토크로 죄는 방법

볼트, 너트의 대다수의 죔은 그림 2.29와 같이 스패너로 조이지만 힘이 작용하는 점까지의 길이 l과 돌리는 힘 F로부터 다음과 같이 죔 토크(Torque) T를 구할 수 있다.

$$T = F \times l$$

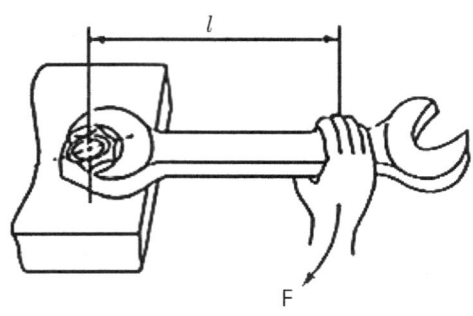

그림 2.29 죔 토크

그러나 실제의 죔에서는 죔 면이나 나사부의 마찰 저항 혹은 나사 형상에 의한 효율 등을 생각해서 볼트에 적정한 죔의 힘을 가해야 한다.

2) 스패너에 의한 적정한 죔 방법

자동차, 약전용제품 등 대량 생산현장에서는 볼트, 너트를 신속 확실히 죄기 위해 전기 공압식의 토크 렌치(Torque Wrench), 임팩트 렌치(Impact Wrench)가 많이 사용되고 있다. 그러나 정비 부문에는 다종 다양의 크기와 형상의 것을 취급해야 하므로 볼트 너트는 스패너로 죄는 것이 기본이다.

① M6 이하의 볼트 : 집게손가락, 중지, 엄지손가락의 3개로 스패너를 잡고 손목의 힘만으로 돌린다.

② M10까지의 볼트 : 스패너 손잡이 끝을 잡고 팔꿈치의 힘으로 돌린다.
③ M12~14까지의 볼트 : 스패너 손잡이 부분의 끝을 꽉 잡고 팔의 힘을 충분히 써서 돌린다.
④ M20 이상 : 이것은 그림 2.30과 같이 한쪽 손은 확실한 지지물을 잡고 몸을 지지하며 발을 충분히 버티고 체중을 다해서 스패너를 돌린다. 이때 손끝 발끝이 미끄러지지 않게 주의한다(표 2.4 참조).

그림 2.30 적정한 죔 방법

표 2.4 표준 토크 표

볼트		표준토크(kg-cm)	
형식	직경(mm)	보통볼트	하이텐션볼트
미터나사	6	64	130
	8	135	280
	10	280	560
	12	490	1,000
	14	800	1,600
	16	1,200	2,500
	20	2,400	4,900

2.8 안전율

기계설계에서는 재료의 탄성한도를 기준으로 하여 기준강도를 정하고 이 기준강도를 바탕으로 허용응력을 결정할 수 있다. 이때 사용되는 기준강도로서는 상온에서 연성재료가 정하중을 받는 경우는 항복점, 반복하중에서는 피로한도, 고온환경 하에서 장시간 정하중이 작용하는 경우에는 크리프 한도를 그리고 취성재료가 정하중을 받는 경우는 극한강도를 기준강도로 하는 것이 일반적이다.

이와 같이 재료와 하중의 종류 등 사용조건에 따라 결정되는 기준강도 σ_f와 허용응력 σ_a의 비를 안전율(safety factor)이라 하며 이것을 S_f로 표기하면 다음 식과 같다.

$$S_f = \frac{기준강도}{허용응력} = \frac{\sigma_f}{\sigma_a}$$

또한 허용응력 σ_a는 다음 식으로 구한다.

$$\sigma_a = \frac{기준강도}{S_f}$$

안전율은 항상 $S_f \geq 1$이며, 하중의 종류, 응력, 재료의 성질 등을 규명하여 안전율을 크게 잡아야 안전한 설계가 될 수 있다. 그러나 안전율을 너무 크게 잡으면 치수가 과대해지고 필요 없는 중량을 증대시켜 재료비의 상승을 가져오게 되므로 경제적인 설계라고 할 수 없다(안전율과 허용응력 부록 참조).

제03장 직접 및 간접 전동장치

1. 기어 전동장치

2. 간접 전동장치(벨트, 로프, 체인)

3. 감속기 보전

03 직접 및 간접 전동장치

01 기어 전동장치

기어는 원통 마찰차나 원추 마찰차의 둘레에 이(Teeth)를 같은 간격으로 만든 것으로서 구동 기어(Driving gear)의 이가 회전함에 따라 종동 기어(Driving gear)의 이 홈에 들어가 치면을 눌러 회전을 전하는 기계요소이다.

1.1 기어의 각부 명칭

기어의 각부 명칭은 그림 3.1과 같으며 사용되는 용어 중에서 스퍼기어에 대해서 설명하기로 한다.

① 피치원(Pitch Circle) : 서로 맞물리는 기어에 있어서 회전 접촉하는 접촉점을 피치점이라 하고, 피치점에서의 가상의 원을 말한다.
② 이끝원(Addendum Circle) : 기어의 이끝을 연결한 원
③ 이뿌리원(Dedendum Circle) : 기어 이의 뿌리면을 연결한 원
④ 이끝 높이(Addendum) : 피치원에서 이끝원까지의 높이
⑤ 이뿌리 높이(Dedendum) : 피치원에서 이뿌리원까지의 높이

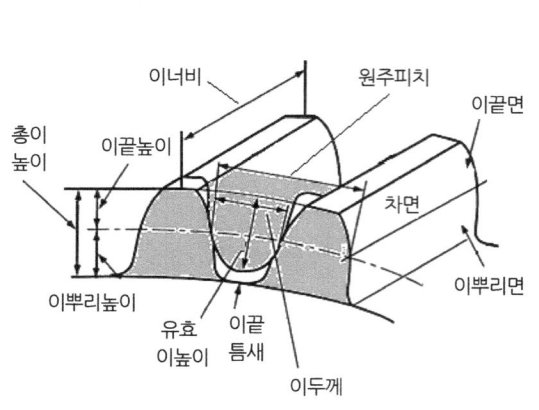
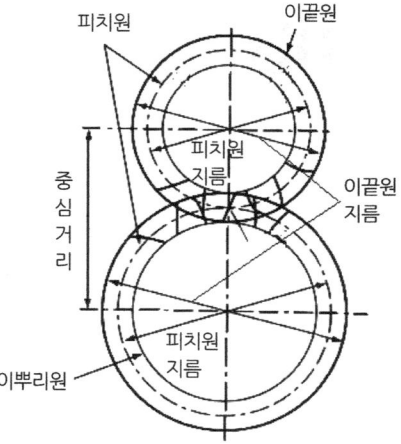

그림 3.1 스퍼기어의 각부 명칭

⑥ 압력각(α) : 서로 물린 한 쌍의 기어에서 피치원에 있어서 피치원의 공통 접선과 작용선이 이루는 각(14.5°, 20°)
⑦ 기초원 : 인벌류트 이를 만드는데 기초가 되는 원
⑧ 이 두께(Tooth Width) : 피치원에서 측정한 이의 두께
⑨ 이의 크기

   ㉮ 모듈(m) : 피치원의 지름 D(mm)를 잇수 Z로 나눈 값으로 미터단위를 사용한다.

$$m = \frac{D}{Z}$$

같은 지름의 기어에서는 m의 값이 클수록 잇수는 적어지고 이는 커진다. 그리고 스퍼기어에서 바깥지름 D_o는 다음과 같다.

$$D_o = m(Z+2)$$

㉯ 지름피치(D_p) : 잇수 Z를 피치원의 지름 D(inch)로 나눈 것으로 인치단위를 사용한다.

$$D_p = \frac{Z}{D}$$

같은 지름의 기어에서는 D_p의 값이 클수록 잇수는 많고 이는 작아진다.

㉰ 원주피치(P) : 피치원의 원주를 잇수로 나눈 것으로 미터단위와 인치단위를 사용한다.

$$P = \frac{\pi D}{Z}$$

같은 지름의 기어에서는 P의 값이 클수록 잇수는 적어지고 이는 커진다.

1.2 기어의 종류

기어의 종류는 여러 가지 방법으로 나눌 수 있으나, 그림 3.2는 두 축의 상대 위치에 따라 분류한 기어의 종류를 나타낸 것이다.

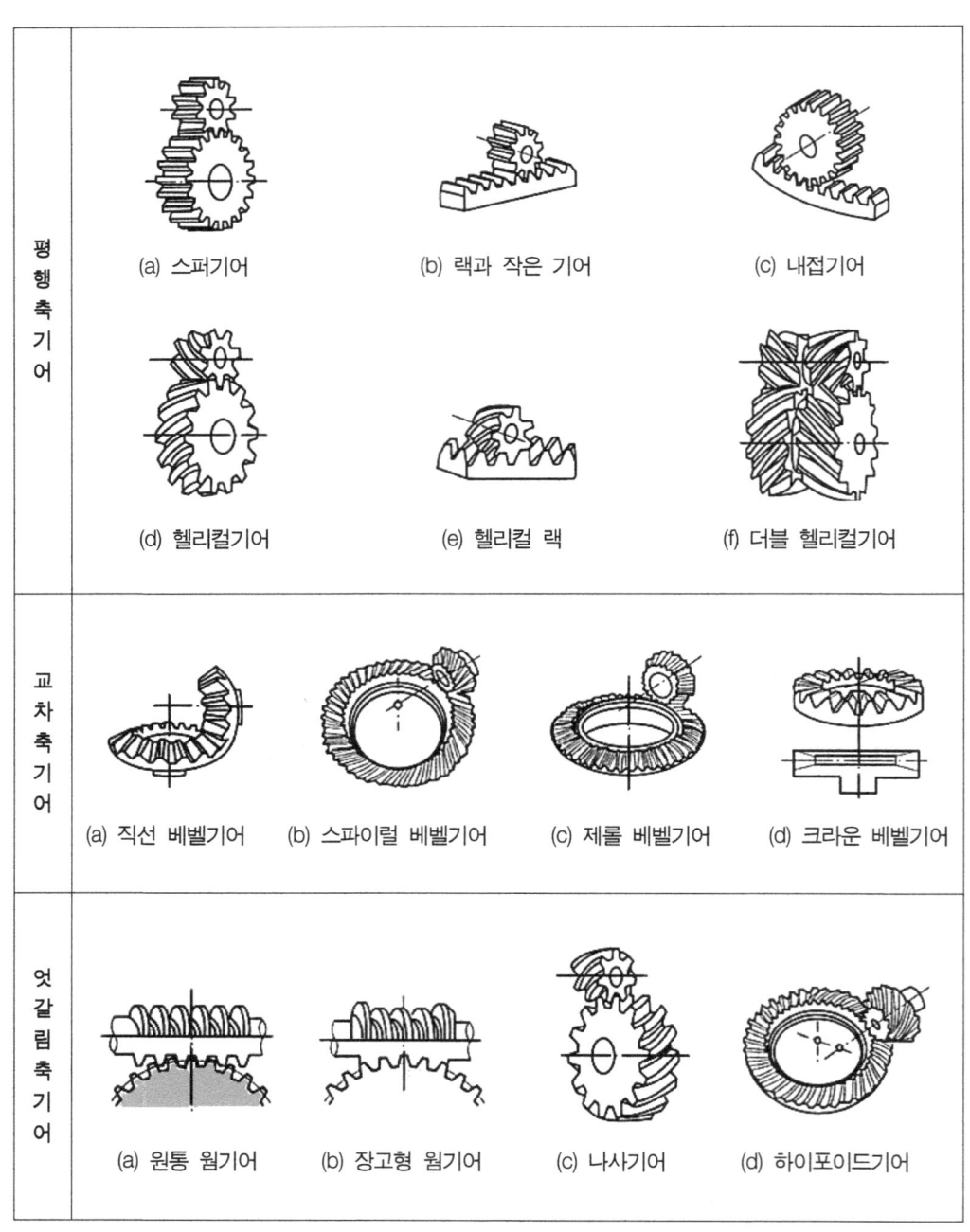

그림 3.2   두 축의 상대위치에 따른 기어의 종류

1.3 기어 손상

사용 중인 기어에서 기어 손상(Gear Failures)은 기어 이의 피팅(Pitting), 파손(Breakage), 장시간의 마모(Long-Range Wear), 소성변형(Plastic Deformation), 스코링(Scoring) 그리고 비정상적인 파괴적인 마모(Destructive Wear) 등의 원인에 의하여 손상된다.

AGMA(American Gear Manufactures Association)는 규격에서 모든 기어손상의 범위를 크게 5가지 종류로 구분하였다.

① 마모(Wear)
② 소성 유동(Plastic Flow)
③ 표면 피로(Surface Fatigue)
④ 파손(Breakeage)
⑤ 복합요인에 의한 손상(Associated Gear Failure)

또한 피치선속도와 기어 쌍의 토크 용량과의 일반적인 상관관계에서 가장 일어나기 쉬운 기어손상의 종류는 다음과 같다.

① 마모(Wear)
② 연마 마모(Abrasive Wear)
③ 부식 마모(Corrosive Wear)
④ 스커핑(Scuffing Adhesive Wear, Scoring)
⑤ 소성 유동(Plastic Flow)
⑥ 물결무늬 항복(Rippling)
⑦ 리징(Ridging)
⑧ 피팅(Pitting, Surface Fatigue)
⑨ 서리형상 피팅(Frosting, Micro Pitting)
⑩ 경화층 파손(Case Crushing)
⑪ 기어 이 절손(Gear Tooth Breakage)

⑫ 과부하 절손(Overload Breakage)
⑬ 기어 파손의 다른 형태 및 원인

1) 마모(Wear)

마모는 특히 장시간 동안 운전되는 고속기어장치에서 아주 중요한 현상으로 금속층이 표면에서 불균일하게 제거되는 손상 중의 하나로 정의되어 왔다. 가장 일반적인 마모의 원인은 불충분한 오일유막에 의한 금속과 금속접촉, 공급 오일 중의 연마 입자, 급격한 마모와 스코링을 부르는 접촉면의 오일유막 붕괴, 오일과 첨가제 성분에 의한 화학적 마모이다.

그림 3.3은 스파이럴 베벨기어의 마모를 나타낸 것으로서 기계가공이 가능할 정도의 경도상태에서 일어나는 마모의 점진적 단계를 보여준다. 첫 번째 단계에서 마모와 폴리싱이 진행되지만 피치선 주위는 아주 적은 양의 금속이 제거된다. 그리고 기어 표면 마모가 진행될수록 피치선 영역은 비교적 적게 마모가 일어나고 마지막 단계는 피치선에서 더 많은 전달 하중을 감당해야 하므로 피치선에 움푹 파임이 나타난다. 대부분의 작용에서 심한 소성유동과 그림에서 보듯이 날개꼴 모서리 생성은 최소한으로 나타난다.

그림 3.3 스파이럴 베벨기어의 마모

그림 3.4 헬리컬 기어의 마모

그림 3.4는 원만한 정도의 마모가 일어난 헬리컬 기어의 마모를 나타낸 것으로 비마모되거나 크게 마모된 것을 나타내주는 피치선을 명백하게 볼 수 있다. 전달 하중이 감소하거나 윤활이 상당히 향상되지 않으면 스파이럴 베벨기어의 마모에서 마지막 단계에서와 비슷하게 피치선에서부터 움푹 파임으로 인해 결국에는 파손될 것이다. 이런 성질의 마모는 때로 점착마모와 미세한 연마마모의 조합으로 나타난다.

2) 연마 마모(Abrasive Wear)

연마 마모는 이물질로 인하여 기어장치와 윤활시스템을 오염되었을 때 일어난다. 오염은 기계가공 칩(Chip), 연삭 잔류물, 배관에서의 녹(Scale), 세척 과정 중의 잔모래(Grit), 그리고 다른 원인 등의 다양한 방식으로 발생한다. 일반적인 연삭 마모 입자 생성원인 중의 하나는 때때로 윤활 시스템 내에 남아 있는 기어 표면 마모에 의한 마모파편이다.

여과 설비가 없는 밀폐기어장치는 특히 연마 마모 문제가 발생하기 쉬우며 연마입자도 또한 여과요소(Element)를 통과하는 수도 있다. 물론 이것은 여과장치의 마이크론(Micron) 크기에 달려 있다.

그림 3.5 평기어의 연마 마모

다른 연마 마모 상황은 표면상태가 불량한 경화기어를 사용하는 것으로 반드시 피해야 한다. 이런 성질의 표면은 추가적으로 연삭 공정이 없는 고주파나 질화 열처리로 생성된다. 거칠고 딱딱한 표면이 부드럽고 무른 표면에 접촉할 때 짧은 시간 안에 급속하게 물질을 제거할 수 있다.

그림 3.5는 평기어가 심하게 연마 마모가 일어난 것을 나타낸 것으로 밀폐 기어 시스템에서 오일이 충분히 자주 교환하지 않았기 때문에 마모가 지속된 것이다. 치면은 미끄럼 방향으로 반경방향의 깊은 홈을 보이고 있다.

3) 부식 마모(Corrosive Wear)

기어장치의 화학적 부식과 부식 마모는 주로 윤활시스템의 오염으로 발생되며 물, 염분, 용제, 기름용해제, 세척제 등과 같은 일반적인 물질이 오염과 기어부속품 부식을 일으킨다. 평상시의 빈번한 기동과 냉각에서 발생하는 증기는 기어 윤활 시스템에 포함된 수분을 증발시켜 녹스는 것 같은 부식이 대부분 일어난다.

또한 극압 첨가제의 많은 종류가 어떤 운전환경 하에서 매우 부식성이 강한 염소(Chlorine) 같은 화학물을 포함하고 있다. 그러므로 화학 공장에서의 몇몇 공정은 기어장치에 일반적으로 사용되는 특정 재질을 공격하거나 결합해 버려 화학반응을 일으켜 결국 부식 마모를 일으키는 증기나 입자를 방출한다.

4) 스커핑(Scuffing-Adhesive Wear, Scoring)

스커핑은 윤활막의 국부적인 파손에서 시작하지만 오일 외에 기어 맞물림의 최종 스커핑 저항성에 영향을 미치는 많은 인자가 있다. 이 인자들 중의 몇 가지로서는 치면압(Tooth Surface Pressure), 금속의 성질, 표면조도, 표면처리, 표면 미끄럼 속도 등이 있다. 비록 스커핑 손상은 파악하기 쉽지만 분석하기는 어렵다. 따라서 스커핑은 실제적인 파손 원인을 찾아내는데 도움이 되는 몇 가지 범주로 세분할 수 있으며 스커핑의 다양한 정도는 다음과 같다.

초기 또는 약한 스커핑, 중정도의 스커핑, 심한 스커핑, 정렬불량(Misalignment) 스커핑, 국부 응력집중에 의한 스커핑, 초기 또는 약한 스커핑은 장치의 속도나 부하가 증가되지 않는 이상 보통 자체적으로 쉽게 드러나지 않는다. 대부분의 경우 이런 성질의 스커핑은 충분한 길들임 부족으로 일어난다.

그림 3.6은 전형적인 중정도의 스커핑을 나타낸 것으로 이런 상태의 기어는 스커핑 조건을 향상시키는 조치로서 예를 들어 전달 하중을 약간 감소, 윤활유의 점도를 증가, 작동 속도를 감소, 윤활유의 스코링 감소 첨가제를 넣기, 유입 오일 온도를 낮추는 등을 하면 사용 가능한 상태로 돌아갈 수 있다.

기어 맞물림에서 전달되는 하중이 일반적인 스커핑을 일으킬 만큼 충분히 크지 않아도 변형이나 제작오차에 의해 내부적으로 정렬불량(Misalignment) 상태가 되면 기어 끝부분에 하중이 집중될 수 있다. 이런 집중하중은 오일유막을 깰 수 있을 정도의 충분한 크기가 되어 이끝에 스커핑이 발생하게 한다.

그림 3.6 중간정도의 스커핑

그림 3.7 정렬불량으로 인한 스커핑의 예

그림 3.7과 같이 정렬불량으로 인한 스커핑 손상은 초기에 시험장치에서 정렬불량 상태를 나타내어 주기 때문에 어떤 면에서 기어장치가 사용되기 전에 해결책을 세울 수 있다. 만약 정렬불량 상태를 찾아내지 못한다면 상당히 시간이 흐른 후에 기어 이 끝이 완전히 손상되거나 이 끝에 심한 피팅이 있는 형태로 나타나게 된다.

일반적으로 정렬불량 상태는 비틀림각(Helix Angle)을 수정, 접촉하는 이끝을 깎아냄 또는 상황이 허락하면 잇줄 방향으로 크라우닝을 실시하여 개선할 수 있다. 크라우닝은 기어 이의 중심 부근에 하중을 집중하게 하는 효과가 있기 때문에 상당한 주의와 해석이 필요하다.

5) 소성 유동(Plastic Flow)

무거운 하중하에서 접촉면이 항복이나 변형될 때 소성유동에 의하여 파손된다. 이것은 높은 접촉 응력하에 있는 맞물림의 구름과 미끄럼 동작 결과이다. 대부분 이런 소성유동은 기어 이의 끝과 꼭대기 부분에서 얇은 금속이 매달려 있는 모양을 특징으로 한다.

그림 3.8과 같은 성질의 손상은 작용하중을 줄이고 접촉 부품의 경도를 높이면 줄일 수 있다. 정도(Accuracy)를 높이면 기어장치가 소음이나 동하중 없이 작동될 수 있게 도와준다. 보통 경화된 피니언에서 소성유동이 발생되려면 큰 하중이 필요하다.

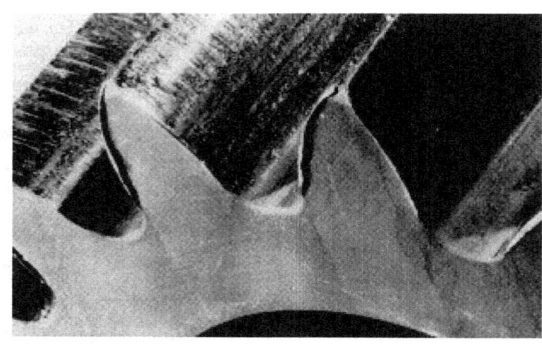

그림 3.8 소성 유동의 예

6) 물결무늬 항복(Rippling)

물결무늬 항복은 소성유동과 연관된 파손으로 대부분 최종 파손으로 이어갈지도 모르는 물결무늬 항복은 기어 맞물림의 미끄럼 운동 방향과 90도 근처의 각도로 접촉면에 물결형태로 발생한다.

리플링은 금속 표면층을 변형시킬 수 있는 정도의 높은 응력에 의하여 발생되고 또한 혼합 윤활 영역(Mixed Lubrication Regime)에서 낮은 속도로 운전할 때 고하중 기어 표면에서 일어나기도 한다.

그림 3.9는 평기어의 리플링을 나타낸 것으로 응력하에서 구름접촉과 미끄럼 운동은 표면 금속층의 주기적 유동을 촉진하며 기어가 무르다면 기어재질을 경화시키기

도 한다. 대책으로는 접촉응력을 줄이고 오일점도를 높이면 리플링을 예방하는데 매우 좋으며 또한 표면 조도를 향상시키고 오일과 첨가제를 사용하면 기어 맞물림에서 미끄럼 운동을 줄이는데 유용하다.

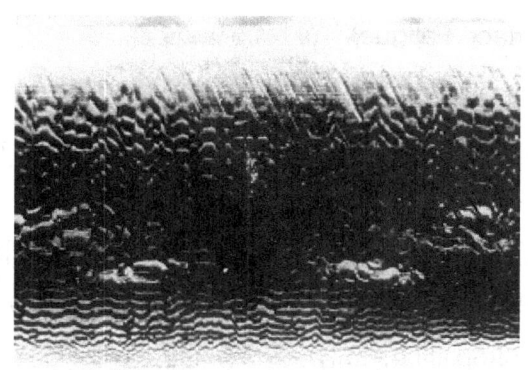

그림 3.9 평기어의 리플링

7) 리징(Ridging)

리징(Ridging)은 기어이 작용면 미끄럼 방향으로 산마루 같은 주름이 형성되는 소성유동의 형상 중 하나로서 접촉 부위의 미끄럼 속도가 상대적으로 높은 웜과 웜기어, 하이포이드 기어와 피니언에서 주로 발견할 수 있다. 소성유동은 또한 표면마모와 폴리싱과 연관되어 있다. 어느 정도 시간이 흐르면 산마루 같은 자국이 두드러지면 그림 3.10과 같이 이빨 전체를 가로지른 연속된 주름으로 발전한다.

그림 3.10 리징의 예

리징은 표면하중을 줄이고 두 접촉 부품사이의 상대 미끄럼 속도를 줄이면 방지할 수 있으며, 윤활유의 점성을 증가시키거나 극압 첨가제를 사용하는 등 윤활 환경을 개선하는 것도 도움이 된다.

8) 피팅(Pitting, Surface Fatigue)

피팅(Pitting)을 일명 표면 피로(Surface Fatigue)라 부르는 것은 기어재질이 견딜 수 있는 치면용량을 초과했을 때 나타나는 피로파괴 현상이다. 하중작용중의 기어는 표면과 표면 아래에 주기적인 응력이 발생함으로 응력 주기가 크면 표면에서 작은 입자가 피로한도를 넘어 떨어져 나감으로서 접촉면에 작은 홈이나 공동이 생성된다.

따라서 표면 손상의 심각성에 따라 초기 피팅(Initial Pitting), 급격한 피팅(Destructive Pitting), 스폴링(Spalling, 쪼갬) 등 3종류의 단계로 분류한다.

① 초기 피팅

일반적으로 초기 피팅은 2.5 모듈에서 지름 0.4 mm, 5 모듈에서 지름 0.8 mm 정도로 극히 작다. 이와 같은 현상은 국부적으로 과다 응력이 작용하는 곳에서 발생하며 높은 접촉 응력점을 점차적으로 제거함으로 하중이 좀 더 고르게 분포되었을 때, 피팅 현상은 줄어들어서 결국 사라진다. 초기 피팅을 일명 교정 피팅이라고 부른다.

② 급격한 피팅

급격한 피팅은 좀 더 가혹하고 재료의 허용한계와 비교해서 응력 하중이 높을 때 발생한다. 그림 3.11은 전형적인 급격한 피팅이 일어난 피니언의 예이다. 이런 성질의 피팅은 치형이 회복할 수 없을 정도로 파괴되기 때문에 항상 치명적이다. 그리고 전달하중이 그대로 유지된 채로 작동된다면 피팅은 점점 악화되어 기어장치가 보수되어야만 하거나 기어 이에 크랙과 절손이 발생한다.

그림 3.11 피니언의 급격한 피팅의 예

③ 스폴링

스폴링은 파인홈 지름이 크고 상당한 영역에 걸쳐 있을 때 사용하는 용어라는 것을 제외하고는 급격한 피팅과 유사하다.

그림 3.12는 스파이럴 베벨 피니언의 스폴링 손상의 대표적인 예이다. 스폴링은 침탄처리된 기어와 피니언에서 발생한 홈과 큰 조각의 표면 금속이 피로로 인하여 떨어져 나갈 때 일어난다. 이것은 침탄파손과 혼동되어선 안 된다.

그림 3.12 스파이럴 베벨 피니언의 스폴링

기어가 파괴적인 피팅이나 스폴링에 의하여 파손될 때 기어 설계자는 광범위한 조사를 하여야 한다. 이 경우 기어폭을 증가시키면 기어폭 단위 길이당 전달하중이 줄어 피팅 저항력이 증가되며 기어 박스의 중심거리도 증가시킬 수 있어 전달 하중을 감소시켜 결국 표면 피팅을 개선하는 방법 중의 하나이다.

9) 서리형상 피팅(Frosting, Micro Pitting)

프로스팅(Frosting)은 얇은 윤활막 상황에는 일어나는 미세 피팅(Micro Pitting)으로 정상적으로 길들임된 기어 표면이나 폴리싱된 표면의 일부분이 피팅된 것 같은 상태이다.

그림 3.13은 피니언의 서리형상 피팅 손상을 나타낸 것으로서 표면을 확대하면 깊이 0.0025 mm보다 작은 아주 미세한 홈의 영역이 보이며, 이 단계의 손상은 매우 미미하다. 그러나 넓게 프로스팅 홈이 한번 형성되면 피니언이나 기어의 수명은 감소된다.

그림 3.13 피니언의 서리형상 피팅

10) 강화층 파손(Case Crushing)

Case Crushing은 우리말로 적합한 단어가 없어 일단 Case Hardening에서 유래한 용어로 경화층 파손이라 말을 사용하기로 한다.

Case Hardening은 저탄소강의 표면에 탄소나 질소 또는 혼합 가스를 확산시켜 화학적 조성을 변하게 하여 경도를 향상시키는 방법으로 침탄열처리(Carburizing), 질화처리(Nitriding), 침탄질화처리(Carbonitriding), 시안화염처리(Cyaniding) 등이 있다.

경화층 파손은 재질의 내구한도를 초과했을 때 표면 아래에서 발생하는 파손으로 파손이 매번 이 지점에서 일어나지는 않지만 파손 시작점은 경화층과 심부 접합층 근처이다. 이 성질의 파손은 표면의 접촉응력, 깊이에 따른 재질 강도, 경화층의 경도가 심부보다 극히 단단할 때 그리고 수많은 응력 사이클의 수에 달려 있다.

그림 3.14는 경화층 파손의 예를 나타낸 것으로 하중이 기어 이 중심점에 집중되어 국부적인 강화층 파손을 보여주며, 파손이 경하층과 심부 경계층에서 시작되어 기어 이 조각이 떨어져 나갔다.

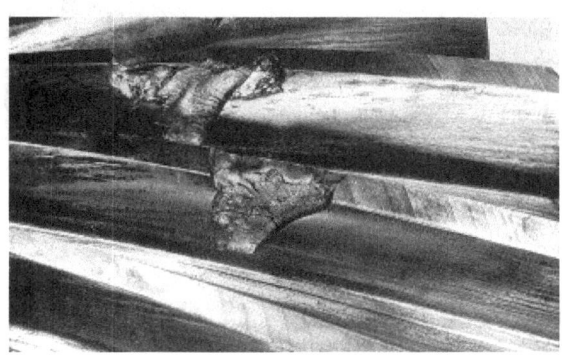

그림 3.14 경화층 파손의 예

11) 기어 이 절손(Gear Tooth Breakage)

기어 이 절손은 기어 이 전체나 일부분이 과부하나 충격, 또는 굽힘응력 작용시 재질내부 한계를 초과하는 반복응력에 의한 피로현상으로 깨지는 파손으로서 이런 성질의 파손은 실제에서 초과 하중, 이뿌리부분 노치, 호브 자국(Hob Tear), 금속 함유물, 열처리 크랙, 정렬오차 등에서 발생한다.

그림 3.15는 기어 이 절손의 예를 나타낸 것으로 전형적인 고 사이클(High Cycle) 피로 파괴이며, 이 파손에서는 초점(Focal Point)이나 특징적인 눈(Eye), 해변 무늬(Beach Mark)와 같은 피로절손을 나타낸다.

일반적으로 절손면은 실제 파손이 일어날 때까지 상당한 양의 크랙 표면 운동이 일어난 것을 의미하듯이 매우 부드럽고 마지막 파손 영역에서는 빠른 크랙성장을 보이는 거친 표면을 가지고 있다.

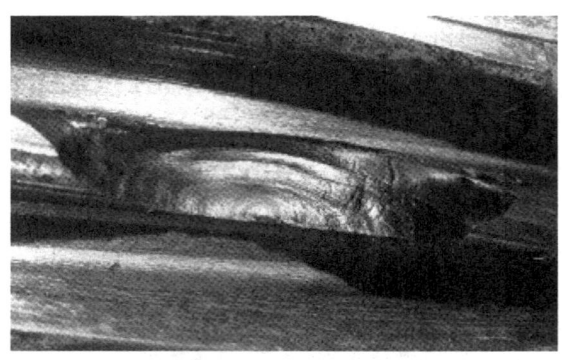

그림 3.15　기어 이 절손의 예

12) 과부하 절손(Overload Breakage)

과부하 절손은 섬유표면 같은 단면을 보이는 절손이다. 단단한 재질일수록 좀더 부드럽게 보이나 절손면은 피로의 증거가 보이지 않고 갑자기 순간적으로 잡아떼어낸 것 같은 모양이다.

그림 3.16　과부하 절손의 예

과부하 절손은 갑작스런 정렬오차나 기어 변속기를 순식간에 작동불능인 상태로 만드는 베어링 파손, 큰 외부 이물질이 기어 이 사이에 끼어들었을 때 등의 원인에 의하여 일어난다.

그림 3.16은 과부하 절손의 예를 나타낸 것으로 접촉 영역 내의 잇수에 해당하는 부분의 이 몇 개가 떨어져 나간 생태를 보여준다. 또한 떨어진 기어 이 조각이나 외

부 이물질이 맞물림 사이에 끼어들었을 때 매우 큰 파손으로 연결된다.

13) 기어 파손의 다른 형태 및 원인

앞에서 설명한 기어손상에 들지 않은 많은 기어 파손이 있는데 추가로 설명하면 다음과 같다. 간단한 윤활 실패가 전체 기어박스의 완전한 파손을 일으킬 수 있다. 예를 들어 만약 윤활 라인이 파손되거나 운전자가 윤활 시스템을 작동하지 않으면 전체 기어박스는 오일 부족에 시달린다. 따라서 극심한 과열, 베어링 파손, 심하게 긁히거나 홈이 생긴 기어 이가 된다. 이런 성질의 파손이 그림 3.17과 같다.

이 파손은 과도한 열발생 흔적(진청색)이 있으며 따라서 경도가 약화, 경도 부족에 의한 조기 피팅이 진행 중이다.

그림 3.17   기어 파손의 다른 형태

기어박스의 오일 부족과는 달리 쉽게 찾아내기 어려운 윤활제 문제는 다음과 같다.

① 오일 윤활막을 형성할 정도로 점도가 충분히 높지 않을 경우
② 윤활제의 미끄럼성(Oiliness)이 맞물림 마찰력을 견딜 수 있을 만큼 높지 않을 때
③ 윤활제가 적절하게 적시는 성질(Wetting)이 없을 때
④ 윤활제가 오염물질이나 파편, 해로운 화학적 부산물 등을 형성할 때
⑤ 윤활제가 산화되거나 슬러지를 발생하여 필터 통과를 방해하거나 정제되지 않고 바이패스된 오일이 베어링이나 기어 맞물림에 공급될 때 등이다.

베어링과 기어 맞물림 위치에 윤활과 열발산을 위한 적당한 양의 오일을 공하는 문제는 아주 중요하다. 만일 노즐이 기어와 베어링 표면을 적당하게 적시지 못한다면 반드시 조정이 필요하다. 노즐을 더 추가하거나 노즐 위치를 조정해야 한다. 때로 맞물림에서 발생하는 바람에 의하여 오일 노즐이 이 장벽을 넘지 못하는 경우가 있다. 따라서 기어 맞물림 바람을 관통할 수 있을 정도로 적절한 분출 속도를 얻기 위해서 좀더 높은 압력이 필요하다.

1.4 스퍼기어 또는 헬리컬 기어의 접촉

그림 3.18은 스퍼기어와 헬리컬 기어의 이상적인 접촉상태를 나타낸 것으로서, 부하의 상태로 기어가 맞물릴 때 치면의 접촉상태가 좋지 않을 경우에는 어느 쪽인가 잘못되어 있다는 증거이다.

(a) 스퍼기어   (b) 헬리컬 기어

그림 3.18 스퍼기어와 헬리컬 기어의 이상적인 접촉상태

기어 조립시 접촉면의 상태를 보고 판단할 때 구동기어의 치면에 있어서는 이뿌리측의 접촉이 약간 약하게 되어 있고 피동기어의 치면에 있어서는 이뿌리측의 접촉이 약간 강하게 되어 있는 것이 이상적이다.

그림 3.19는 스퍼기어 및 헬리컬 기어의 다양한 접촉불량 상태를 나타낸 것이다.

(a) 이끝면에 강한 접촉

(b) 이뿌리면에 강한 접촉

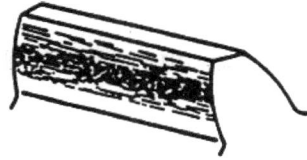

(c) 피치선 부근의 강한 접촉

(d) 피치선 부근을 피한 접촉

(e) 이의 중앙부분에만 접촉

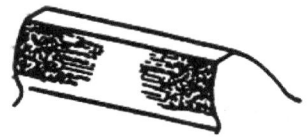

(f) 이의 중앙부분을 피한 접촉

(g) 잇줄방향의 편접촉

(h) 경사진 접촉

그림 3.19 스퍼기어 및 헬리컬 기어의 다양한 접촉불량

1.5 기어장치의 소음 측정

기어장치의 소음 측정 적용범위는 단독의 기어장치 및 구성요소로서 기계에 조립된 상태에 있는 기어장치의 소음 레벨과 특히 필요한 경우에만 측정하는 소음 스펙트럼의 측정방법이 있다.

1) 용어의 뜻

이 규격에서 쓰이는 용어의 뜻은 다음에 따른다.

① 암소음

  기어장치에서 소리가 발생하지 않을 때의 그 장소에서의 주위의 소음

② 반사음

  기어장치에서 발생하여 대상의 기어장치 이외의 물체, 벽면, 바닥 등에 반사하여 마이크로폰에 들어오는 소리

③ 소음 스펙트럼

  주파수 분석기의 각 주파수 대역마다 소음 성분의 크기를 음압레벨로써 표시한 것이다.

2) 측정 조건

① 측정장소

  기어장치의 소음 측정은 암소음 및 반사음에 영향이 적은 장소에서 실시하여야 한다. 또한 구성 요소로서 기계에 조립된 상태에 있는 기어장치의 측정에는 원동기, 부하 장치 등의 소음의 영향을 적게 받도록 처리하여야 한다.

② 운전조건

  기어장치의 운전조건은 다음에 따른다.

  ㉮ 회전 속도 : 기어장치의 상용 회전속도로 측정한다. 다만, 상용 회전속도가 여러 종류일 때에는 특히 사용 빈도가 많은 2종 이상을 선택하여 측정한다.

  ㉯ 부하 : 무부하 상태 또는 부하상태에서 측정한다.

  ㉰ 윤활 : 상용 윤활 조건에서 측정한다.

  ㉱ 설치 : 기어장치 및 원동기, 부하장치 등은 충분히 강성을 가진 상태나 또는 사용 상태에 따라서 고정한다.

3) 사용 측정기

① 소음 레벨의 측정기 : KS C 1502(보통 소음계)에 규정한 지시 소음계 또는 이것

과 동등 이상의 종합 기능을 가진 측정기(이하 소음계라 한다.)를 사용한다. 또한, 이 측정은 원칙적으로 청감 보정 회로에 따른다.
② 소음 스펙트럼의 측정기 : 측정에는 원칙적으로 옥타브 필터 또는 1/3옥타브 필터를 사용한다. 옥타브 필터 및 1/3옥타브 필터의 대역 중심 주파수는 원칙적으로 표 3.1에 따른다.

표 3.1 옥타브 필터 및 1/3옥타브 필터의 대역 중심 주파수

(단위 : Hz)

옥타브 필터	63			125			250			500		
1/3옥타브 필터	50	63	80	100	125	160	200	250	315	400	500	600
옥타브 필터	1000			2000			4000			8000		
1/3옥타브 필터	800	1000	1250	1600	2000	2500	3150	4000	5000	6300	8000	10000

4) 측정 방법

① 소음 레벨의 측정 : 측정은 원칙적으로 KS A 0701(소음도 측정방법)에 규정한 소음 레벨의 측정방법에 따른다.
② 소음 레벨의 측정위치 : 소음 레벨은 원칙적으로 다음 위치에서 측정한다.
 ㉮ 기어박스의 최대 치수 500 mm 미만의 경우, 표면에서 300 mm
 ㉯ 기어박스의 최대 치수 500 mm 이상의 경우, 표면에서 1,000 mm
측정위치는 기어장치의 전후 좌우에서 각 1개소씩 모두 4개소로 하고 필요에 따라 상부의 1개소를 더한다. 또한 큰 음을 발생하는 부분이 있을 때에는 그 부분에 가까운 위치를 선택한다.
③ 소음 스펙트럼의 측정 : 소음 스펙트럼은 5.2의 소음 레벨 측정위치 중에서 소음 레벨의 큰 위치를 선택하고 각 옥타브 또는 1/3옥타브 대역에 대하여 그 음압 레벨을 측정한다.

㉮ 암소음의 영향 : 기어장치에서 발생하는 소리가 있는 경우와 없는 경우와의 소음계 지시의 차가 10폰 이상일 때에는 기어장치의 소리는 암소음에는 영향을 받지 않는 것을 나타내며 처음의 경우의 지시가 기어 장치 소리의 소음 레벨을 나타내는 것으로 하여도 좋다. 지시의 차가 10폰 미만일 때에는 표 3.2에 의하여 지시값을 보정하고 대략의 소음 레벨을 추정할 수 있다. 또 지시의 차가 없을 때에는 기어 장치의 소리는 암소음보다 작다는 것만 알 수 있으며 그 소음 레벨은 알 수 없다.

표 3.2 암소음에 의한 보정

(단위 : 폰)

소음계 지시의 차	3	4	5	6	7	8	9
보정치	-3	-2	-2	-1	-1	-1	-1

㉯ 암소음 이외의 주위 조건의 영향
  ㉠ 반사음의 영향 : 마이크로폰 및 음원의 가까운 곳에 큰 반사체가 있으면 음원에서의 직접음뿐만 아니라 반사체로부터의 반사음이 가해짐으로 측정에 오차가 생긴다. 보통 실내에서 측정할 때에는 음원의 크기 및 음원과 측정위치와의 거리에 비하여 충분히 넓은 측정실에서 더구나 어느 쪽의 벽이나 바닥에서도 떨어진 위치에서 측정하는 것이 좋다.
  ㉡ 그밖의 영향 : 마이크로폰에 있어서 바람(예를 들면 실외에서의 기어 장치의 측정, 바람의 발생을 동반하는 기계의 측정 등), 전자장(예를 들면 모터붙이 감속기 등에 있어서 모터에 마이크로폰을 접근시켜 측정하는 경우), 진동(예를 들면 큰 진동을 동반하는 기계에 조립된 기어장치의 측정), 온도, 습도 등의 영향이 현전한 경우에는 직접 증폭기나 지시기의 동작에도 영향을 줌으로 적당한 차폐, 방진 등을 고려하고 또한 측정 위치의 선정에 주의하는 것이 좋다.

5) 측정결과의 기록

① 소음 레벨 : 운전조건, 측정위치, 측정값 등은 표 3.3에 표시한 양식에 따라 기록한다. 이때에 소음계의 지시기의 동특성을 "빠름"에 놓았을 때의 지시의 변동폭이 4폰 이하일 때에는 지시값의 평균값을 실측값으로 하고 4폰을 넘을 때에는 지시값의 최대를 실측값으로 하나 이때에 실측값에는 최대, 최소값를 기입한다. 대상으로 하는 기어장치의 각각의 운전조건에서 각 측정위치에서의 측정값의 데시벨 평균값을 구하고 그 최대의 값을 대표값으로 한다. 각 측정위치에서의 측정값의 상호차가 5폰 이하일 때에는 그 산술평균값으로 잡아도 좋다. 또한 측정값 중에서 가장 큰 값을 최대값으로 한다. 또한 필요한 경우에는 측정위치의 약도를 첨부하여도 좋다.

표 3.3 소음 레벨의 기록 양식

1. 기어장치
   명   칭 :
   형   식 :
   제조회사명 :
   제 품 번 호 :
   회전속도비 : 출력축 회전속도 :
              입력축 회전속도 :

2. 운전방식
   원 동 기 :
   구 동 방식 :
   부 하 장치 :
   제 품 번 호 :
   윤 활 조 건 : 기름의 종류 :
              점   도 :
              윤 활 방식 :
              유   량 :

3. 측정
   측정 일시 :   년 월 일 시
   측정 장소 :
   주위 온도 :

   회전속도비
      명   칭 :
      형   식 :
      마이크로폰의 형식 :
      측 정 자 :

4. 소음레벨
   청감 보정 : 대표값 :   폰
             최대값 :   폰

측정번호	운전조건			측정위치		소음레벨 (폰)				비고
	압력측 회전속도 (rpm)	부하 토크 (kg.m, N)	기름 온도 (℃)	측정 방향	측정 거리 (mm)	암소음	실측값	측정값	평균값	

주) 1. 측정값이란, 실측값에 암소음에 의한 보정을 한 값이다.
    2. 비고란에는 소음의 성질에 큰 특성이 있을 때에 그 개요와 기타사항을 기입한다.

② 소음 스펙트럼 : 온 대역 및 각 옥타브 또는 1/3 옥타브 대역마다의 음압레벨을 가로축을 중심 주파수로 세로축을 음압 레벨로 하여 표 3.4에 표시한 양식에 따라 기록한다.

③ 기타 : 기어장치의 명칭 및 형식, 제조 회사명, 제품번호, 측정일시, 측정장소, 측정기의 명칭 등을 기입한다. 또한 이 측정을 위하여 원동기 또는 부하장치를 특별히 사용하였을 때에는 그 명칭 및 형식을 부기한다.

표 3.4　　소음 스펙트럼의 기록 양식

1. 기어장치
   명　　칭 :
   제품번호 :

2. 운전조건
   압축회전수 :　　　　　　rpm
   부　　　하 :　　　kg.m(N.m)

3. 측정위치(측정　　　번호)
   측정방향 :
   측정거리 :

4. 측정
   측정일시 :　　　년　　월　　일　　시
   측정장소 :

   측 정 기 :
   명　　칭 :
   형　　식 :
   측 정 차 :
   청감보정 :

02 간접 전동장치(벨트, 로프, 체인)

2.1 간접 전동장치의 분류

간접 전동장치는 크게 마찰방식과 맞물림방식으로 나눌 수 있으며 아래와 같이 분류할 수 있다.

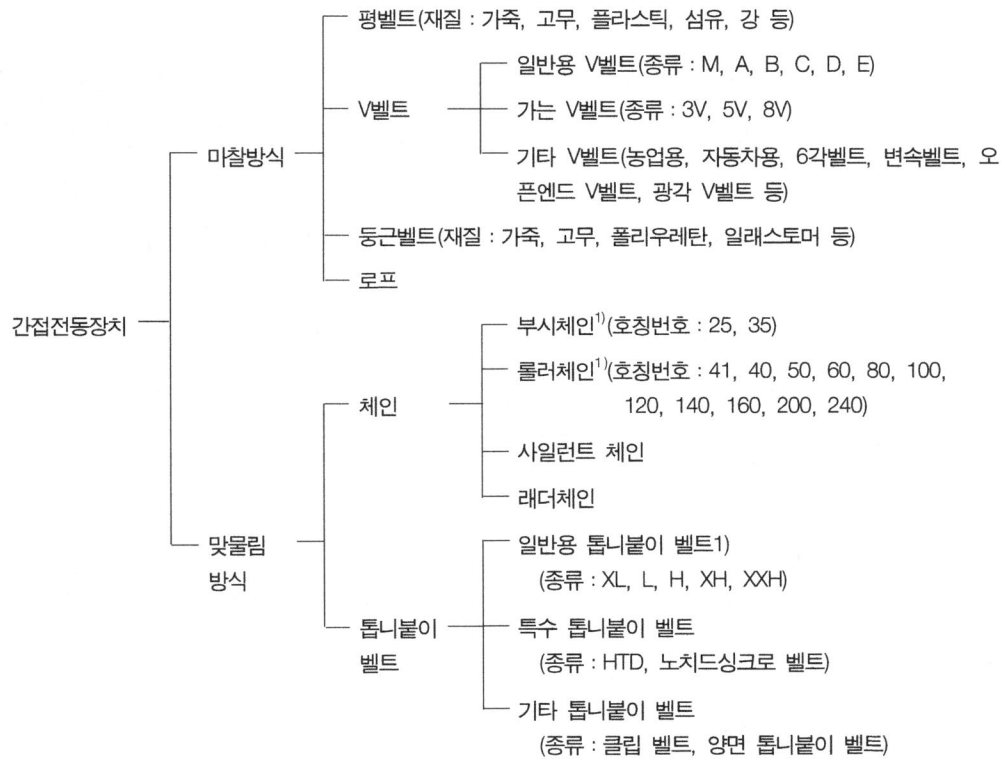

2.2 평 벨트의 전동

평 벨트는 초기에는 가죽이나 천이 들어간 고무벨트를 사용한 것이 전동의 대표적인 것이었으나, 현재는 원동부의 동력 전달이 V벨트로 대체되고 있으며 고속 정밀 전동을 할 수 있는 새로운 재질과 구조로 된 것이 많이 사용된다.

평 벨트의 종류는 다음과 같다.

① 가죽 벨트(Leather Flat Belt)
   소가죽, 물소 가죽을 연하게 처리하여 두께 약 5~8 mm 정도로 만든 벨트를 1겹 벨트라 하며 2겹 벨트, 3겹 벨트가 있다. 가죽 벨트는 탄닝 또는 크롬 등의 약품으로 처리하여 벨트용 가죽을 만든다.

② 섬유 벨트(Textile Belt)
   대마, 무명, 합성 섬유의 직물을 이음매 없이 짜서 만든 것으로 폭과 길이를 마음대로 만들 수 있으나 가죽에 비하여 연결하기가 힘들다. 온도와 습도에 신축이 심하고 인장강도는 크지만 마찰계수가 작으며 유연성이 좋지 않아 전동 효율이 떨어진다. 또한 가죽보다 가격이 싸기 때문에 널리 사용된다.

③ 고무 벨트(Rubber Belt)
   2장 이상의 직물 벨트에 고무를 포개 붙여 만든 것으로 유연하고 풀리에 잘 접촉됨으로 미끄럼이 적고 비교적 수명이 길며 습기에 잘 견디고 먼지 등에 의하여 손상 받지 않고 70℃의 온도에도 잘 견딘다.

④ 강철 벨트(Steel Belt)
   압연한 얇은 강철판으로 만들며 다른 벨트에 비하여 탄성과 마찰 계수는 떨어지지만 인장강도가 대단히 크고 늘어나지도 않고 수명이 긴 장점이 있다.

2.3 V벨트의 전동

V벨트는 축간 거리가 짧은 경우에 사용할 수 있으며, 고무나 가죽으로 된 사다리꼴 단면을 갖는 V벨트를 풀리 홈에 끼워 마찰력에 의해 전동한다. 그림 3.20과 표 3.5는 V벨트의 단면 구조 및 V벨트의 치수와 인장 강도를 나타낸 것이다.

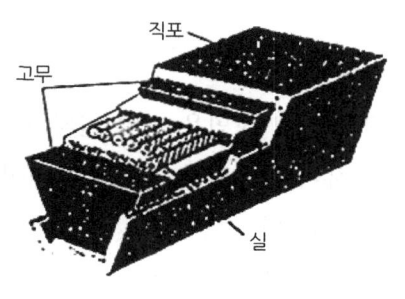 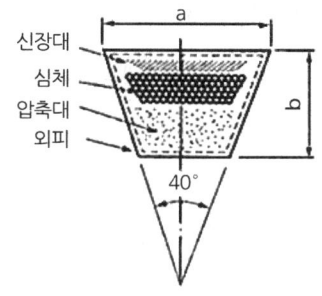

그림 3.20   V벨트의 단면 구조

표 3.5   V벨트의 치수와 인장강도

종류	a (mm)	b (mm)	α°	단면적 (mm²)	인장강도 (kN)	허용장력 (N)
M	10.0	5.5	40°	44	0.98 이상	78
A	12.5	9.0	40°	83	1.76 이상	147
B	16.5	11.0	40°	137	2.94 이상	235
C	22.0	14.0	40°	237	4.90 이상	392
D	31.5	19.0	40°	467	9.80 이상	843
E	38.0	25.0	40°	732	14.70 이상	1176

1) V벨트의 장점

① 평 벨트와 같이 벗겨지는 일이 없다.
② 이음매가 없어 운전이 정숙하고 충격을 완화하는 작용을 한다.
③ 설치 면적이 좁으므로 사용이 편리하다.
④ 지름이 작은 풀리에도 사용할 수 있다.
⑤ 마찰력이 평 벨트보다 크고 미끄럼이 적어 비교적 작은 장력으로 큰 회전력을 전달할 수 있다.

2) V벨트의 정비

① 2줄 이상을 건 벨트는 균등하게 처져 있어야 한다.
② 폴리의 홈 마모에 주의해야 하며 홈 상단과 벨트의 상면은 거의 일치되어 있다. 벨트가 어느 정도 밑으로 내려가 있는 것은 홈이 마모되어 있다는 증거이다. 홈 저면이 마모되어 번뜩이는 것은 틀림없이 슬립한다.
③ V벨트는 합성 고무라 해도 장기간 보관하면 당연히 열화되며 많은 보전품의 구입 년 월을 명확히 기록하여 오래된 것부터 쓰는 것이 좋다.
④ V벨트 전동 접촉각을 크게 하기 위해서는 위쪽이 이완측이 되도록 해야 한다. 만일 접촉각이 작아서 미끄럼이 생기기 쉬운 경우는 긴장 풀리(Tightening Pulley)를 사용하면 접촉각을 크게 할 수 있다.

2.4 타이밍 벨트 전동

타이밍 벨트는 기계의 자동화, 고속화, 경량화 등으로 성능이 매우 급속히 향상되고 있으므로 이와 같은 요구에 부응하기 위해 만들어진 벨트로 일명 치형 벨트(Toothed Belt)라고도 한다.

그림 3.21은 타이밍 벨트의 전동과 구조를 나타낸 것으로 장점으로는 미끄럼 없이 정확한 회전 각속도비가 유지되고 초기 장력이 작고 베어링에 작용하는 하중을 작게 할 수 있다. 또한 굴곡성 좋아 작은 풀리에도 사용되며 축간거리가 짧아 좁은 장소에도 설치가 가능하다.

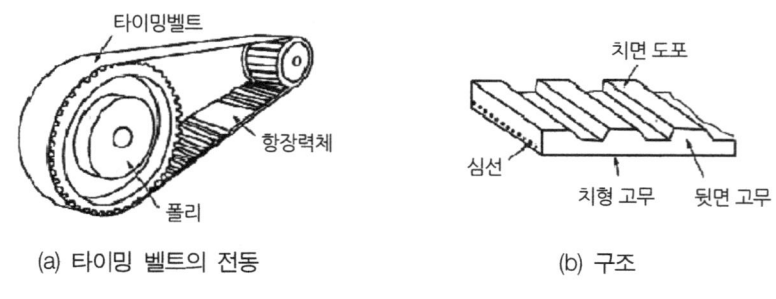

(a) 타이밍 벨트의 전동   (b) 구조

그림 3.21   타이밍 벨트의 전동과 구조

용도는 큰 힘의 전동에 적합하지 않고 고속 저하중용으로 식품 제조기계, 섬유 기계, 사무 기계, 자동판매기 등의 비교적 소형 자동 기계 또는 자동차 엔진의 크랭크 축과 캠 축 사이의 전동에 사용된다.

1) 타이밍 벨트의 종류

피치의 크기에 따라 종류로는 XL(Extra Light), L(Light), H(Heavy), XH(Extra Heavy), XXH(Double Extra Heavy) 등이 있다.

벨트의 길이는 피치 선에 따라 측정한 길이로 가는 V벨트와 같이 그 길이를 인치의 10배 번호로 나타내지만 길이와 잇수로 나타내는 경우도 있다. 또한 벨트의 너비도 인치의 10배수로 나타낸다.

2.5 체인 전동

체인을 두 개의 스프로킷 휠(Sprocket Wheel)에 감아서 스프로킷 휠을 회전시켜 동력을 전달하는 장치로 미끄럼을 일으키지 않고 정확한 속도비를 전동시킬 수 있는 장치를 말한다. 그림 3.22는 체인 전동을 나타낸 것으로서 두 축 사이의 거리가 기어를 사용하기에는 너무 멀고 벨트를 사용할 경우 너무 가까울 때에는 체인 전동이 가장 적당하다.

1) 체인 전동의 특징

① 미끄럼이 없고 확실한 전동이 가능하고 큰 동력을 효율적으로 전달한다.
② 진동, 소음을 발생하기 쉬우며 고속회전에는 부적합하다.
③ 유지 및 수리가 간단하고 수명이 길다.
④ 전동효율은 롤러 체인이 95% 이상이고 사일런트 체인은 98% 이상이다.

2) 체인의 종류

① 롤러 체인(Roller Chain)

그림 3.22 (a)는 가장 널리 사용되는 동력전달용 체인으로 저속회전에서 고속회전까지 넓은 범위에서 사용된다.

② 사일런트 체인(Silent Chain)

그림 (b)는 가격이 비싸고 주로 고속용으로 사용되는 체인으로서 링크가 스프로킷에 비스듬히 미끄러져 들어가 맞물려 있어 롤러 체인보다 소음이 적다.

③ 부시 체인(Bush Chain)

롤러 체인에서 롤러를 없애고 롤러와 부시를 일체화하여 구조를 간단하게 만든 체인으로서 경하중용으로 사용된다.

④ 오프셋 체인(Offset Chain)

전동 중에 충격을 흡수함으로 중하중과 저속전동에 적합한 체인으로서 링크 판이 오프셋 모양으로 구부러진 형태를 하고 있는 체인이다.

⑤ 리프 체인

주로 저속용으로 사용되는 체인으로서 몇 개의 링크판과 핀으로 구성되었으며 종류로는 평형용, 운반전달용, 내림용 등이 있다.

⑥ 더블피치 롤러 체인(Double Pitch Roller Chain)

그림 (f)는 롤러 체인의 피치를 2배로 하여 부하가 적게 걸리는 반송용 체인으로 사용하고 있다.

⑦ 핀틀 체인(Pintle Chain)

오프셋 링크와 이음 핀으로 연결되어 있으며 오프셋 링크에서 링크판과 부시를 일체화시킨 것이다. 주로 저속 중용량의 엘리베이터, 컨베이어용으로 사용된다.

⑧ 블록 체인(Block Chain)

플레이트의 링크를 핀으로 연결한 체인으로 주로 저속인 4 m/s 이하에 사용되며 가격이 싸고 마찰 부분이 많아 저속, 경하중용에 적합함으로 견인용, 수송용 등으로 사용된다.

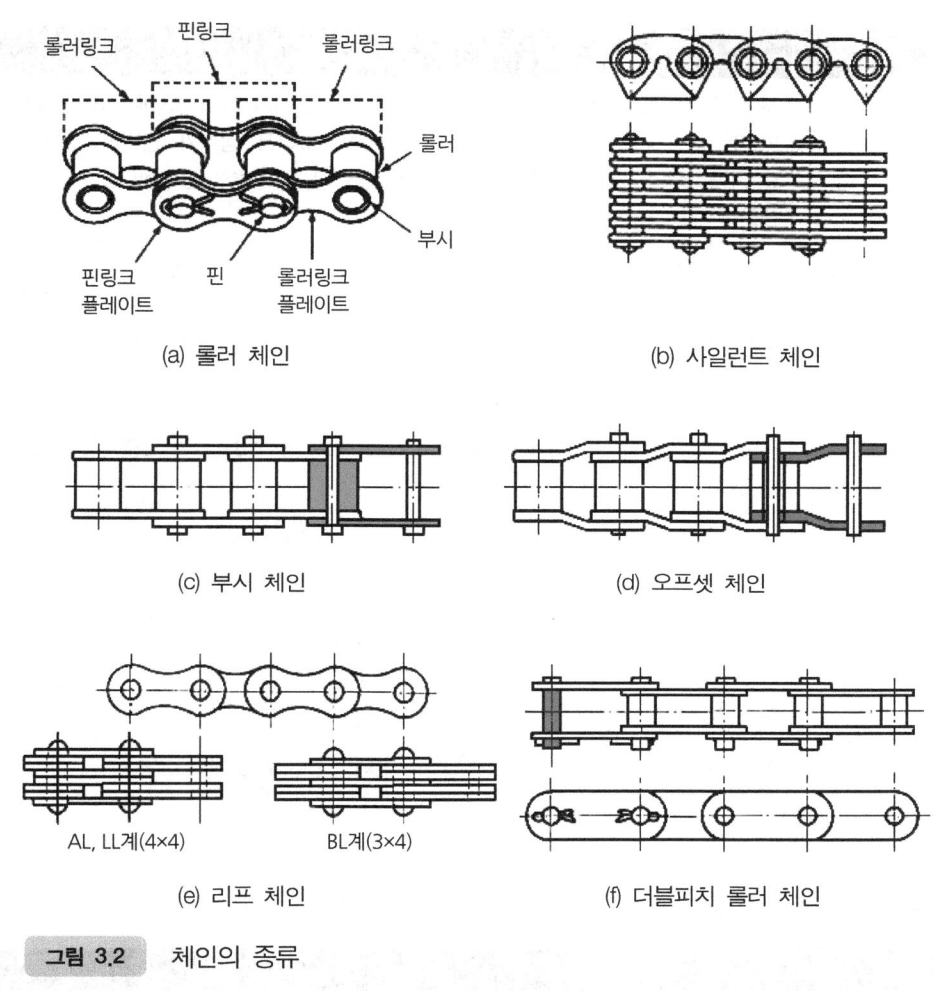

그림 3.2 체인의 종류

2.6 체인 전동과 V벨트 전동의 비교

간접 전동에 있어서 표 3.6과 3.7은 체인 전동과 V벨트 전동의 비교 및 체인 전동과 V벨트전동의 선정시 검토사항을 나타낸 것이다.

표 3.6 　체인 전동과 V벨트 전동의 비교

구분	체인 전동	V벨트 전동
특징	저속 중하중의 전동에 적합, 다축의 정역전동 및 수평, 수직, 경사 방향의 전동도 가능하며 윤활이 필요하고 소음이 발생한다.	고속, 중저하중의 전동에 적합, 윤활이 필요 없어서 장치가 간단하고 원활함, 또한 진동 충격을 흡수한다.
축사이 거리	자유롭게 선택 가능함.	자유롭게 선택 가능함.
맞물림 감기 각도	스프로킷 맞물림 각도 120° 이상	풀리 감기 각도 120° 이상
속도	저속~7 m/s, 2~3 m/s이 표준 사이런트 체인은 4~10 m/s, 4~6 m/s이 표준	25 m/s, 5~18 m/s이 표준
효율	95~98%	80~95%, 톱니붙이 벨트는 90~98%
잇수비 (지름비)	1~5이 표준	1~8이 표준(지름비)
출력	통상 100 kw 이하	통상 75 kw 이하
수명	기어 전동보다 짧다.	체인 전동보다 짧다.

표 3.7 　체인 전동과 V벨트 전동의 선정시 검토 사항

검토 사항	체인 전동	V벨트 전동
누적 오차	① 속도 전동비는 계산값과 거의 동일하게 된다. ② 누적 오차가 없으면 위치 결정 정밀도는 백래시의 범위 내	① 마찰 전동을 위한 슬립이 있으며 정확한 속도 전동비를 얻기가 쉽지 않다. ② 위치 결정 정밀도는 슬립에 의한 누적오차 때문에 점차 어긋나게 된다.
최소 전동차의 지름	최소 지름은 작다.	같은 정도의 전동 동력, 회전수라면 지름이 크다.

검토사항	체인 전동	V벨트 전동
최대 속도 전동비	소(5정도)	대(8정도)
설치 장소	V벨트 전동보다 약간 작다.	체인 전동보다 약간 크다.
소음	대	소
급유	필요	필요 없음
중량	대	소
효율	V벨트보다 약간 좋다.	체인보다 약간 낮다.
수명	V벨트보다 길다.	체인보다 짧다.
가격	V벨트보다 약간 비싸다.	체인보다 약간 싸다.
기타 사항	관성부하가 클 경우 급속 정지를 하면 충격하중이 있으며 체인이 절단된다. 절단되지 않을시 체인이 튀어 스프로킷에서 벗어날 위험이 있다.	관성 부하가 클 경우 급속 정지를 하면 벨트는 슬립하여 과부하를 흡수한다.

2.7 최소 풀리 지름과 최소 스프로킷 지름의 결정

감속을 전제로 할 때 원동차의 지름을 결정하지 않으면 벨트(체인) 속도나 전체의 치수 등이 결정되지 않는다. 기구 전체를 완벽하게 설계하기 위해서는 원동차의 지름을 가능한 작게 하는 것이 바람직하지만 풀리 지름의 크기에 따라 일정한 한계가 있다.

벨트는 풀리에 의해 구부러질 때 바깥쪽은 신장되고 안쪽은 수축되어 회전과 함께 신축을 반복하여 벨트의 수명에 영향을 받는다. 신축의 정도는 풀리 지름이 작을수록 크고 풀리 지름이 클수록 수명은 길어진다. 또한 적당한 최소 지름은 표 3.8과 같다.

표 3.8 V풀리의 최소 지름

V벨트의 종류	M	A	B	C	D	E
풀리의 최소 지름	50	75	125	230	330	530
허용한도 지름	40	65	100	180	260	410

주) 1. M형만 바깥지름, 다른 것은 피치 지름을 나타낸다.
    2. 허용 한계 지름은 사용 가능하지만 벨트의 수명이 짧아지기 때문에 가능한 풀리의 최소 지름으로 설계한다.

03 감속기 보전

3.1 감속기의 점검과 분해조립

표 3.9 감속기 점검항목

기간별 점검항목	점검내용
일일점검	- 기어와 베어링 소음 - 축과 케이스 진동 - 누유 - 오일 양과 윤활 상태 - 온도
주간점검	- 통기구 막힘 - 케이스 본체 청결 상태
월간점검	- 오일의 오염 상태 - 치면의 손상 여부
분기점검	- 오일 교환, 케이스 세척 - 치면의 손상 여부
연간점검	- 기어의 마모 상태 - 베어링의 손상 유무 - 오일 교환, 케이스 세척 - 앵커볼트 조임 상태

1) 분해

① 오일 배출구를 열어 오일 제거
② 베어링 커버 분리
③ 상, 하 케이스 분리
④ 각 부품을 분해, 이름표 부착
⑤ 치면의 손상 유의
⑥ 기어, 베어링 씨일 등의 마모 및 파손 상태, 케이스의 크랙 등을 점검, 기록 유지

2) 조립

① 분해의 역순
② 부품의 이물질 제거, 청결 유지
③ 볼트, 너트 등 소형 부품이 내부에 들어가지 않도록 주의
④ 베어링 조립시 기어와 스페이서 간에 틈새가 없는가 확인
⑤ 케이스 볼트는 동일한 조임력으로 엇갈려 조임

3) 보관

① 단기 보관 : 온도 변화가 심하지 않은 실내에 통기구(Air Breathe Hole)커버를 밀폐, 보관
② 장기 보관 : 케이스 내부, 기어의 치면, 축, 베어링 등의 부식 및 온도 변화에 따른 변형을 고려

표 3.10 감속기의 고장 원인과 대책

상태	고장 원인	대 책
본체 과열	- 과부하 운전 - 윤활량 과대 또는 과소 - 윤활제 불량 - 오일 씨일에 오일 부족 - 주변 온도 상승 - 통기구 막힘 - 상대 기계와의 조립 불량	- 부하 조정 - 유면계 지시면 유지 - 노화, 오염된 오일 교환 - 주유 - 냉각 장치 부착, 통풍 개선 - 통기구 세척 - 재 조립
소음	- 규칙적 : 치 접촉 불량 　　　　　 베어링 손상 - 높은 금속음 : 베어링의 틈새 부족 　　　　　　　 윤활유 부족 　　　　　　　 과부하 운전 - 불규칙적 : 이물질 혼입	- 치 접촉 교정 - 베어링 교체 - 베어링 교환 - 윤활량 보충 - 베어링 교환 - 이물질 제거, 윤활유 교환
진동	- 기어의 마모 - 이물질 혼입 - 베어링 마모 - 체결 볼트 풀림	- 기어 교환 - 이물질 제거, 윤활유 교환, 씨일 점검 - 베어링 교환 - 체결 볼트 조임
윤활유 누설	- 씨일 손상 - 오일 배출구 결합 불량 - 오일 게이지 손상 - 통기구 막힘	- 씨일 교환 - 재 결합 또는 교체 - 오일 게이지 교환 - 통기구 세척
입, 출력축 회전 정지	- 치면의 융착 - 베어링 손상 - 고형 이물질 혼입	- 치면 수정 또는 기어 교환 - 베어링 교환 - 이물질 제거, 내부 세척
입력축 회전 출력축 정지	- 기어 파손 - 키 파손 - 출력축 절손	- 기어 교환 - 키 교환 - 출력축 교환
기어의 마모	- 과부하 - 윤활유 불량 또는 부적합 - 윤활유 부족 - 베어링 마모 - 운전 온도 상승	- 하중 조절 - 윤활유 교환 - 윤활유 보충 - 베어링 교환 - 통풍 개선

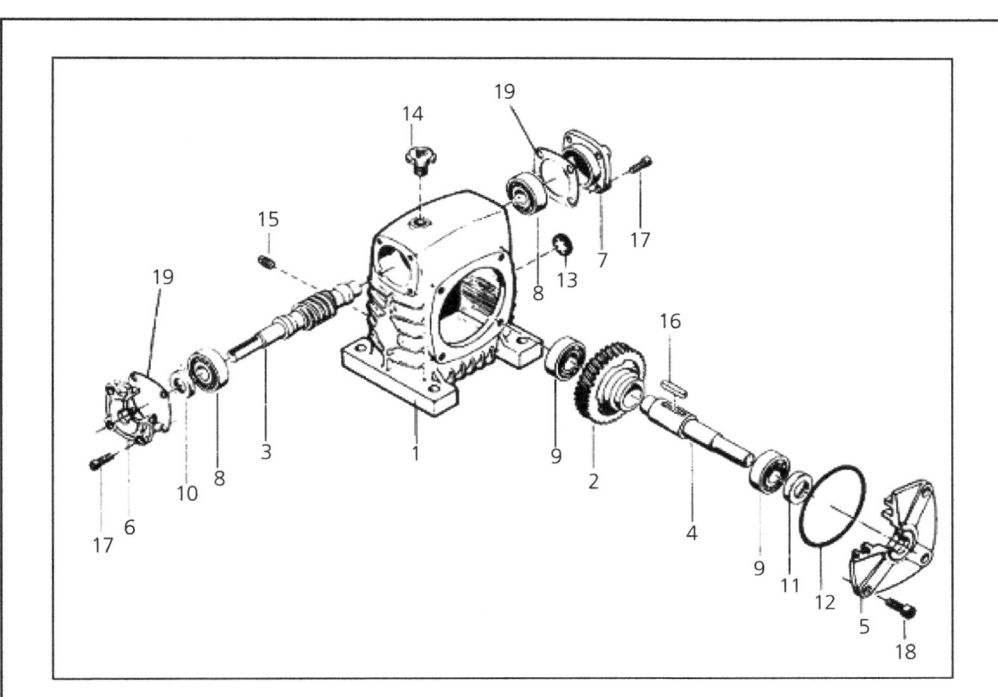

번 호	부 품 명	번 호	부 품 명
1	케이스(case)	11	오일 실(oil seal)
2	웜 휠(worm wheel)	12	O-링(O-ring)
3	원동축	13	유면창(유면계)
4	종동축	14	오일 캡(에어 벤트)
5	종동축 커버	15	드레인 플러그(drain plug)
6	원동축 커버	16	키(key)
7	원동축 커버	17	볼트
8	베어링(bearing)	18	볼트
9	베어링(bearing)	19	개스킷(gasket)
10	오일 실(oil seal)		

그림 3.23 웜 감속기 분해도

제04장 베어링 / 축 이음

1. 베어링 보전

2. 축 이음

베어링 / 축 이음

01 베어링 보전

1.1 저널과 베어링의 개요

회전축을 지지하는 기계요소를 베어링(Bearing)이라 하며, 축이 베어링에 의하여 지지되는 부분을 저널(Journal)이라 한다.

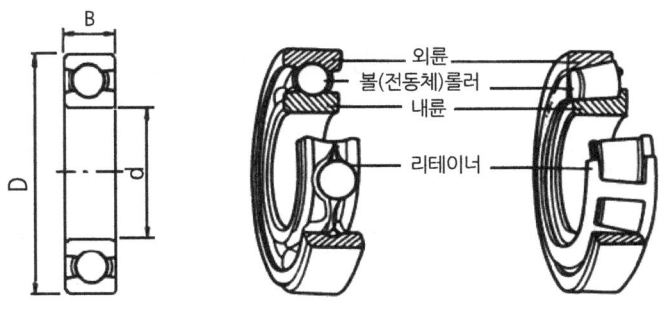

그림 4.1 구름 베어링의 각부 명칭

그림 4.1은 구름 베어링의 각부의 명칭을 나타낸 것이며 볼 또는 롤러가 1줄로 되어 있는 것을 단열, 2줄로 배열되어 있는 것을 복열이라 부르고, 베어링 안지름 d가 10 mm 미만이고 베어링 바깥지름 D가 9 mm 이상인 것을 소경 베어링, 바깥지름이

9 mm 미만인 것을 미니어처 베어링(Miniature Bearing)이라고 한다.

1.2 베어링의 종류

1) 저널과 베어링의 상대운동에 따른 분류

① 미끄럼 베어링(Sliding Bearing)

그림 4.2의 (a)를 일명 평면 베어링이라 부르며 저널과 베어링이 서로 미끄럼에 의해서 접촉하는 베어링이다.

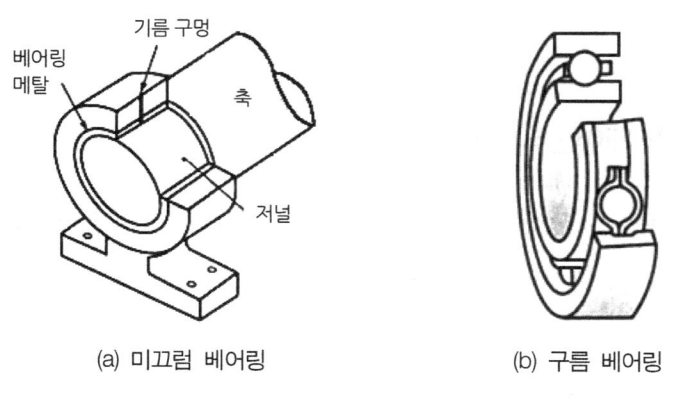

(a) 미끄럼 베어링　　(b) 구름 베어링

그림 4.2 저널과 베어링의 상대운동에 따른 분류

② 구름 베어링(Rolling Bearing)

그림 (b)와 같이 축과 베어링 사이에 볼(Ball), 롤러(Roller) 등에 의해서 구름 접촉하는 베어링이다. 그림 4.3은 각종 베어링의 종류를 나타낸 것이다.

(a) 볼 베어링, 테이퍼롤러 베어링, 앵귤러 베어링

(b) 유니트 베어링

(c) (SUS)스테인리스 & 플라스틱 베어링

(d) 스러스트 베어링

(e) 초고속용 스핀들 베어링

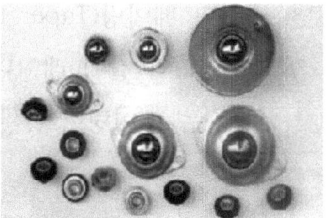
(f) 프레스 베어링, 볼케스타

(g) 니들 롤러 베어링

(h) 오일레스, 볼리테이너 베어링

(i) GE, SB 베어링

(j) 아세탈, 테프롤, PVC, 우레탄, 세라믹 볼

(k) 카본 볼, 크롬 볼, 황동 볼, 텅스텐 볼, 스테인리스 볼

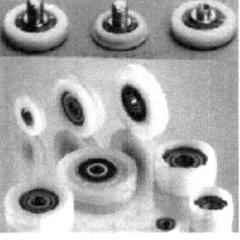
(l) 플라스틱 사출 베어링

그림 4.3 각종 베어링의 종류

2) 작용하중의 방향에 따른 분류

① 레이디얼 베어링(Radial Bearing)

그림 4.4(a)와 같이 축에 직각 방향의 하중을 받쳐 주는 베어링으로서 미끄럼 베어링에선 저널 베어링(Journal Bearing)이라고도 한다.

② 스러스트 베어링(Thrust Bearing)

그림 (b)와 같이 축단이나 축의 중간에 단을 만들어 축 방향의 하중을 받쳐 주는 베어링이다.

③ 테이퍼 베어링(Taper Bearing)

그림 (c)와 같이 레이디얼 하중과 스러스트 하중이 동시에 작용하는 하중을 받쳐 주는 베어링이다.

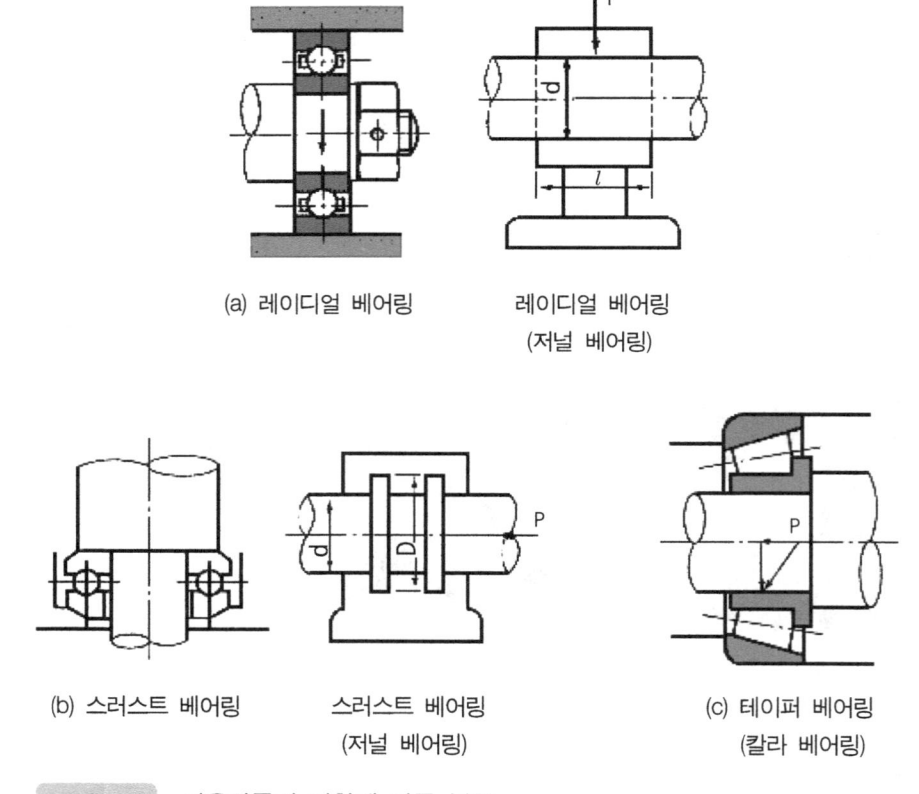

(a) 레이디얼 베어링　　레이디얼 베어링
　　　　　　　　　　　(저널 베어링)

(b) 스러스트 베어링　　스러스트 베어링　　(c) 테이퍼 베어링
　　　　　　　　　　　(저널 베어링)　　　　(칼라 베어링)

그림 4.4　작용하중의 방향에 따른 분류

1.3 베어링의 비교

1) 볼 베어링과 롤러 베어링의 비교

항목 \ 종류	볼 베어링 (Ball Bearing)	롤러 베어링 (Roller Bearing)
하 중	비교적 작은 하중에 적당	비교적 큰 하중에 적당
마 찰	작다.	비교적 크다.
회전수	고속 회전에 적당	비교적 저속 회전에 적당
충격성	작다.	작지만 볼 베어링보다는 크다.

2) 롤링 베어링의 장점과 단점(슬라이딩 베어링과 비교할 때)

① 마찰 저항이 적고 동력이 절약된다.
② 마멸이 적고 정밀도가 높다.
③ 고속 회전이 가능하며 과열이 없다.
④ 윤활유가 적게 들고 급유가 쉽다.
⑤ 수명이 짧다.
⑥ 가격이 비싸다.
⑦ 충격에 약하다.
⑧ 조립하기가 어렵다.
⑨ 외경이 커지기 쉽다.
⑩ 베어링의 길이가 짧아 기계가 소형화된다.
⑪ 제품이 규격화되어 있어 사용이 편리하다.

1.4 주요치수와 호칭기호

1) 주요치수
내경, 외경, 폭 또는 높이(스러스트 베어링), 모따기 치수 등으로 표시하고 있다.

2) 호칭기호
① 호칭기호의 구성
  ㉮ 기본기호
    베어링의 형식을 표시하는 형식기호, 치수계열을 표시하는 치수기호, 베어링 안지름을 표시하는 안지름번호 및 접촉각을 표시하는 접촉각기호 등을 순서로 조합한 것이다.
  ㉯ 보조기호
    기본기호 앞에 표시하는 접두 보조기호와 뒤에 표시하는 접미 보조기호가 있으며 베어링의 정밀도, 틈새, 밀봉형식 등의 세부사양을 나타낸다.
② 롤링 베어링의 호칭법

| 형식번호 | 치수 기호 (폭과 직경 기호) | 안지름 번호 | 등급기호 |

호칭법에 쓰이는 숫자의 의미는 다음과 같다.
  ㉮ 첫 번째 숫자 : 형식 번호
    1 : 복렬 자동 조심형
    2, 3 : 복렬 자동 조심형(큰나비)
    5 : 스러스트 베어링
    6 : 단열 홈형
    7 : 단열 앵귤러 콘택트형(경사 접촉형)
    N : 원통 롤러형

㉯ 두 번째 숫자 : 치수 기호(폭 기호+직경 기호)

0, 1 : 특별 경하중형

2 : 경하중형

3 : 중간형

㉰ 안지름 번호

안지름이 10 mm 미만인 경우와 500 mm 이상은 치수대로 표시한다.

안지름이 10 mm 이상 20 mm 미만일 때는 아래와 같다.

10 mm : 00

12 mm : 01

15 mm : 02

17 mm : 03으로 나타내며

안지름이 20 mm 이상 500 mm 미만에서는 이것을 5로 나눈 수를 안지름 번호(2자리)로 하고 있다.

㉱ 등급 기호

무기호 : 보통급

H : 상급

P : 정밀급

SP : 초정밀급

③ 인치계열 테이퍼 롤러 베어링의 호칭기호

㉮ 하중기호 : 가벼운 하중을 받는 쪽부터 무거운 하중을 받는 쪽으로 EL, LL, L, LM, M, HM, H, HH, EH, T 등으로 나타낸다. 그러나 T는 스러스트 베어링에만 사용된다.

㉯ 접촉각 번호 : 1자리의 숫자로 나타낸다.

외륜 각도 (접촉각×2)		번 호
이상	미만	
0°	24°	1
24°	25° 30′	2
25° 30′	27°	3
27°	28° 30′	4
28° 30′	30°	5
30° 30′	32°	6
32° 30′	35°	7
36°	45°	8
45° 이상		9[1]
90° 스러스트 베어링		0

주) [1] 단 스러스트 베어링이 아닌 것에 사용된다.

㉰ 계열번호 : 1자리에서 3자리의 숫자로 나타낸다.

최대 내경 (inch)		계열번호
초과	이하	
0	1	0…19
1	2	20…99, 000…129
2	3	030…129
3	4	130…189
4		190…999

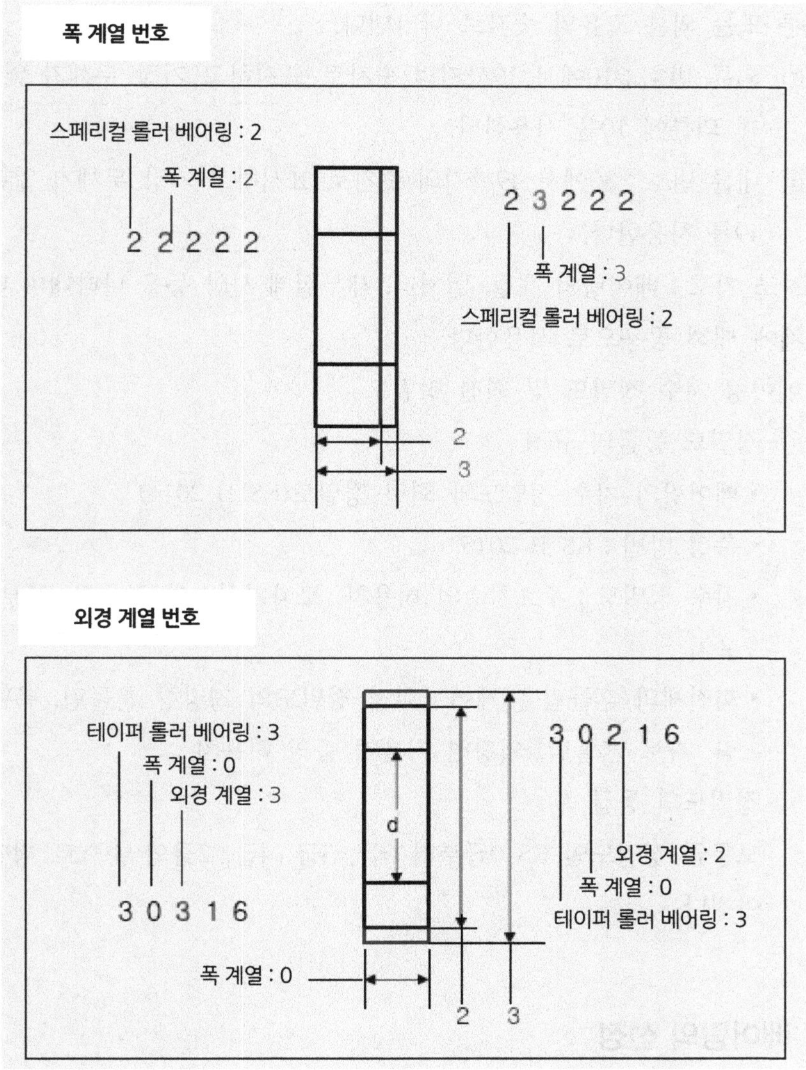

폭 계열 번호

스페리컬 롤러 베어링 : 2
폭 계열 : 2
2 2 2 2 2

2 3 2 2 2
폭 계열 : 3
스페리컬 롤러 베어링 : 2

외경 계열 번호

테이퍼 롤러 베어링 : 3
폭 계열 : 0
외경 계열 : 3
3 0 3 1 6

3 0 2 1 6
외경 계열 : 2
폭 계열 : 0
테이퍼 롤러 베어링 : 3

폭 계열 : 0

그림 4.5 베어링의 계열 번호

④ 추가 번호 : 보조 기호 앞에 있는 2자리의 숫자로 나타내며 그 베어링의 내륜 또는 외륜 고유의 숫자로 나타낸다.
  ㉠ 외륜 번호 : 10에서 19까지의 숫자로 표시하고 가장 두께가 얇은 첫 번째 외륜에 10을 사용한다.
  ㉡ 내륜 번호 : 30에서 49까지의 숫자로 표시하고 가장 두께가 얇은 내륜에 49를 사용한다.
⑤ 보조 기호 : 베어링의 재질, 열처리, 세부설계 사양 등을 나타내며 베어링 전체에 대해 공용으로 사용한다.
⑥ 베어링 치수 정밀도 및 회전 정밀도
  ㉠ 정밀도 등급의 규정
    • 베어링의 치수 정밀도와 회전 정밀도(KS B 2014)
    • 측정 방법 : KS B 2015
    • 치수 정밀도 : 주요치수의 허용차, 모따기치수의 허용치, 폭부 등의 허용치
    • 회전체의 흔들림을 제어 : 회전 정밀도의 경방향 흔들림, 축방향 흔들림, 가로 흔들림, 외경면 기울기 등의 허용치
  ㉡ 정밀도의 등급
    보통급 정밀도인 KS 0급부터 6급, 5급, 4급, 2급의 순으로 정밀도가 높아진다.

1.5 베어링의 선정

1) 베어링 선정 절차

① 사용 조건과 환경 조건에 대한 확인
  ㉮ 베어링 형식의 검토
  ㉯ 베어링 배열의 검토
  ㉰ 베어링 치수의 검토
  ㉱ 베어링 내부 사양의 검토(정밀도, 틈새 및 예압, 리테이너 종류, 윤활 등)

② 베어링의 선정 과정(예)

㉮ 사용 조건, 환경 조건의 확인

- 기계장치의 기능 구조
- 운전조건(하중, 속도, 설치공간, 온도, 주변조건, 축 배치, 설치부의 강성)
- 요구조건(수명, 정밀도, 소음, 마찰과 운전온도, 윤활과 보전, 설치와 해체)
- 경제성(가격, 수량, 납가)

㉯ 베어링 형식의 선정

- 허용되는 베어링 공간, 하중의 크기와 방향
- 진동과 충격의 유무, 회전 속도, 내외륜의 기울기
- 베어링 배열, 음향, 토크, 강성, 설치와 해체
- 시장성, 경제성

㉰ 베어링 치수의 선정

- 설계 수명, 회전 속도
- 동등가 하중과 정등가 하중
- 정하중 계수, 허용 축 방향 하중
- 허용 설치 공간

㉔ 베어링 정밀도의 선정

- 회전축의 회전 정밀도
- 회전속도
- 토크의 변동

㉕ 베어링 틈새의 선정

- 끼워맞춤
- 내외륜의 온도차
- 내외륜의 기울기
- 예압량

㉖ 리테이너 형식 재질의 선정

- 회전속도
- 음향, 사용온도
- 윤활방식
- 진동, 충격

㉗ 윤활 방법, 윤활제, 밀봉 방법의 선정

- 사용온도
- 회전속도, 윤활방법
- 밀봉방법
- 보수, 점검

2) 허용되는 베어링 공간

① 베어링을 설치하는 공간은 제한되어 있기 때문에 대략적으로 내경 및 외경, 폭으로 결정한다.
② 기계 및 장치를 설계할 경우 우선 축의 치수를 결정하고 그 축의 직경에 따라 베어링에 허용되는 공간을 고려해 부합되는 베어링의 설치를 생각하는 것이 일반적인 순서이다.
③ 내경은 지정되어 있지만 외경과 폭은 대략의 치수가 제시되는 경우가 많아 대부분의 경우 내경을 기준으로 베어링을 선정한다.
④ 베어링에는 동일 내경에 대하여 많은 형식과 치수 계열이 있으며 이 중에서 가장 적합한 것을 선정한다.

3) 하중의 크기와 방향

베어링에 작용하는 하중은 크기, 방향, 성질 등에 따라 상당히 변화가 많다.
부하 능력이란 베어링이 하중을 부하할 수 있는 능력으로 경방향 부하 능력과 축방향 부하 능력으로 구분한다.

4) 정밀도

① 베어링의 치수 정밀도와 회전 정밀도는 ISO 1132와 KS B 2014에 규정되어 있다.
② 일반적인 용도에 있어서는 대부분 0급의 정밀도를 사용한다.
③ 다음과 같은 요구 성능과 사용 조건에서는 높은 정밀도의 베어링을 사용할 필요가 있다.
　㉮ 회전체의 흔들림 정밀도가 높게 요구될 때
　　(예 : 공작기계 주축, VTR 드럼 스핀들 등)
　㉯ 베어링이 매우 고속으로 회전될 때
　　(예 : 고주파 스핀들, 과급기 등)
　㉰ 베어링의 마찰 변동이 적어야 될 때
　　(예 : 정밀 측정장비 등)

5) 회전 속도

① 베어링의 허용 속도는 베어링 형식과 크기에 따라 차이난다.
② 리테이너의 형식, 재료, 베어링의 하중 및 윤활 방법 등에 따라서도 달라진다.
③ 허용되는 속도는 베어링과 설치부의 치수 정밀도와 회전 정밀도의 향상, 냉각, 윤활, 특수한 리테이너 종류와 재질의 채용 등을 통해 증가시킬 수 있다.
④ 스러스트 베어링은 일반적으로 레이디얼 베어링보다 낮은 허용 속도를 갖는다.

6) 내외륜의 기울기

① 긴 축이나 하중이 크게 작용할 때 발생하기 쉬운 축의 휨, 축과 하우징의 베어링 설치부에 있어서 가공이 불량할 때의 설치 오차 등에 따라 베어링 내외륜의 기울기가 발생할 수 있다.
② 플랜지형 하우징이나 플러머 블록 하우징 같은 독립된 하우징을 사용할 때에도 발생하기 쉽다.
③ 베어링에 허용되는 기울기는 베어링의 형식이나 사용 조건에 따라 다르다.
④ 만약 내외륜의 기울기가 클 경우에는 자동조심 볼 베어링, 스페리컬 롤러 베어링, 유닛 베어링과 같은 조심성이 있는 베어링을 선정하여야 한다.

7) 음향, 토크

① 소형 전기시계, 사무기기, 가전제품에는 저소음과 저토크가 요구된다.
② 깊은 홈 볼 베어링은 상당히 조용하게 운전될 수 있고 토크가 작기 때문에 이러한 용도에 적합하다.

8) 강성

① 베어링이 하중을 받으면 탄성 변형을 일으킨다.
② 탄성 변형량이 작은 것은 강성이 크다고 말하며 또한 탄성 변형량이 큰 것을 강성이 작다고 말한다.

③ 볼 베어링과 롤러 베어링을 비교할 때 롤러 베어링은 전동체와 궤도륜과의 접촉 면적이 크기 때문에 강성이 높다는 것을 알 수 있다.
④ 앵귤러 콘택트 볼 베어링이나 테이퍼 롤러 베어링은 미리 하중을 부가하는 방법으로 볼과 궤도륜에 미소하게 탄성 변형을 시켜 강성을 높이는 경우가 많은데 이것을 예압이라 한다.

9) 설치와 해체

① 원통 롤러, 테이퍼 롤러, 니들 롤러 베어링 등은 내륜과 외륜을 분리할 수 있어 기계 장치의 설치와 해체가 용이하다.
② 내경이 테이퍼진 베어링은 어댑터 슬리브나 해체 슬리브를 이용하여 설치와 해체가 용이하다.
③ 정기검사, 수리 등으로 빈번히 베어링을 설치, 해체하는 기계 장치에는 위와 같이 설치와 해체가 쉬운 베어링을 선정한다.

1.6 베어링의 배열과 틈새

회전하는 축은 2개 또는 그 이상의 베어링으로 지지된다. 그러므로 이때 축에 적합한 베어링 배열을 결정하기 위해서는 다음의 사항을 고려하여야 한다.

① 온도 변화에 의한 축의 팽창 또는 수축에 대한 대책
② 베어링을 설치하거나 해체할 때의 작업 용이성
③ 베어링을 포함한 회전체의 강성과 예압 방법
④ 축의 휨 또는 설치 오차에 의한 베어링 내외륜의 기울기
⑤ 축방향과 경방향 하중의 적절한 분배

1) 고정측 베어링 및 자유측 베어링

① 설치 오차 때문에 축의 설치부 중심과 하우징의 설치부 중심 사이의 거리가 일치하지 않을 때 열이 발생한다.

② 운전되는 동안 발생하는 온도 상승도 길이의 변화를 초래한다. 이런 길이의 변화는 자유측 베어링에서 보정한다.
③ N형과 NU형 원통 롤러 베어링은 이상적인 자유측 베어링이다.
④ 턱이 없는 궤도륜에서 롤러와 리테이너의 조립체가 축 방향으로 이동할 수 있도록 되어 있다.
⑤ 깊은 홈 볼 베어링이나 스페리컬 롤러 베어링 등은 내외륜 중 어느 한쪽이 헐거운 끼워맞춤으로 되어 있을 때에만 자유측 베어링의 역할을 할 수 있다.
⑥ 정지하중을 받는 경우는 헐거운 끼워맞춤을 하여도 되며 일반적으로 외륜일 경우가 많다.
⑦ 베어링간의 간격이 짧아 축의 신축 영향이 적은 경우나 축의 온도 변화가 적을 경우에는 축의 수축 및 팽창에 의한 영향을 거의 무시할 수 있기 때문에 고정측과 자유측을 구별하지 않고 사용할 수 있으며 그 예로는 한 방향으로 축방향 하중을 받을 수 있는 앵귤러 콘택트 볼 베어링이나 테이퍼 롤러 베어링 2개를 조합하여 사용하는 배열이 있다.
⑧ 설치 후의 축방향 틈새는 시임이나 너트에 의해 조절할 수 있다.

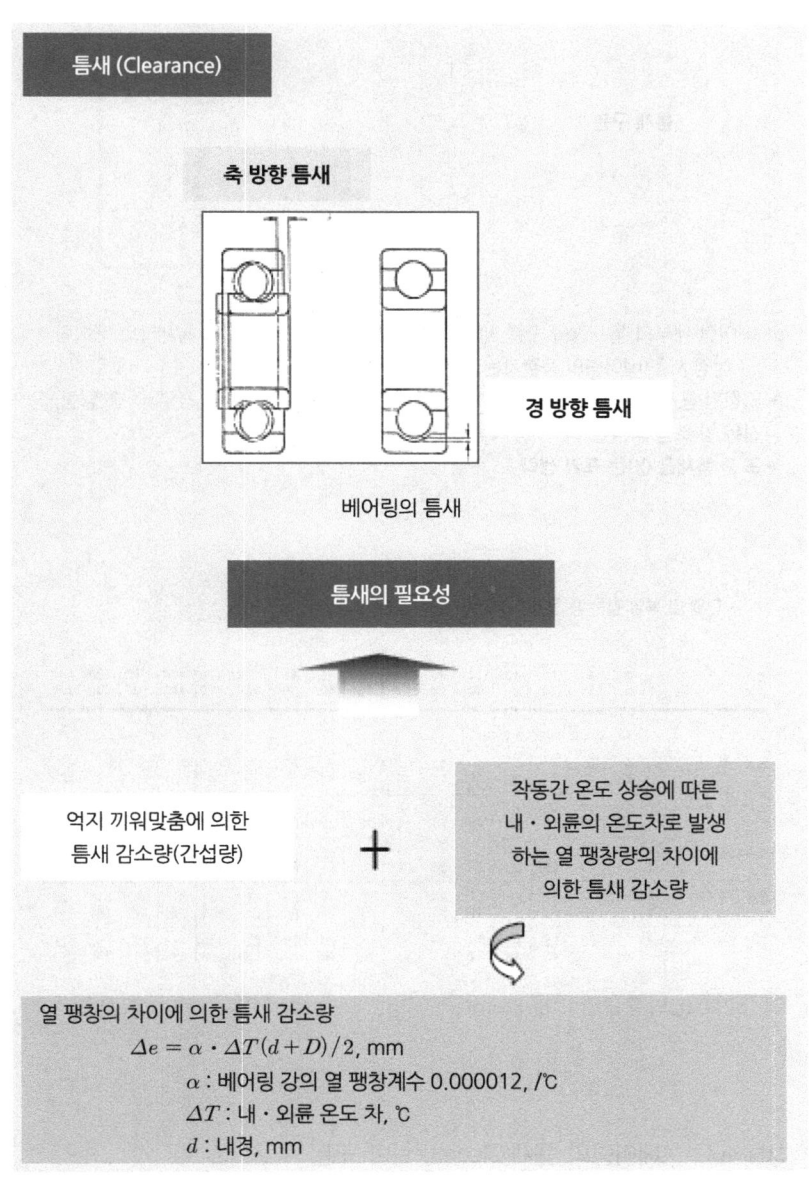

그림 4.6 베어링의 틈새(Clearance)

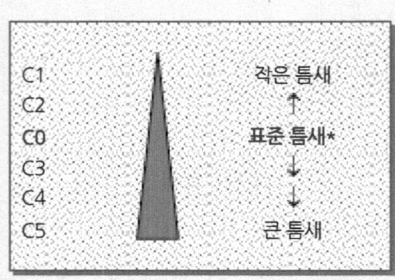

틈새 구분

- 베어링 내부의 틈새량을 구분 제작하여 사용 용도에 따라 적합한 틈새급의 베어링을 선정 사용(베어링의 품질과는 무관)
- 지정된 틈새보다 작으면 ⇨ 초기 운전시 과도 발열, 조기 마모 클 경우 ⇨ 축 떨림, 진동 및 소음의 원인
* 표준 틈새급 00는 표기 생략

단열 및 복열 깊은 홈 볼 베어링의 경 방향 틈새

호칭내경 치수㎜		2.5 초과 6 이하	6 10	10 18	18 24	24 30	30 40	40 50	50 65	65 80	80 100	100 120	120 140	140 160	160 180	180 200	200 225
		베어링 틈새, 마크론 (0.001㎜)															
틈새 그룹 C2	이상 이하	0 7	0 7	0 9	0 10	1 11	1 11	1 11	1 15	1 15	1 18	2 20	2 23	2 23	2 25	2 30	4 32
틈새 그룹 C0	이상 이하	2 13	2 13	3 18	5 20	5 20	6 20	6 23	8 28	10 30	12 36	15 41	18 48	18 53	20 61	25 71	28 82
틈새 그룹 C3	이상 이하	8 23	8 23	11 25	13 28	13 30	15 33	18 36	23 43	25 51	30 58	36 66	41 81	46 91	53 102	63 117	73 132
틈새 그룹 C4	이상 이하		14 29	18 33	20 36	23 41	25 46	30 51	38 61	46 71	53 84	61 97	71 114	81 130	91 147	107 163	120 187
틈새 그룹 C5	이상 이하		20 37	25 45	28 48	30 53	40 64	45 73	55 90	65 105	75 120	90 140	105 160	120 180	135 200	150 230	175 255

예 : 6210.C3의 틈새 값 : 18~36㎛

그림 4.7 베어링의 틈새(Clearance)의 구분

1.7 정격 하중과 베어링 수명

베어링을 정상적인 조건에서 사용하여도 어느 시간 사용 후에는 음향, 진동의 증가, 마모에 의한 정밀도 저하, 그리스의 열화, 궤도면 또는 전동체에 반복된 응력이 가해짐으로써 비늘 모양의 손상 즉 플레이킹이 발생하여 더 이상 사용할 수 없는 상태가 된다.

1) 베어링에 요구되는 기능
① 큰 부하 능력과 강성
② 적은 마찰 손실
③ 정숙한 회전

2) 베어링 수명
① 베어링이 사용 불가능하게 될 때까지의 총 회전수나 기간을 말한다.
② 각각 음향 수명, 마모 수명, 그리스 수명, 구름 피로 수명 등이 있다.
③ 일반적으로 베어링의 수명을 말할 때 구름 피로 수명을 일컬으며 수명의 평가에 있어서 널리 이용된다.
④ 그밖에 타붙음, 깨짐, 녹 등이 발생하여 사용할 수 없게 되는 경우도 있지만 이러한 현상은 베어링의 고장으로서 수명과는 구분된다.

3) 기본 정격 수명과 기본 동정격 하중
① 같은 베어링이 동일한 조건에서 운전해도 수명은 큰 산포를 갖는다. 이것은 재료의 피로 자체가 일정하지 않기 때문에 따라서 정격 수명을 사용한다.
② 기본 정격 수명이란 같은 베어링을 동일 조건에서 각각 회전시켰을 때 그 중 90%의 베어링이 구름 피로에 의한 플레이킹을 일으키지 않고 회전할 수 있는 총 회전수 또는 총 회전시간을 말한다.
③ 기본 동정격 하중이란 베어링의 동적 부하 능력으로 외륜 고정, 내륜 회전의 조건에서 정격 피로 수명이 100만 회전(500시간에 상당)이 될 수 있는 방향과 크

기가 일정한 하중이다.

④ 레이디얼 베어링은 순수 경방향 하중, 스러스트 베어링은 순수 축방향 하중을 선택한다.

베어링의 수명에 관련된 식은 다음과 같다.

$$n = \frac{K}{P^r} : 볼베어링$$

$$n = \frac{K}{P^r} : 롤러베어링$$

n : 회전수
K : 정수

$$L = \left(\frac{C}{P}\right)^r$$

$$L_h = \frac{10^6}{60n}\left(\frac{C}{P}\right)^r = 500 \times \frac{33.3}{n}\left(\frac{C}{P}\right)^r = 500 f_h^{\,r}$$

$$f_h = \sqrt[r]{\frac{33.3}{n}}\left(\frac{C}{P}\right) = f_n\left(\frac{C}{P}\right)$$

$$f_n = \sqrt[r]{\frac{33.3}{n}}$$

L : 베어링의 수명(10^6회전)
L_h : 기본 정격 수명(500 시간에 견디는 경우, 시간)
C : 기본 동정격 하중(N), (kgf)
P : 동등가 하중, 베어링 하중(N), (kgf)
r : 수명 지수(볼 베어링 3, 롤러 베어링 10/3)
f_h : 수명 계수
f_n : 속도 계수

1.8 베어링의 끼워맞춤

구름베어링의 끼워맞춤을 이해하고 적용하려면 먼저 베어링이 설치되어 있는 장치나 기계에서 어떤 하중을 받고 있는지를 정확히 알아야 할 필요가 있다. 일반적으로 동력전달장치 등의 경우 일체 하우징 구멍에서 하중의 종류 중 외륜 회전하중을 받는 보통하중 또는 중하중인 경우 N_7을 적용하면 무리가 없을 것이다.

주로 볼베어링에 적용하며, 가벼운 하중(경하중) 또는 변동하중을 받는 경우는 M_7을 적용해주면 된다.

또한 외륜정지하중의 조건에서 모든 종류의 하중에 적용할 수 있는 하우징구멍의 공차등급은 H_7, 경하중 또는 보통하중인 경우 H_8을 적용해주면 된다.

베어링의 호칭 번호 중에 두 번째 숫자로 표기되는 베어링 계열번호(지름기호)는 단열 깊은 홈 볼 베어링 6204의 경우 2는 치수계열기호 02에서 0을 뺀 것이고 이 치수 계열기호가 커짐에 따라 베어링의 폭과 바깥지름이 커지므로 적용 하중하고 연관되어 있다 0과 1은 극 경하중용 2는 경하중용 3은 보통하중용 4는 중하중용으로 구분할 수 있다.

반면 베어링에 끼워지는 축의 경우에는 축 지름과 적용 하중에 따라 축의 공차 범위 등급을 선정할 수가 있는데, 예를 들어 하중의 조건이 내륜 회전하중 또는 방향부정하중이면서 보통하중을 받는 경우 축 지름에 따라서 js_5, m_5, m_6, n_6, p_6, r_6를 적용하며 경하중 또는 변동하중인 경우 축 지름에 따라서 h_5, js_6, k_6, m_6를 적용하면 된다.

1.9 베어링 끼워맞춤 공차 선정

① 조립도에 적용된 베어링의 규격을 보거나 규격이 없는 경우 직접 재서 안지름, 바깥지름, 폭을 보고 KS규격에서 찾아 축지름과 적용하중을 선택한다.
② 축이 회전하는 경우 내륜회전하중 축은 고정이고 하우징이 회전하는 경우 외륜 회전란을 선택하여 해당하는 공차를 선택한다.

③ 레이디얼 베어링(0급, 6X급, 6급)에 대하여 일반적으로 사용하는 축과 하우징 구멍의 공차 범위 등급에서 해당하는 것을 선택한다.

1.10 베어링 취급과 청결한 환경의 유지

구름 베어링의 전동면과 궤도면의 조도와 웨이브(Wave)는 0.01~1.0pm 정도이고 윤활에 필요한 유막두께는 0.10~수μm 정도이므로 공기중에 부유하는 모래 먼지는 눈에 보이지 않더라도 베어링 내에 들어가면 궤도면과 전동면에 흠을 발생시키고 그것이 마드, 타붙음, 조기 후레이킹, 소음, 진도를 유발시킨다.

따라서 베어링과 교환에 필요한 지그(Jig), 축, 하우징에는 먼지와 이물질이 없도록 한다.

공기중의 청정도(淸淨度)는 미국의 연방규격 Fed.Std No. 209B를 기준으로 하여 등급(Class)이 나누어지며 직경이 0.5μm 이상의 미립자의 존재를 대상으로 검토되어 왔다. LSI의 집적도(集積度)를 향상하고, 소자(素子)의 패턴(Pattern)선폭이 작게 되어 보다 작은 미립자의 존재가 문제로 되어 왔다.

이제는 0.1μm의 입자의 제어가 필요한 슈퍼크린(Super Clean) 영역의 발달과 더불어 종래는 일반 환경하에서 행하던 조립, 검사, 포장 등이 등급 10,000~100,000의 클린 룸(Clean Room)을 사용하는 예가 증가되고 있다.

1.11 베어링의 보수와 관리

베어링 본래의 성능을 양호한 상태에서 가능한 한 오래 유지하기 위하여 보수와 점검을 시행한다.

보전은 기계의 운전조건에 맞는 작업 표준에 따라 정기적으로 실시하는 것이 바람직하며 운전상태의 감시 윤활제의 보급 또는 교체, 정기 분해에 의한 검사 등에 걸쳐 실시한다.

운전중의 점검항목으로서는 베어링의 회전음, 진동, 온도, 윤활제의 상태 등이 있다. 운전중에 이상한 상태가 발견된 경우에는 원인을 확인하고 대책을 세운다.

1) 베어링 취급시의 주의사항

① 주위를 청결히 하고 깨끗한 도구를 사용한다.
② 베어링을 빼내기 전에 하우징의 오물을 제거한다.
③ 깨끗하고 습기가 없는 손으로 취급한다.
④ 사용한 베어링도 새것과 마찬가지로 조심스럽게 취급한다.
⑤ 깨끗한 솔벤트나 오일을 사용한다.
⑥ 베어링은 깨끗한 종이 위에 놓는다.
⑦ 해체한 베어링에는 먼지나 습기가 닿지 않도록 한다.
⑧ 베어링을 닦을 때에는 깨끗한 마른 헝겊을 사용한다.
⑨ 쓰지 않을 때에는 마른 기름종이로 싸서 둔다.
⑩ 베어링을 교환할 때에는 하우징 안을 깨끗이 한다.
⑪ 새로 포장을 푼 베어링을 조립할 때는 세척하지 않고 그대로 조립한다.
⑫ 윤활유는 불순물이 들어가지 않도록 깨끗이 유지하고 사용하지 않을 때에는 용기의 뚜껑을 닫아둔다.
⑬ 더러운 공구대 위에서는 작업하지 않는다.
⑭ 깨지기 쉽고 티끌이 일어나는 공구는 사용하지 않는다.
⑮ 깨끗하지 않은 베어링은 강제로 회전시키지 않는다.
⑯ 압축공기로 베어링을 회전시키지 않는다.
⑰ 베어링을 세척할 때 일반 세척과 헹굼 세척을 같은 통에서 하지 않는다.
⑱ 베어링을 닦을 때 무명이나 더러운 헝겊은 사용하지 않는다.
⑲ 베어링 표면에 흠집이 나지 않도록 한다.
⑳ 새 베어링에서 그리스나 오일을 제거하지 않는다.
㉑ 윤활제는 양이나 종류가 부적당하면 안 된다.

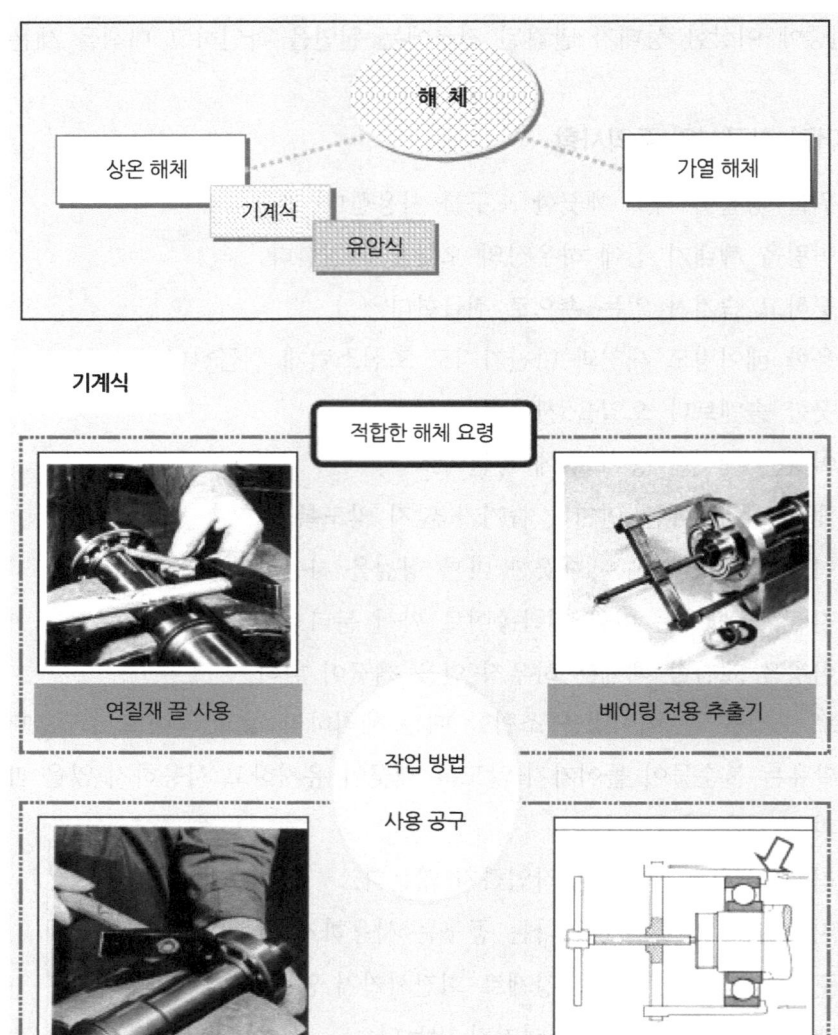

그림 4.8　베어링의 해체법1

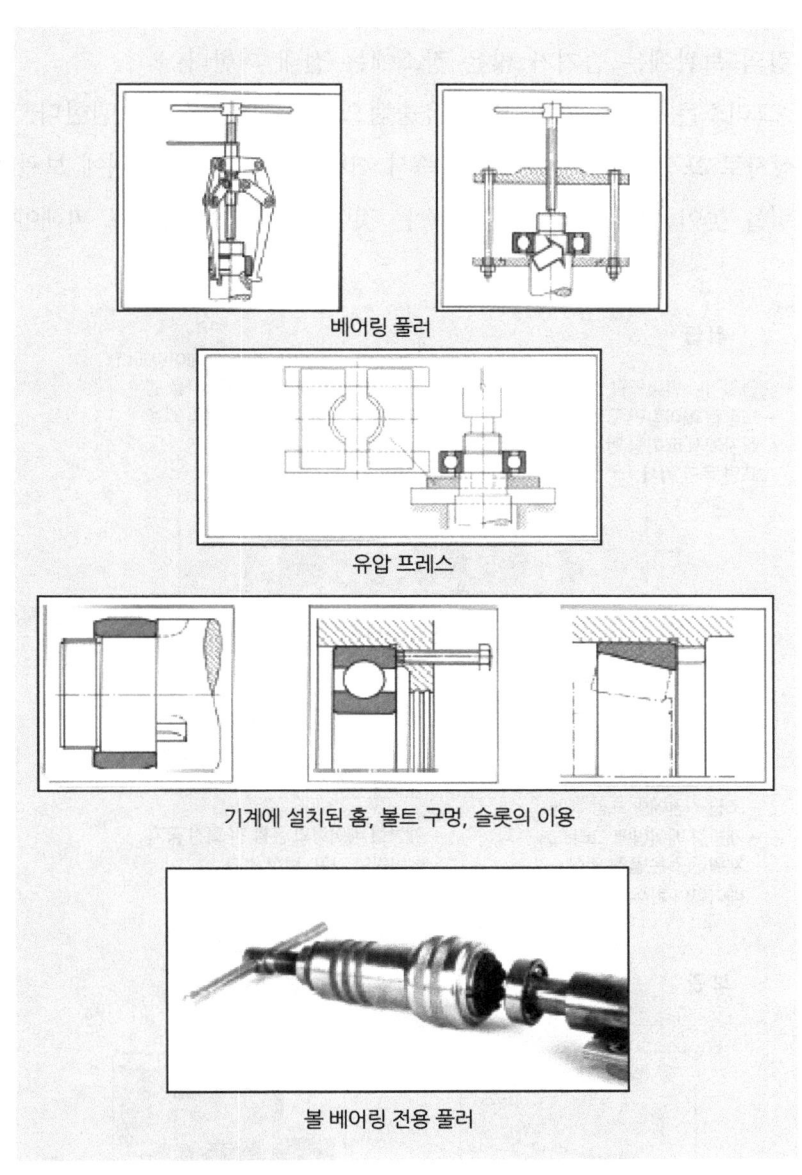

그림 4.9 　베어링의 해체법2

2) 베어링 보관시의 주의사항

① 베어링의 보관에는 습기가 많은 장소에는 절대 피한다.
② 방청 그리스는 50~60℃가 되면 유출됨으로 서늘한 곳에 보관한다.
③ 나무상자로 포장되어 수송된 것은 즉시 꺼내어 반드시 선반 위에 보관해야 한다.
④ 베어링을 높이 쌓아 올리면 밑에 쌓는 것에 악 영향을 줌으로 피해야 한다.

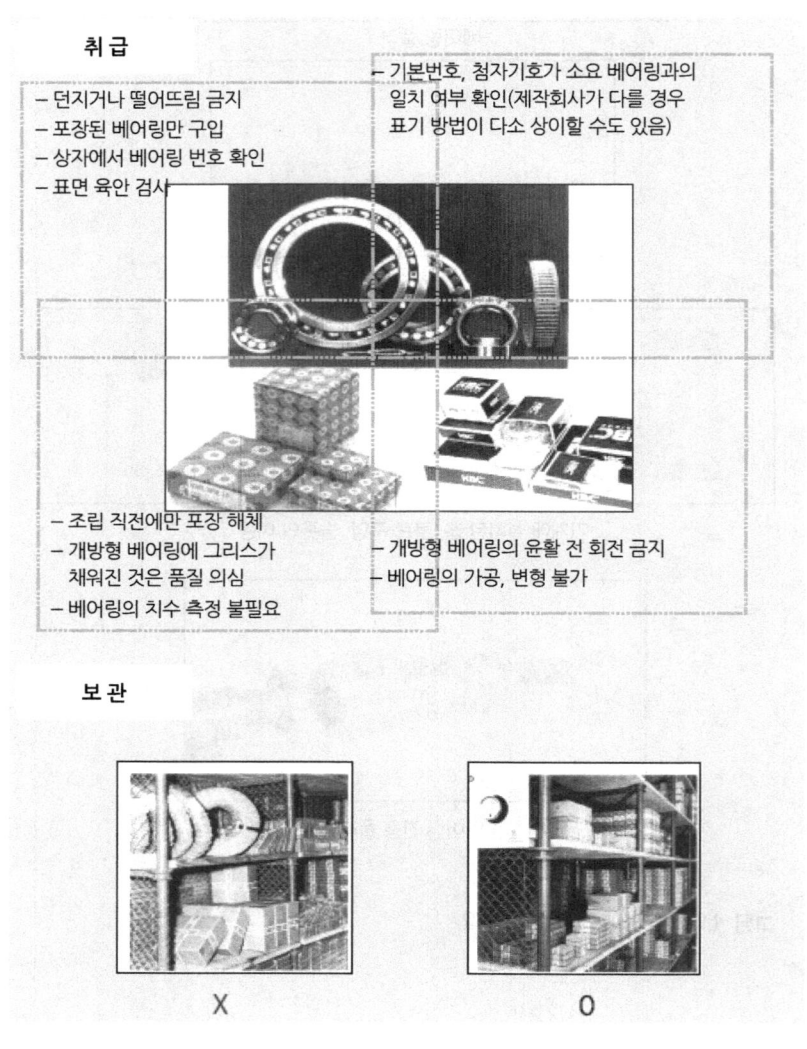

그림 4.10　베어링의 취급과 보관

3) 베어링 검사시의 주의사항

① 오물이 묻어있는 베어링은 세척유로 세척한 후에 검사한다.
② 세척할 때는 내륜이나 외륜을 조금씩 돌려가면서 한다.
③ 실이나 실드가 한쪽에만 있는 베어링은 개방형과 같이 취급하고 양쪽에 있는 것은 세척해서는 안 되며, 오물을 제거하고 방청제를 얇게 바른 후에 소정의 용도에 사용하거나 기름종이에 싸서 보관한다.

1.12 베어링의 설치

베어링의 설치의 양부는 정도, 수명, 성능에 크게 영향을 준다. 그러므로 설계 및 조립부분에서 베어링의 설치에 대한 검토를 충분히 하고 표준작업에 따라 설치 작업을 하는 것이 바람직하다.

1) 작업표준의 항목은 다음과 같다.

- 베어링 및 관련부품의 세척
- 관련부품의 치수 및 다듬질 상태의 체크
- 설치
- 베어링 설치 후의 체크
- 윤활제의 공급

베어링의 설치는 베어링의 궤도면과 전동면의 압흔(壓)이 생기지 않기 위해서 다음과 같은 주의가 필요하다.

① 세척

베어링의 포장은 설치 직전까지 풀지 않는 것이 바람직하다. 일반적으로 그리스 윤활의 경우는 베어링을 세척하지 않고 그대로 그리스를 충진한다. 유윤활의 경우는 세척을 반드시 할 필요는 없으나 정밀, 또는 고속에 사용될 베어링은 세척유로 씻어 베어링에 도포된 방청제를 제거한다. 방청제를 제거한 베어링은 녹이 발생하기 쉬우므로 그대로 방치해서는 안 된다. 세척유는 $5\mu m$ 이하의 세목휠터(Filter)로 여과한 백등유를 사용한다. 세척조(Washing Tank)는 반드시 1차 세척조, 2차 세척조로 구분하여 사용해야 한다.

② 검사

축 또는 하우징의 관련부품의 치수와 다듬질 상태를 검사한다. 베어링의 측면과 접하는 축과 하우징면에 버어(Burr)와 압혼 등은 설치오차를 유발하는 원인이 되므로 주의하여 조사한다.

2) 외관검사

① 검사방법

외관검사는 검사실 내에서 형광등으로 조명하여 육안검사를 하나 필요에 따라 5~20배 정도의 확대경을 사용한다. 육안검사로 불충분하면 자분탐상 컬러체크(Color Check), 초음파탐상(超音波探傷) 등을 이용하는 수도 있다.

외관검사의 대상이 되는 부위는 다음과 같다.
- 궤도륜 : 궤도면, 로울로의 안내면, 리테이너의 안내면, 끼워맞춤면
- 전동체 : 전동면, 로울러의 단면
- 리테이너 : 포켓면, 리벳트 구멍
- 리벳트 : 형상

② 손상의 재상용 판정

외관 손상중에 피팅(Pitting), 후레이킹(Flaking), 터짐 타붙음 등은 원칙적으로 재사용할 수가 없다. 기타의 손상은 발생부위와 정도에 따라 재사용 가부를 판정해야 한다.

궤도률과 전동체의 부위별 재사용 가부의 판정기준을 나타내고 있으며 약간의 손질로 재사용이 가능한 것도 있다.

3) 정도검사

일반용 베어링에 대하여 베어링의 내경, 외경 등 끼워맞춤에 관련된 치수 및 레이디얼 클리어런스를 검사하며 고속, 고정도 베어링은 추가로 경방향 흔들림, 축방향 흔들림 등을 검사한다.

치수 측정에 있어서 온도관리가 대단히 중요하며 일반적으로 치수 100 mm를 측정할 때에 피측정물과 게이지, 또는 치수 견본과의 사이에 1℃의 온도차에 약 1μm의 측정오차가 생긴다. 이런 측정오차를 줄이기 위해서 항온실 또는 열용량이 큰 정반(定盤)위에 피측정물과 치수견본 게이지를 2~3시간 동안 방치하여 온도차가 측정오차 범위 내에 있는지를 확인해야 한다.

베어링의 내경, 외경에 대한 측정은 원칙적으로 2점 측정법을 사용한다.

4) 설치작업

베어링의 설치작업은 베어링의 형식과 끼워맞춤량에 따라 다르다. 원통구멍의 내륜을 축에 억지끼워맞춤을 할 경우는 프레스에 의한 압입과 열박음을 한다. 열박음은 보통 120℃의 유조 또는 전기로에서 가열하여 설치한다.

외륜을 하우징에 설치하는 것은 일반적으로 헐거운 끼워맞춤이 많지만 억지 끼워맞춤의 경우에는 프레스로 압입한다. 간섭량이 큰 경우에는 냉각제로 드라이아이스(Dry Ice)를 사용하여 베어링을 냉각시켜 설치하는 냉각 끼워맞춤을 하는 것도 있다. 어느 경우에도 베어링의 측면을 확실히 누르는 전용 지그를 사용하여 절대로 전동체(轉動體)를 통하여 힘이 가해져 궤도와 전동면에 압흔이 생겨서는 안 된다.

5) 레이디얼 베어링의 설치

억지 끼워맞춤의 경우에 베어링을 설치하는 데에는 다음과 같이 여러 종류가 있다.
① 햄머에 의한 방법

축에 내륜을 설치하는 경우에 지그를 햄머로 두둘겨서 내륜이 일정하게 축에 끼우도록 하는 것으로, 그림 4.11과 같이 지그를 두들겨서 설치한다.

외륜과 하우징과의 사이에 간섭량이 없는 경우일지라도 형상오차와 축심(軸心)에 일치하지 않을 때에는 프라스틱제 햄머로 가볍게 외륜의 측면 원주를 연하여 두들겨서 설치한다.

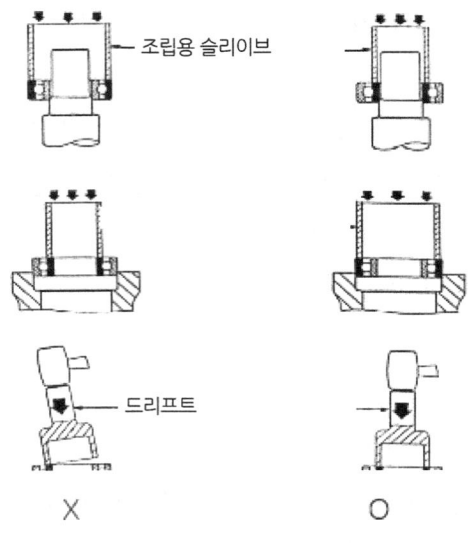

그림 4.11　햄머와 지그 끼워맞춤

② 프레스에 의한 방법

소형 베어링에서는 유압, 또는 공기압을 이용한 프레스(Press)압입 방법이 널리 이용되고 있다. 이 방법은 동일한 치수의 베어링을 연속적으로 조립할 때에 대단히 유리하나 간섭량이 크거나 중·대형 베어링에서는 베어링이 축에 경사되게 설치되므로 주의가 필요하다. 그림 4.12는 유압 프레스에서 베어링을 축에 설치되는 것을 나타내고 있다.

원통 로울러 베어링과 테이퍼 로울러 베어링과 같은 분리형 베어링에서는 내륜, 외륜을 각각 축과 하우징에 설치할 수가 있다. 별개로 설치된 내륜과 외륜을 결합할 때에 중심이 어긋나지 않도록 맞추는 것이 중요하다.

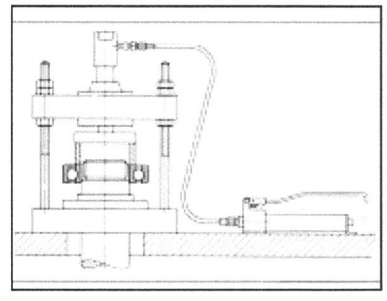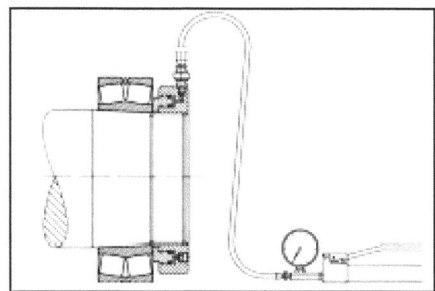

그림 4.12 유압프레스 이용 끼워맞춤

③ 오일(Oil) 가열에 의한 방법

대형 베어링에서 압입력이 크므로 압입작업이 어렵다. 따라서 인화점이 높은 오일(Oil)을 유조에 넣어 그림 4.13과 같이 적당한 시간 동안 가열한다.

이 방법을 사용하면 베어링에 무리한 힘이 가해지지 않고 단시간 내에 작업을 할 수가 있다.

베어링의 가열온도는 베어링의 치수와 간섭량을 기준으로 그림 4.15의 내륜팽창량과 가열 온도차(내륜과 축과의 온도차)의 관계로부터 결정할 수가 있다.

열박음 작업에서 주의할 사항은 다음과 같다.

㉮ 베어링을 120℃ 이상 가열하지 않는다.

㉯ 유조의 밑바닥에 직접 닿지 않도록 베어링을 금망(金網)대에 올려 놓는다.

㉰ 설치시에 내륜에 의하여 냉각되므로 베어링 소요온도 보다 20~30℃ 높게 가열한다.

㉱ 설치 후 베어링은 냉각되면 폭방향으로도 수축하므로 내륜과 축의 턱 사이에 클리어런스가 생기지 않도록 축너트, 또는 다른 방법으로 밀착시킨다.

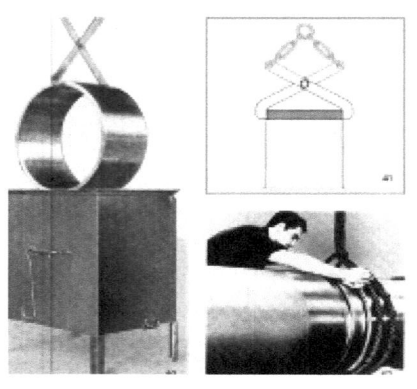

그림 4.13 오일 가열유조

④ 유도가열에 의한 방법

원통 로울러 베어링의 턱이 없는 내륜, 또는 한쪽 턱이 있는 내륜이 축에 억지 끼워맞춤을 할 때에는 그림 4.14와 같이 유도가열장치(誘導加熱裝置)를 사용한다. 이 유도가열은 교류전류를 코일(Coil)에 통과시켜 코일 내에 있는 내륜에 교번자속(交番磁束)을 발생시켜 그의 와전류(渦電流)에 의하여 가열하는 방법이다. 내륜이 허용가열온도를 초과하지 않도록 타이머(Timer)를 가열장치에 부착시킨다. 특히 내륜의 가열이 끝난 후에는 탈자(脫磁)를 하여야 한다.

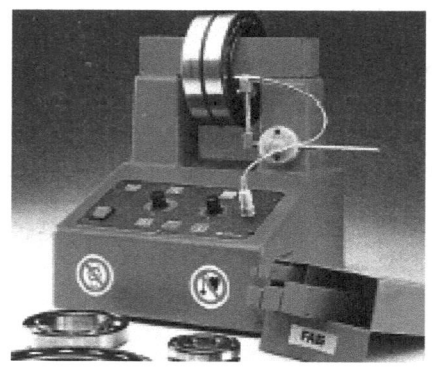

그림 4.14 고주파 유도가열기

⑤ 냉각에 의한 방법

외륜과 하우징과의 간섭량이 크고 설치 작업이 곤란한 경우에는 드라이 아이스(Dry Ice)를 이용하여 외륜을 냉각하여 끼워맞춤을 한다.

이 방법을 사용한 직후에 베어링 표면에 공기중의 수분이 응결하도록 수치환 방청유를 도포하여야 한다.

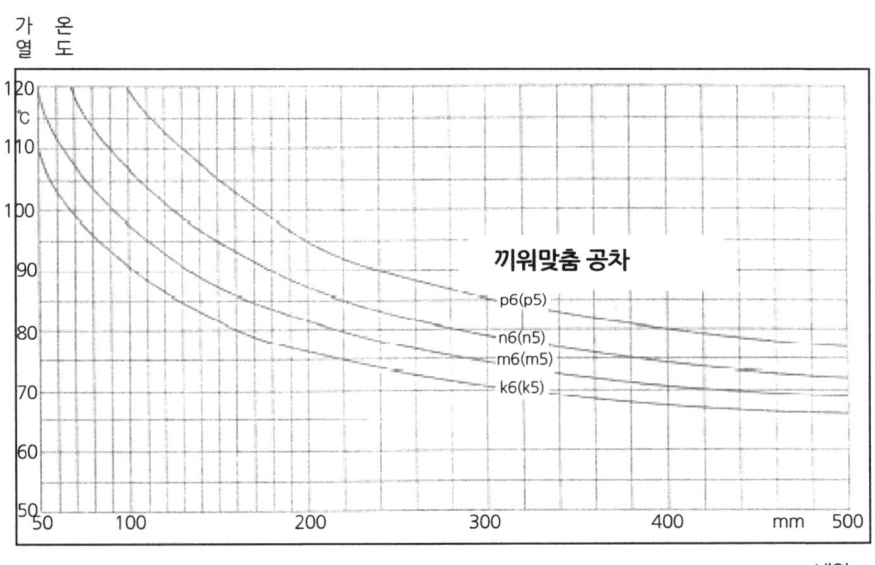

그림 4.15 베어링 가열온도와 내경 결정선도

1.13 베어링의 이상 운전 상태와 그 원인 및 대책

그림 4.16 베어링의 손상 1

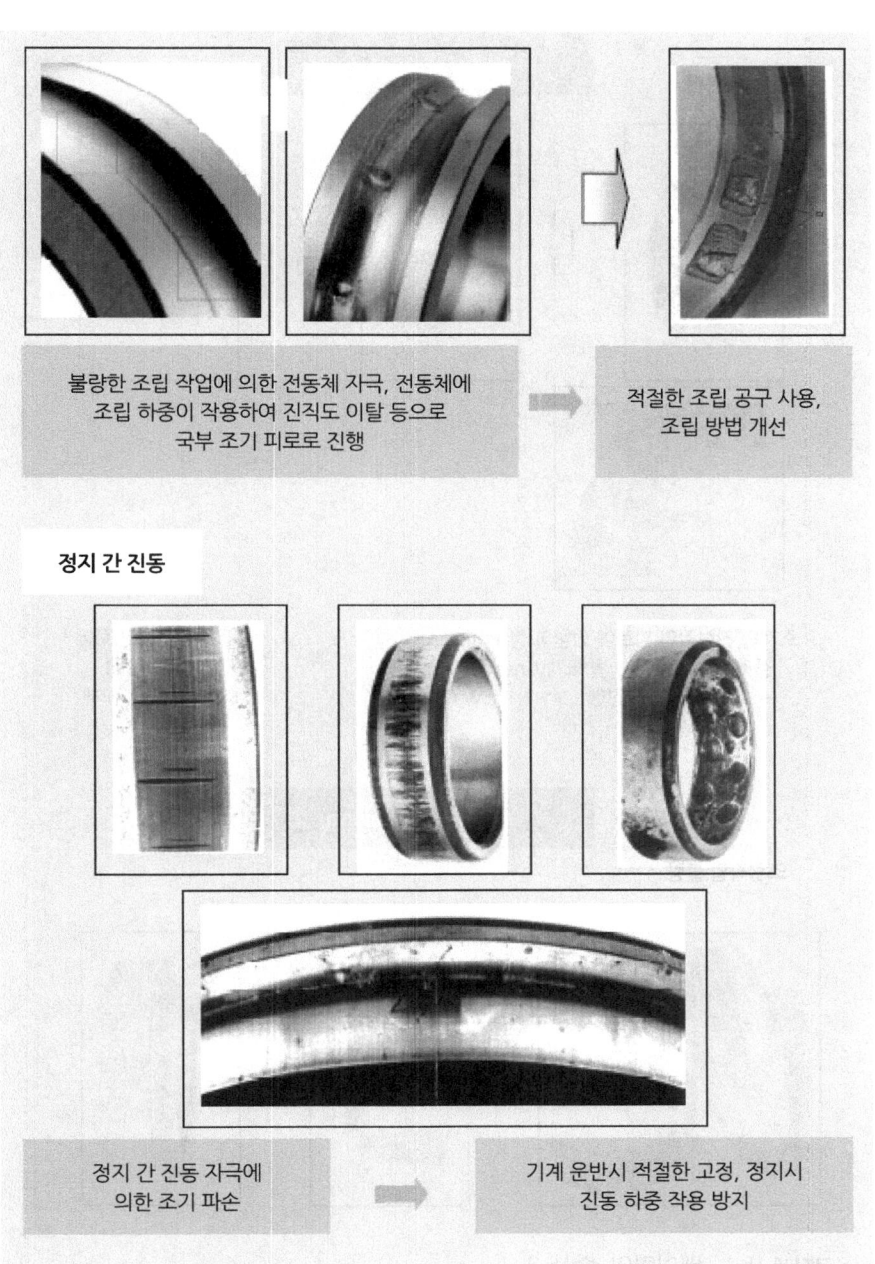

그림 4.17   베어링의 손상 2

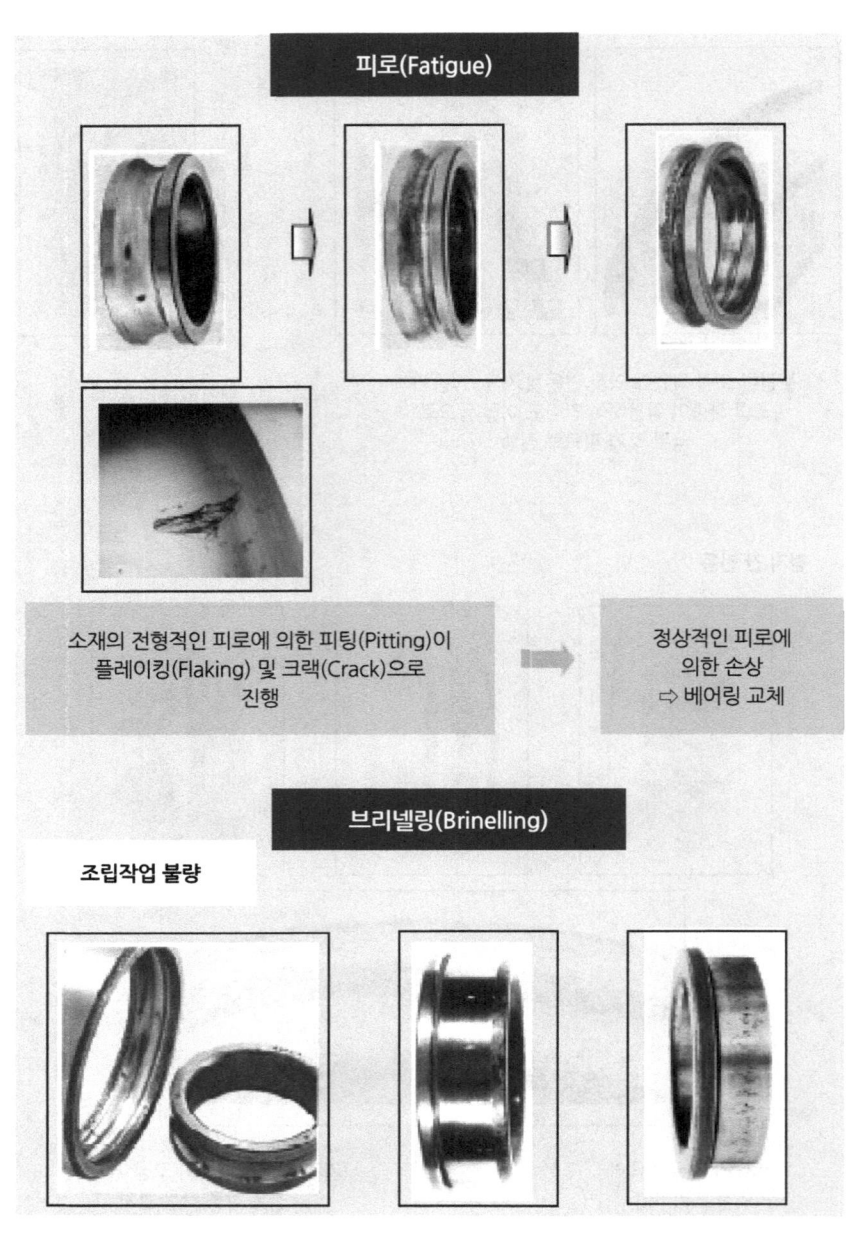

그림 4.18 베어링의 손상 3

그림 4.19 베어링의 손상 4

베어링 사용에 있어서 이상 운전상태에 따른 원인과 대책을 요약하면 다음과 같다.

1) 소음

운전 상태	추정 원인	대 책
높은 금속음	이상 하중	끼워맞춤 조건의 수정, 베어링 내부 틈새의 검토, 예압량의 조정, 하우징 턱의 수정 등
	설치 오차 및 불량	축 및 하우징의 가공 정밀도 향상, 설치 정밀도의 향상 및 방법의 개선
	윤활제의 부족 및 부적합	윤활제의 적절한 보급 및 적정한 윤활제의 선정
	금속성 마찰음 (롤러의 미소 미끄럼)	낮은 등급의 내부틈새를 갖는 베어링의 선정
	볼의 미끄럼	예압의 부가 및 조정, 낮은 등급의 틈새를 갖는 베어링의 사용, 적정한 점도를 갖는 윤활제 선정
	회전부품의 접촉	접촉부의 수정
규칙음	이물질로 궤도면에 발생한 압흔, 녹 및 긁힘	베어링의 교환, 관계 부품의 세정, 밀봉장치의 개선
	펄스 브리넬링 (False Brinelling)	베어링의 교환, 취급의 주의
	궤도륜의 플레이킹	베어링의 교환
불규칙음	내부 틈새의 과대	끼워 맞춤 조건 및 베어링 내부 틈새의 검토, 예압량의 조정
	이물 침입	베어링의 교환, 주변 부품의 세정, 밀봉 장치의 개선, 청정한 윤활제의 사용
	볼 표면의 손상 및 플레이킹	베어링의 교환

2) 이상 온도 상승

추정 원인	대 책
윤활제 양의 과다	윤활제의 적량화, 적정한 점도를 갖는 윤활제의 선정
윤활제의 부족 및 부적합	윤활제의 보충, 적정한 윤활제의 선정
이상 하중	끼워맞춤 조건의 수정, 베어링 내부 틈새의 검토, 예압량의 조정, 하우징 턱의 수정 등
설치 오차 및 불량	축 및 하우징의 가공 정밀도 향상, 설치 정밀도의 향상 및 방법의 개선
끼워맞춤면의 크리이프 및 밀봉장치의 마찰과대	베어링의 교환, 끼워맞춤의 검토, 축 및 하우징 공차의 검토, 밀봉 형식의 변경

3) 진동과다

추정 원인	대 책
펄스 브리넬링 (False Brinelling)	베어링의 교환 및 취급 주의
플레이킹	베어링의 교환
설치 오차 및 불량	축 및 하우징 어깨면의 직각도 등 정밀도 향상, 스페이서의 직각도 수정 등
이물 침입	축 및 하우징 어깨면의 직각도 등 정밀도 향상, 스페이서의 직각도 수정 등

4) 윤활제의 누출 및 변색

추정 원인	대 책
윤활제의 과다, 이물 침입, 마모분의 발생 및 침투	윤활제의 적정화, 베어링의 교환검토 및 윤활제 교환 주기의 재검토

5) 플레이킹(Flaking) 현상

손상 상태	원 인	대 책
레이디얼 베어링 궤도의 중앙부에 원주상의 부분에 발생	틈새 과소	끼워맞춤 간섭량 검토
레이디얼 베어링 궤도의 원주상에 대칭으로 발생	축 또는 하우징의 진원도 불량 분할 하우징의 정밀도 불량	축 또는 하우징 재가공 또는 재제작
레이디얼 베어링의 궤도 원주에 대해 경사지게 발생 롤러 베어링의 궤도, 전동체의 모서리 부분에 발생	설치시 불량축의 하중 편심	축 강성 증대 축 또는 하우징턱의 직각도 수정 설치 주의
외륜 궤도 또는 내륜 궤도 원주상의 일부분에만 발생	하중과대	부하능력이 큰 베어링으로 재선정
궤도에 전동체 피치간격으로 생김	설치시의 큰 충격하중, 운전중 지시 녹 발생, 원통 롤러 베어링 조립시 흠집	설치시 주의 운전 중지기간이 길 때에는 방청 처리
궤도면, 전동체에 조기발생	클리어런스 과소, 과대 하중 윤활불량, 녹	적당한 끼워맞춤, 클리어런스 조정, 윤활제의 올바른 선택
조합된 베어링에 조기발생	예압 과대	예압량의 적정화

6) 긁힘

손상 상태	원 인	대 책
궤도의 긁힘	초기 윤활불량, 그리스가 경질 시동시 가속도가 큼	연질 그리스 사용, 급격한 가속 피한다.
스러스트 볼 베어링의 궤도가 나선형으로 긁힘	궤도륜이 평행하지 않다. 회전속도가 큼	재 설치하여 예압을 준다. 적당한 베어링 형식의 선택
롤러 단면과 턱면과의 긁힘	윤활불량, 설치불량, 큰 스러스트 하중	다시 설치 적당한 윤활제 사용

7) 파손

손상 상태	원 인	대 책
내륜 또는 외륜의 파손	큰 충격하중, 간섭량 과다, 축의 원통도 불량, 슬리브 테이퍼도 불량, 설치부의 모떼기 과다, 열크랙의 발생, 플레이킹 현상의 진전	하중조건의 정확한 계산 적정한 끼워맞춤, 축이나 슬리브의 가공 정밀도 수정한다. 모따기 치수를 작게 한다.
전동체의 파손, 턱의 결손	플레이킹 현상의 진전, 설치시 턱에 타격, 운반, 취급 부주의로 낙하	취급, 설치 주의
리테이너 파손	설치불량에 의한 이상하중 윤활 불량	설치오차를 작게 한다. 윤활방법과 윤활제 검토

8) 압흔

손상 상태	원 인	대 책
궤도면에 전동체 피치간격의 자국	설치시의 충격하중, 정지시의 과대 하중	취급상 주의
궤도면, 전동면의 자국	금속 미립자, 모래 등의 침입	깨끗한 윤활제 사용, 하우징의 세척, 밀봉장치의 개선

9) 이상 마모

손상 상태	원 인	대 책
펄스 브리넬링 (False Brinelling)	베어링 정지중의 하중, 진폭이 작은 요동 운동	축과 하우징을 고정한다. 윤활제는 오일사용, 예압을 주어 진동을 줄임
후렛팅(Fretting)	끼워맞춤면의 미소한 틈새에 의해서 생기는 미끄럼 마모	간섭량을 크게 하고 기름을 바른다.
궤도면, 전동면, 턱, 리테이너의 마모	이물침입, 윤활불량, 녹	밀봉장치의 개선, 하우징의 세척, 깨끗한 윤활제 사용

손상 상태	원 인	대 책
크리프 현상	간섭량 부족	끼워맞춤의 수정, 슬리브를 적당히 조정한다.

10) 용착

손상 상태	원 인	대 책
궤도면, 전동체, 턱면의 변색, 연화되어 용착함	클리어런스 과소, 윤활불량, 설치 불량	끼워맞춤과 클리어런스 검토, 깨끗한 윤활제 공급

11) 전식

손상 상태	원 인	대 책
궤도면에 요철이 생김	전류가 흘러 스파크로 용융	절연제로 전류 차단

12) 녹과 부식

손상 상태	원 인	대 책
베어링 내부, 끼워맞춤에 녹이 나거나 부식됨	공기중 수분의 침입, 후렛팅, 부식성 물질의 침입	고온 다습한 곳에서는 보관에 주의, 장기간 보관시는 방청

1.14 베어링의 윤활

윤활이란 상대 운동하는 두 물체 사이에 어떤 물질을 개입시켜 그 운동을 원하는 만큼 원활하게 하는 작용이다.

1) 윤활의 목적

① 하중을 전달하는 부분에 윤활막을 형성하여 금속 간의 접촉을 방지함으로써 마모와 조기 피로를 방지하고 긴 수명을 보장하는 것이다.
② 저소음이나 저마찰처럼 운전에 바람직한 특성을 향상시킬 수 있다.
③ 냉각 작용을 하며 특히 순환 급유 방식 등으로 내부에서 발생한 열을 외부로 방출시킴으로써 베어링의 과열 방지 및 윤활유 자신의 열화를 방지한다.
④ 이물질의 침입을 막고 녹과 부식을 방지한다.

2) 윤활의 방법

윤활의 방법에는 크게 그리스(Grease) 윤활과 오일 윤활로 나눌 수 있으며, 표 4.11은 그리스 윤활과 오일 윤활의 특징을 나타낸 것이다.

표 4.11 그리스 윤활과 오일 윤활의 특징

구분	그리스 윤활	오일 윤활
윤활성	양호	매우 양호
냉각효과	없음	순환 급유식인 경우 냉각 효과 있음
허용하중	고하중	보통 하중
속도	허용 속도는 오일 윤활의 65%~80%	높은 허용 속도
밀봉장치 하우징구조	간단	복잡
방진성	용이	곤란
윤활제 누설	적다	많다
보수성	용이	곤란
윤활제 교환	곤란	용이
토크	약간 크다	작다
이물질 제거	불가능	용이
점검주기	길다	짧다

(1) 그리스 윤활

① 윤활 그리스

그리스는 액체 상태의 윤활제 중에 증주제가 분산된 고체 또는 반고체 상태의 윤활제이다.

㉮ 기유

기유는 그리스에서 윤활을 하는 주체로 그리스 전체 조성 중 80~90%를 차지한다.

㉠ 광유계 : 용도에 따라 저점도의 것으로부터 고점도의 것에 이르기까지 널리 사용된다.

일반적으로 고하중, 저속, 고온 윤활 개소에는 고점도의 기유가 사용되며 경하중, 고속, 저온 윤활 개소에는 저점도의 기유가 사용된다.

㉡ 합성유 : 초저온, 초고온 또는 광범위한 온도조건과 빠른 속도와 정밀성이 요구되는 부위에 사용. 가격이 매우 비싸다. 주로 에스테르계, 폴리알킬렌 옥사이드계, 실리콘계 오일이 사용되며 특수용도로 불소계 오일의 사용이 증가되고 있다.

㉯ 증주제

㉠ 그리스의 특성을 결정짓는 중요한 요소이다.

㉡ 그리스의 주도는 곧 증주제의 양에 따라 달라진다.

㉢ 금속 비누기, 무기계 비비누기, 유기계 비비누기 등이 있다.

㉣ 주로 금속 비누기 그리스가 사용된다.

㉤ 비비누기 그리스는 고온 등의 특별한 목적으로 사용된다.

㉥ 일반적으로 적점이 높은 그리스는 사용 온도가 높다.

㉦ 그리스의 내수성은 증주제의 내수성에 의해 결정된다.

㉧ 물이 닿는 곳이나 습도가 높은 장소에서는 Na 비누 그리스 또는 NA 비누기를 포함하는 그리스는 유화 변질됨으로 사용할 수 없다.

㉰ 첨가제

첨가제는 그리스의 물리적 성능 및 화학적인 성능을 향상시켜 주며 윤활되는 금속 재질에 대한 마모, 부식 및 녹 발생 등의 손상을 최소화시켜준다.

종류로는 산화 방지제, 마모 방지제, 극압 첨가제, 녹부식 방지제 등이 있다.
  ㉣ 주도
  그리스의 무르고 단단한 정도로 규정 무게의 원추가 그리스에 침투하는 깊이(1/10 mm)로 표시하며 수치가 클수록 연하다.

② 폴리머 그리스

폴리아미드와 윤활제를 혼합한 고형 윤활제를 사용하여 장기간의 오일 보급 기능을 유지할 수 있는 특징을 가지고 있다. 와이어 연선기 또는 콤프레서 등과 같이 베어링에 원심력이 작용하거나 윤활제의 누유로 주변의 오염과 윤활 불량이 발생하기 쉬운 곳에 사용된다.

③ 그리스의 주입
  ㉮ 밀봉형 베어링은 그리스가 초기에 베어링 공간 용적의 30% 가량 주입한다.
  ㉯ 처음 몇 시간의 회전하는 동안에 고르게 분산된다.
  ㉰ 이 후에는 베어링 초기 마찰의 30~50%의 마찰만으로 운전된다.
  ㉱ 그리스를 충진하지 않고 생산된 베어링은 사용자가 충진해야 한다.

(2) 오일 윤활

① 윤활유
  ㉮ 광유계 윤활유와 합성유계 윤활유 등이 있다.
  ㉯ 운전 온도에서 점도가 너무 낮으면 유막 형성이 불충분하여 마모 및 타붙음이 일어나기 쉽다.
  ㉰ 너무 높으면 점성 저항이 커져 온도 상승과 마찰에 의한 동력 손실이 커지게 된다.
  ㉱ 고속 저하중이면 점도가 낮은 윤활유를 사용한다.
  ㉲ 저속 고하중일 때는 점도가 높은 윤활유를 선정한다.
  ㉳ 점도지수에 따라 다르지만 일반적으로 윤활유의 온도가 10℃ 증가할 때마다 점도는 반감한다(표 4.12 참조).

표 4.12 베어링의 형식과 윤활유의 필요 최소 동점도

베어링 형식	운전시의 동점도(cSt)
볼 베어링, 원통 롤러 베어링, 니들 롤러 베어링	13 이상
테이퍼 롤러 베어링, 스페리컬 롤러 베어링, 스러스트 니들 롤러 베어링	20 이상
스러스트 스페리컬 롤러 베어링	32 이상

② 오일 윤활의 방법
  ㉮ 유욕법
    ㉠ 가장 일반적인 윤활 방식이며 저속, 중속 회전에 많이 사용된다.
    ㉡ 유면은 원칙상 가장 낮은 위치의 전동체 중심에 위치하도록 한다.
    ㉢ 유면의 위치는 오일 게이지를 사용하여 쉽게 확인할 수 있도록 하는 것이 좋다.
  ㉯ 적하 급유법
    ㉠ 비교적 고속 회전의 소형 베어링 등에 많이 사용한다.
    ㉡ 기름통에 저장되어 있는 오일을 일정량으로 떨어지게 유량 조절을 하여 윤활한다.
  ㉰ 비산 급유법
    ㉠ 기어나 회전 링을 이용하여 윤활하고자 하는 베어링에 오일을 비산시켜 윤활한다.
    ㉡ 자동차 변속기나 기어 장치 등에 널리 쓰인다.
  ㉱ 순환 급유법
    ㉠ 고속 회전임으로 부분을 냉각할 필요가 있는 경우 또는 베어링 주위가 고온인 경우에 많이 적용된다.
    ㉡ 급유 파이프로 급유되고 배출 파이프로 배출되어 냉각된 후 펌프에 의해 다시 급유된다.

ⓒ 베어링 안의 오일에 배압이 걸리지 않도록 배출 파이프의 직경은 급유 파이프보다 큰 것을 사용한다.

㉮ 제트 급유법

ⓐ 고속 회전(n·dm값이 100만 이상)의 경우에 많이 적용된다.

ⓑ 1개 또는 수 개의 노즐로부터 일정 압력으로 윤활유를 분사시켜 베어링 내부를 관통시킨다.

ⓒ 베어링 내륜과 부근의 공기가 베어링과 같이 회전하여 공기벽을 만들기 때문에 노즐로부터의 윤활유 분출 속도는 내륜 외경면 원주 속도의 20% 이상이 되어야 한다.

ⓓ 동일한 유량에 대해서 노즐의 수가 많은 것이 냉각도 균일하고 냉각효과도 크다.

㉯ 분무 급유법

ⓐ 공기에 윤활유를 안개상으로 만들어 베어링에 불어넣는 방법이다.

ⓑ 윤활유는 소량이기 때문에 교반 저항이 작아 고속 회전에 적합하다.

ⓒ 베어링에서 누출되는 유량이 적기 때문에 설비와 제품의 오염이 적다.

ⓓ 항상 새로운 윤활유를 공급할 수 있어 베어링의 수명을 길게 할 수 있다.

ⓔ 공작기계의 고속 스핀들, 고속 회전 펌프 혹은 압연기 롤 넥크용 베어링 등의 윤활에 많이 사용한다.

㉰ 오일 에어 윤활

ⓐ 최소한의 필요로 하는 윤활유를 베어링마다 최적의 간격으로 정확하게 계량, 송출하여 끝부분까지 연속적으로 압송한다.

ⓑ 베어링에 대하여 항상 새로운 윤활유를 정확하고 연속적으로 보내므로 윤활유의 상태가 변하지 않고 압축 공기의 냉각 효과도 더욱 좋아져 베어링의 온도 상승을 낮게 억제할 수 있다.

ⓒ 오일은 베어링에 대하여 매우 소량의 액체 상태로 공급됨으로 주위를 오염시키지 않는다.

02 축 이음

축은 가공상의 제한으로 축을 하나로 제작하지 못하는 경우가 있으므로 이럴 때에는 여러 개의 짧은 축을 제작한 후 이음하여 사용하게 된다. 이와 같이 축을 연결하여 사용하는 기계요소를 축 이음(Shaft Coupling)이라 한다.

축 이음을 크게 2개로 분류하면 다음과 같다.

① 커플링 : 운전 중에 결합을 끊을 수 없는 영구축이음
② 클러치 : 운전 중에 결합을 조절할 수 있는 가동축이음

2.1 커플링

1) 커플링의 종류

① 고정 커플링(Fixed Coupling)

그림 4.20은 커플링의 종류를 나타낸 것이며 고정 커플링은 두 축이 동일선 상에 있도록 한 이음으로 축과 커플링은 볼트나 키(Key)를 사용하여 결합하고 양축 사이의 상호 이동이 전혀 허용되지 않는 구조의 이음이며 크게 2개로 분류할 수 있다.

㉮ 원통 커플링 : 클램프 커플링, 마찰원통 커플링, 셀러 커플링, 머프 커플링
㉯ 플랜지(Flange) 커플링 : 단조 플랜지 커플링, 조립식 플랜지 커플링, 세레이션 커플링

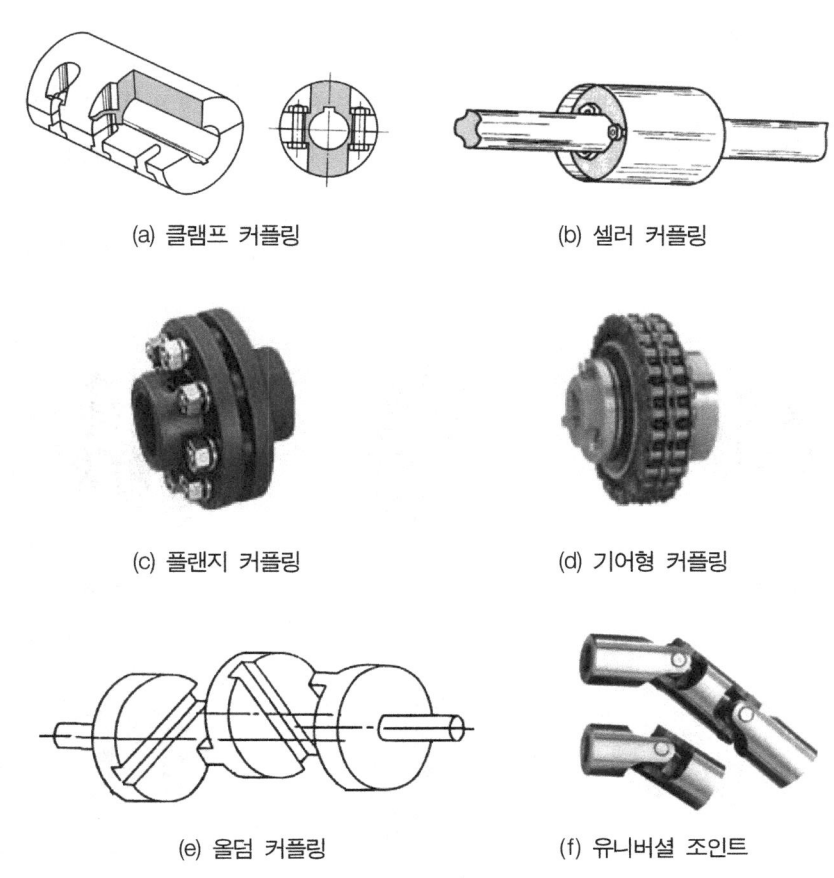

(a) 클램프 커플링   (b) 셀러 커플링

(c) 플랜지 커플링   (d) 기어형 커플링

(e) 올덤 커플링   (f) 유니버셜 조인트

그림 4.20 커플링의 종류

② 플렉시블 커플링(Flexible Coupling)

두 축 사이에 약간의 상호 이동을 허용할 수 있으며 온도 변화에 따른 축의 신축 또는 탄성 변형 등에 의한 축심의 불일치를 완화하여 원활히 운전할 수 있는 이음으로 기어 커플링, 체인 커플링, 그리드 커플링, 고무 커플링 등이 있다.

③ 올덤 커플링(Oldham's Coupling)

두 축의 중심선이 어느 각도로 교차되고 그 사이의 각도가 운전중 다소 변하여도 각속도 변화 없이 자유로이 운동을 전달할 수 있는 축 이음이다. 그림 4.21은 각종 다양한 커플링의 종류를 나타낸 것이다.

④ 유니버설 커플링(Universal Coupling)

일명 유니버설 조인트 또는 훅 조인트라고도 하며 그림에서 (f)와 같이 두 축의 중심선이 어느 각도로 교차되고 그 사이의 각도가 다소 변화하여도 자유로이 운동을 전달할 수 있는 축 이음이다.

축의 교각은 $\alpha = 45°$까지 취할 수 있으나 보통은 $\alpha \leq 30°$로 하여 사용된다.

(a) 나이론 커플링   (b) 고무 커플링   (c) 그리드 커플링

(d) 체인 커플링   (e) 죠우 커플링   (f) 유체 커플링

(g) 기어 커플링   (h) 디스크 커플링   (i) 오메가 커플링

그림 4.21   커플링의 종류

2.2 클러치

1) 클러치의 종류

① 맞물림 클러치(Claw Clutch)

그림 4.21(a)와 같이 원동축과 종동축의 끝에 서로 물림이 가능한 형상의 턱을 만들어 서로 맞물려 동력을 전달하는 장치로서 원동축 쪽 클러치는 고정시킬 수 있는 키를 사용하고 종동축 쪽의 클러치는 축 방향으로 이동이 가능하도록 미끄럼 키를 사용한다. 턱의 형태에는 사각형, 사다리꼴형, 톱니형, 삼각형, 나선형 등이 있다.

② 마찰 클러치(Friction Clutch)

원동축과 종동축에 붙어 있는 마찰면을 서로 밀어붙여 여기서 발생하는 마찰력에 의하여 동력을 전달하는 장치로서 축 방향의 힘을 가감하여 마찰면에 미끄럼을 일으켜 종동축에 회전 속도가 변화하기도 한다.

㉮ 원판 클러치(Disc Clutch) : 그림 (b)와 같이 원동축과 종동축 사이에 마찰판을 한 장 또는 여러 장을 설치하여 접촉시켜 그 사이의 마찰력에 의하여 전동하는 장치이다.

㉯ 원추 클러치(Cone Clutch) : 접촉면이 원추형태로 된 클러치로서 원판 클러치에 비하여 같은 축 방향 추력에 대하여 더 큰 마찰력을 발생시킬 수 있다.

③ 기타 클러치

㉮ 원심 클러치(Centrifugal Clutch) : 원동축 블록이 드럼속에 코일 스프링으로 연결되어 있고 원동축이 어느 회전속도 이상으로 회전하면 원심력이 스프링의 장력을 초과하여 블록이 종동축 드럼 내면에 접촉되어 마찰력으로 토크를 전달한다.

㉯ 전자 클러치(Electro Magnetic Clutch) : 전자력을 이용하여 마찰력을 발생시키는 클러치로서 원격제어가 가능하여 각종 공작기계, 산업기계의 자동화, 고속화에 따른 자동제어장치 등에 많이 사용되고 있다.

(a) 맞물림 클러치

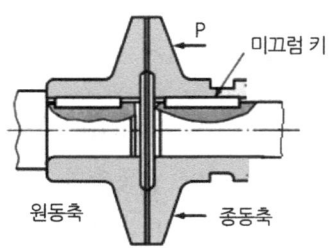

(b) 원판 클러치

(c) 원심 클러치

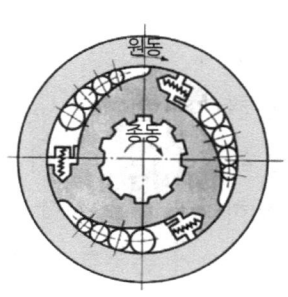

(d) 일방향 클러치

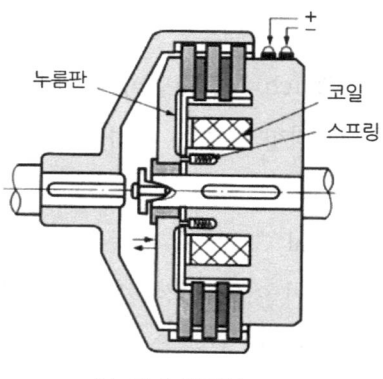

(a) 전자 클러치

그림 4.22 클러치의 종류

㉠ 유체 클러치(Fluid Clutch) : 원동축에 고정된 펌프의 날개바퀴와 종동축에 고정된 터빈의 날개바퀴 사이에 유체를 적당하게 채운 것으로 펌프를 구동시켜 유체에 에너지를 공급하여 터빈을 회전시켜 동력을 전달한다. 용도는 산업기계, 자동차, 선박, 철도차륜 등에 많이 사용된다.

㉡ 비 역전 클러치(Over Running Clutch) : 일명 일방향 클러치라고도 하며 원동축에서 한 방향의 토크만 종동축에 전달하고 반대 방향의 토크는 전하지 않는 클러치이다.

제05장 축정렬

1. 축정렬(Alignment)이란

2. 다이얼게이지 축정렬

3. 레이저 축정렬

축 정 렬

01 축정렬(Alignment)이란

 회전하는 기계에 동력을 전달할 때 구동축과 피동축의 양 중심을 맞추는 것은 매우 중요한 일이며, 이의 정도에 따라 기기의 수명과 진동, 소음에 많은 영향을 미치게 된다.
 따라서 회전기계의 축 중심의 편차를 측정하여 수정하는 것은 상당히 중요하며, 작업자의 숙련도에 따라 수정 작업의 정밀도와 작업시간을 좌우하게 된다.

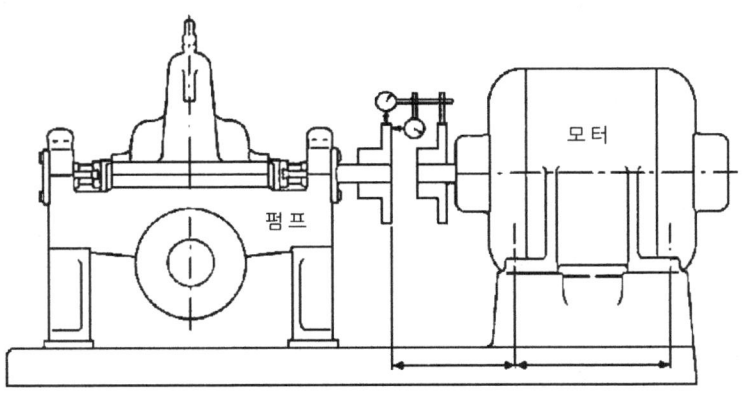

그림 5.1 축정렬(Alignment)

이러한 양 기기의 축 중심을 측정 및 수정하는 작업을 축정렬 또는 센터링이라 하며, Alignment의 의미는 "모든 회전축의 동력전달 중심선이 기하학적으로 완벽하게 배열된 상태"를 의미한다.

1.1 축정렬(Alignment) 목적

① 축의 안전성 유지와 베어링의 수명 연장
② 축의 피로 파괴 현상의 제거
③ 커플링 부품 마모손상 감소
④ 동력소비 감소
⑤ 케이싱, 축, 베어링 진동 감소

1.2 축정렬 불량(Misalignment)시 현상

① 진동의 증가
　Misalignment(오정열)은 기계의 과도한 부하를 초래하여 기계 각부에 무리한 힘을 가하게 되므로 그 결과 진동이 증가하게 된다.
　축의 오정열은 Radial(원주) 및 Axial(축 방향)의 진동을 증가시키며 진동 특성상 축 회전주파수의 배수에서 높은 진동 값을 나타내게 된다. 특히 원주 방향 진동의 증가가 두드러진다.
② 기계 부품의 손상
　기계에 가해진 무리한 힘은 각 기계부품의 손상을 가져온다.
　㉮ 베어링 수명을 극도로 단축시킨다.
　㉯ 축의 수명 또한 단축된다.
　㉰ 커플링이 파손된다.

1.3 축정렬 불량(Misalignment) 발생요소

① 축에 의한 축정렬 불량 : 구동축과 피동축의 중심 불량
② 베어링 축정렬 불량 : 베어링 중심과 축 중심 간의 중심선 불량
③ 커플링, 축정렬 불량 : 커플링 중심선과 축 중심 간의 중심선 불량

1.4 축정렬 불량(Misalignment)의 종류

1) 축정렬 불량의 종류

① Parallel Misalignment : 축 중심의 평행도가 맞지 않는 경우
   ㉮ 수직(상하방향) 평행편차(Vertical Offset)
   ㉯ 수평(좌우방향) 평행편차(Horizontal Offset)
② Angular Misalignment : 축 중심 간의 각도가 맞지 않는 경우
   ㉮ 수직(상하방향) 각도편차(Vertical Angularity)
   ㉯ 수평(좌우방향) 각도편차(Horizontal Angularity)

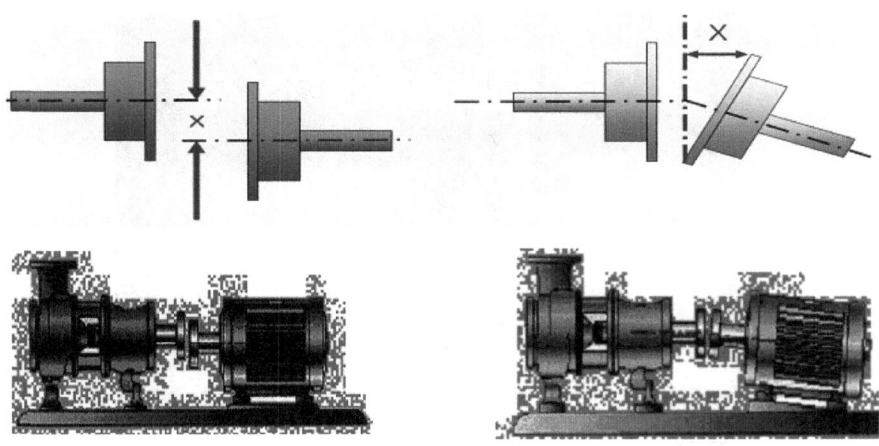

그림 5.2 축 오정렬(Misalignment)의 발생 형태

1.5 축정렬 불량(Misalignment)시 증상

① 베어링, 실(Seal) 손상, 커플링 손상
② 과도한 반경방향, 축방향 진동
③ 베어링의 온도 가열과 오일 누설
④ 기초 볼트의 풀림
⑤ 설비 기동 후 커플링 온도 급격히 상승
⑥ 일정시간 운전 후 축의 중심이탈(Run Out) 현상
⑦ 커플링 가까운 위치에서 축의 절단이나 손상

02 다이얼게이지 축정렬

2.1 Centering의 준비

그림 5.3 펌프와 모터의 축정렬

① Coupling 외경면을 세척한다.
   (거친 면은 Sand Paper나 Oil Stone으로 사상한다.)
② 수정측 커플링 키이와 고정측 커플링 키를 일직선 상에 둔다.
③ 커플링 외면에 4등분하여 표시한다(0°, 90°, 180°, 270°로 표시).
④ 커플링(피, 구동측)의 자체편차를 측정 기록한다(필요시 시행).
⑤ 마그네틱 베이스가 움직이지 않도록 견고히 부착한다.
⑥ 베이스 볼트는 완전히 고정되었는지 확인한다.

2.2 Coupling의 측정과 수정

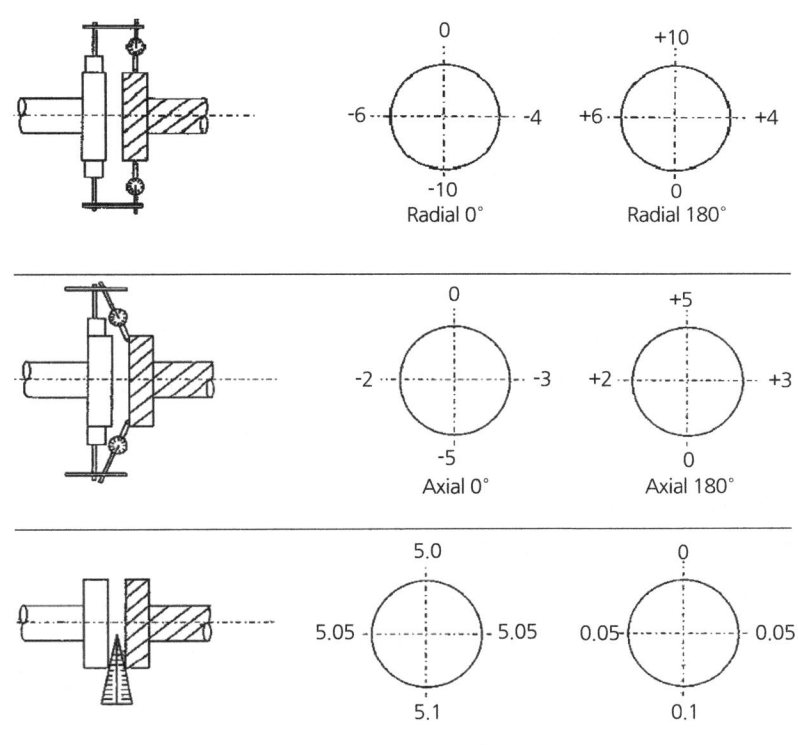

그림 5.4 Radial, Axial 방향 편차 측정

① Motor 측과 Pump 측의 커플링 볼트 1개만 체결 후 회전에 무리가 없도록 한다.
② 축을 원주방향으로 회전시켜 4지점의 Radial 편차를 측정 기록한다.
③ Gauge를 설치하여 손으로 회전하여 측정한다. 측정시 2~3회 측정하여 정확한 편차를 측정 기록한다.

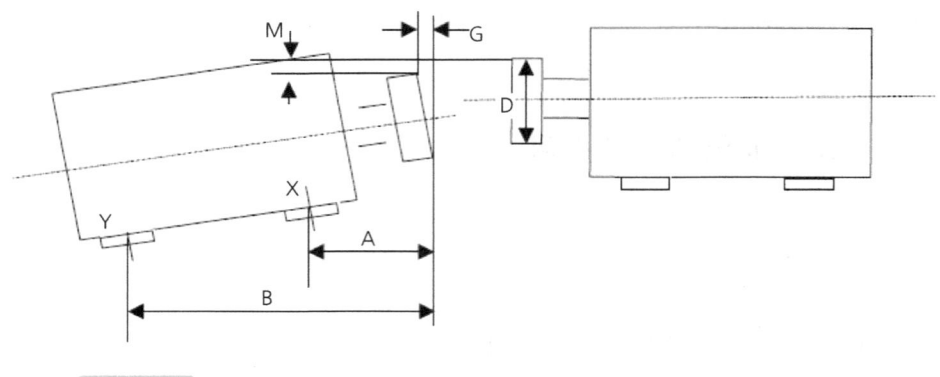

그림 5.5 Axial 방향 편차 수정

- Axial값 수정
  X 지점의 Shim값 수정량 : $\triangle X = GA / D (\because D : G = A : \triangle X)$
  Y 지점의 Shim값 수정량 : $\triangle Y = GB / D (\because D : G = B : \triangle Y)$

※ 심(Shim)
- 금속 0.001"에서 0.1" 두께 범위
- Shim이 100mils 이상이면 Spacer 또는 Plate라고 함.
- Shim은 동, 탄소강, 스테인리스 필요시 다른 금속

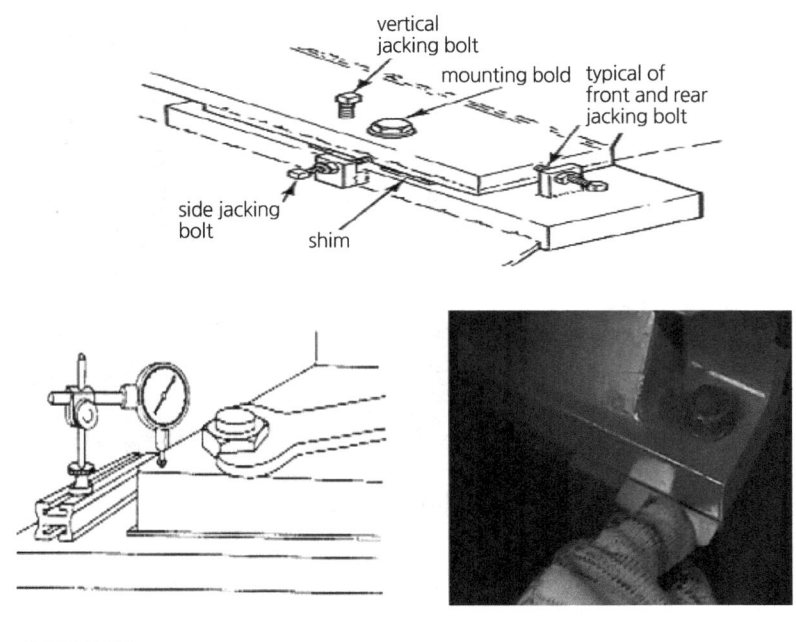

그림 5.6 베이스볼트 고정과 Shim 삽입

2.3 고정기기와 유동기기의 결정

① 일반적으로 축 정렬 작업 중 고정기기는 움직이지 말 것.
② 일반적으로 펌프, 고정기기, 전동기는 유동기기

03 레이저 축정렬

최근의 회전기계는, 보다 높은 속도로 높은 부하를 감당하면서도 보다 경량화되어 최대의 효율을 발휘하도록 설계되고 있다. 이러한 경향은 보다 정밀한 Alignment와 Balancing을 필요로 하게 된다. Balancing 부분은 회전기계의 생산자가 설계 및 생산 단계부터 고려해야 할 요소이므로 일찍부터 연구와 발전이 있었으나, 기계 내부의 부품 정렬(Alignment)은 보전 업무 담당자의 몫으로 오랫동안 등한시되어 왔다.

그림 5.7 레이저 축정렬(Alignment) 1

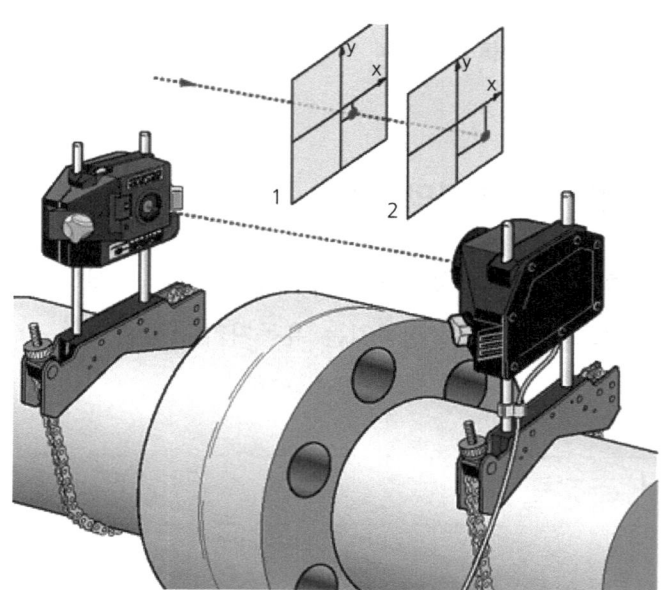

그림 5.7 레이저 축정렬(Alignment) 2

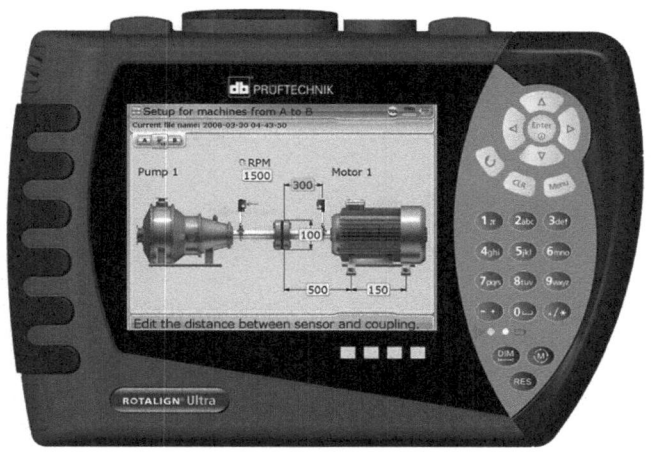

그림 5.8   레이저 축정렬 계측장치

3.1 Unbalance와 Mis-Alignment

1) 불평형(Unbalance)

불평형에 의한 진동은 설비의 조기 손상과 소음을 발생시키며 질량의 중심과 기하학적 중심이 일치하지 않는 회전기계에서 발생한다.
- 원심력(질량의 관성에 의한 힘)의 불균형
- Unbalance가 있는 기계의 부품에 주로 영향을 줌.
- 주로 생산자의 책임
- 운전 중 발생하더라도 감지가 쉬우므로 즉시 조치하게 됨.

① 불평형의 원인

편심, 주물 내의 기포, 키와 키홈, 기계적 변형, 열적 변형, 부식과 마모 설계 비대칭, 요소 부품의 이동(전동기, 팬)

② 불평형량은 회전이 시작되면서 원심력을 발생시키고 원심력에 의해 진동이 발생된다.

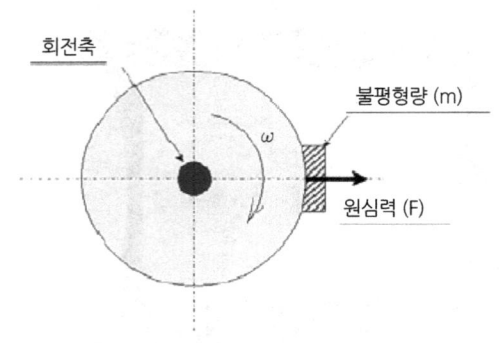

그림 5.9　Unbalance(불평형과 원심력의 발생)

2) 미스-얼라인먼트(Mis-Alignment)

Unbalance는 방치할 경우 기계손상의 원인이 되지만, 보수 담당자들에게는 비교적 잘 인식되어 있으며 Unbalance 발생시 급격한 진동의 증가로 인하여 감지가 쉬우므로 즉시 조치하게 된다.

반면에 Mis-Alignment는 보수 담당자의 책임으로 담당자가 정밀한 Alignment 작업의 필요성을 인식하지 못하고 작업한 경우 기계가 고장 시까지 그대로 방치되기 쉽다.

① 기계부품에 주어지는 기계적 힘(물리력)의 불균형
② 구동기(Drive M/C)와 종동기(Driven M/C) 양쪽 기계 모두에 영향을 줌.
③ 주로 보수 담당자의 책임
④ 설치시 올바로 하지 않으면 운전 중 감지가 어렵고 장기간에 걸쳐 기계손상을 초래

3.2 축정렬 방법과 비교

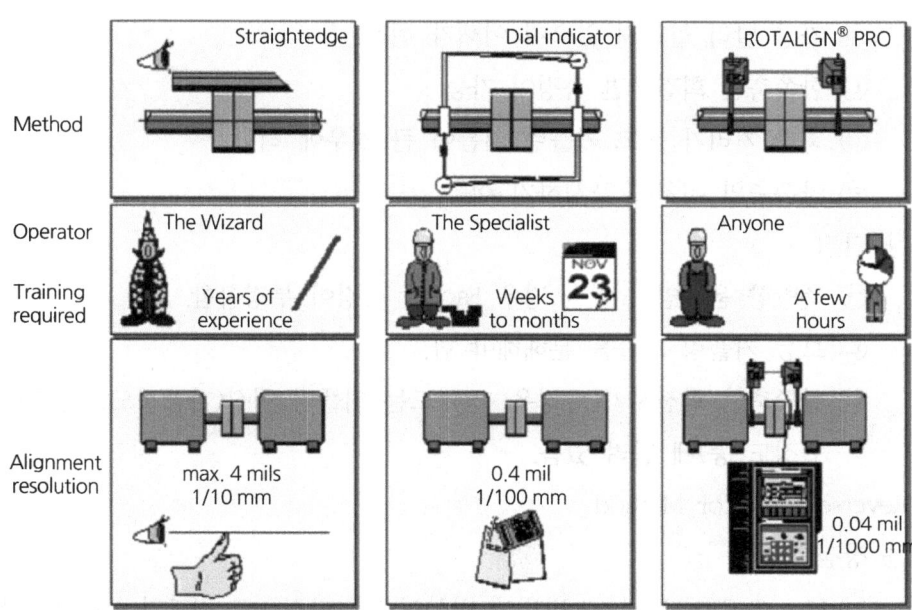

그림 5.10　축정렬 방법과 비교

1) 직선자 사용

현장에서 간단한 정렬작업에 가장 널리 쓰이는 방법이다. 인간의 눈이 식별할 수 있는 범위는 최상의 상태아세 1/10 mm 정도(실제로는 3/10 mm 이상)이며, 각도편차에 대해서는 인간의 눈은 신뢰도가 더 떨어진다.

2) 다이얼 게이지

현재까지 정밀한 Alignment 작업에 가장 널리 쓰이는 방법이며, 그 중에서도 일반적으로 Rim & Face Method와 Reverse Indicator Method가 일반적으로 쓰인다.

① Rim & Face Method
㉮ 장점
㉠ 가장 널리 알려져 있으며 이해가 쉬움.
㉡ 한쪽축만 회전되면 측정이 가능
㉢ 축간 거리가 짧고 커플링 지름이 큰 경우에 적합
㉣ 양쪽축의 위치를 표시하기 쉬움.
㉯ 단점
㉠ 축방향 움직임이 있을 경우 Face값 측정이 부정확함.
㉡ 보통 커플링 스플을 분해해야 함.
㉢ 한쪽축만 회전시키는 경우, 정확도는 커플링 형상(가공정도, 진원도, 조립정도 등)에 달려 있음.

② Reverse Indicator Method
㉮ 장점
㉠ Rim & Face Method 방법에 비하여 기하학적으로 정도가 높음(더 큰 삼각형에서 비례계산을 하기 때문에).
㉡ 축방향 움직임이 있더라도 측정에 영향이 거의 없음.
㉢ 커플링 스플을 분해하지 않고 측정이 가능함.
㉯ 단점
㉠ 두 개의 측정용 게이지간의 거리가 커플링 지름보다 짧을 경우 Rim & Face Method 방법보다 정확도가 떨어짐.
㉡ 양쪽축이 모두 회전되어야 함.

3.3 Misalignment에 따른 결과

기계 설치 및 보수의 최종 단계로서 정밀한 Alignment 작업은 매우 중요하며 작업은 상당한 숙련을 요한다.

기계정렬에 대한 충분한 지식을 갖추지 못한 상태에서의 작업은 기계적 트러블과 손상을 가져온다.

① 진동의 증가

Misalignment은 기계에 과도한 부하를 초래하여 기계각부에 무리한 힘을 가하게 되므로 그 결과 진동이 증가하게 된다.

축의 오정렬은, Radial(원주방향) 및 Axial(축방향)의 진동을 증가시키며 진동특성상 축 회전 주파수의 배수에서 높은 진동 값을 나타내게 된다. 특히 축방향 진동의 증가가 두드러진다.

② 기계부품의 손상

기계에 가해진 무리한 힘은 각 기계부품의 손상을 가져오며 그 중에서도 오정렬로 인한 과도한 힘을 가장 직접적으로 받는 부분은 베어링이므로 오정렬은 베어링 수명을 극도로 단축시킨다. 동시에, 오정렬은 축의 왕복 피로 현상을 발생하여 축의 수명을 단축시키고 진동으로 Shaft Seal 및 Mechanical Seal의 손상을 가져온다.

㉮ 베어링 수명

베어링 조기손상의 가장 대표적인 원인은 Misalignment이며, 베어링 수명은 원주방향 부하의 세 제곱에 반비례한다. 만약 오정렬로 인하여 힘(부하)이 두 배가 된다면 수명은 $\frac{1}{2^3} = \frac{1}{8}$이 된다.

베어링 수명은 노화수명(피로수명)에 근거하여 설정되며 베어링에 걸리는 부하가 정격부하 이상으로 증가할 경우 베어링은 조기에 파손된다.

③ 동력손실

축정렬이 바르게 되지 않으면, 기계 각 부위에 불필요한 힘이 미치기 때문에 동력의 전달효율이 저하됨은 물론 동력(전력) 손실 또한 크게 된다. 정밀한 축정렬은 일반적으로 에너지 손실을 5%~12% 낮춘다.

3.4 커플링 선정

회전기계의 동력전달을 위해서 다양한 종류의 커플링이 사용되고 있다. 모든 회전기계에 오 정렬을 최대한 흡수할 수 있는 한 가지 기종의 커플링이 쓰이지 않는 이유는, 각 커플링의 제한된 능력의 한계 때문이다. 즉, 동력을 전달하는데 완벽한 커플링은 없으며 Alignment 작업 시 각 커플링의 특성과 능력을 검토해야 한다. 커플링을 선정하는데 고려해야 할 요소들은 다음과 같다.

① 정격용량(마력수) 및 회전수
② 최대 회전수에서 전달되는 최대 마력수/토크
③ 오정렬 흡수 능력 : 평행편차/각편차/조합된 편차
④ 기동 시 열팽창 보정을 위한 Cold-Offset을 허용하는 능력
⑤ 비틀림 유연성
⑥ 사용률
⑦ 사용온도 범위(최대 사용온도)
⑧ 축에 조립하는 방법
⑨ 키홈의 치수와 숫자
⑩ 윤활제의 종류와 양
⑪ 축의 축방향 변위량
⑫ 커플링이 쓰이는 주위환경
⑬ 축경과 축간거리
⑭ 오정렬로 인한 열발생
⑮ 기타

그림 5.11 현장의 축정렬 작업

제06장 펌프

1. 펌프의 기본원리
2. 펌프의 종류와 분류법
3. 원심 펌프
4. 편심 펌프
5. 웨이브 펌프
6. 단단 펌프와 다단 펌프
7. 프로펠러 펌프
8. 점성 펌프(마찰 펌프)
9. 왕복동 펌프
10. 회전 펌프
11. 기포 펌프
12. 분사 펌프
13. 수추 펌프(무동력 펌프)
14. 펌프의 정기점검과 고장원인

펌 프

01 펌프의 기본원리

펌프 중에서 가장 많이 사용되고 있는 와류펌프는 임펠러가 회전하면 물은 원심력으로 밀려나와서 피스톤작용에 의해 그 중심부가 진공이 됨으로 물이 대기압으로 밀려올라가서 펌프 내의 임펠러 중심부에 생성된 진공부에 물이 흘러들어간다. 이런 현상이 연속해서 계속되므로 저위의 물은 펌프에 의해 빨려 올라가게 된다.

진공이란 공기 등의 기체가 존재하지 않는 공간으로서 표준대기압이 1,013밀리바로 수은주가 760 mmHg 이하이다. 절대압력 0 kgf/cm^{2}는 완전진공이며 완전진공에 가까운 저압력일수록 진공도가 높고 또한 대기압에 가까운 고압력일수록 진공도도 낮다고 한다. 펌프속이 완전 진공으로 펌프 밖은 표준대기압인 상태에서는 물의 퍼 올림 높이는 10.33 m가 한계이다.

그림 6.1은 표준대기압 1,013밀리바를 공기, 물, 수은 등을 압력으로 나타낸 것이다.

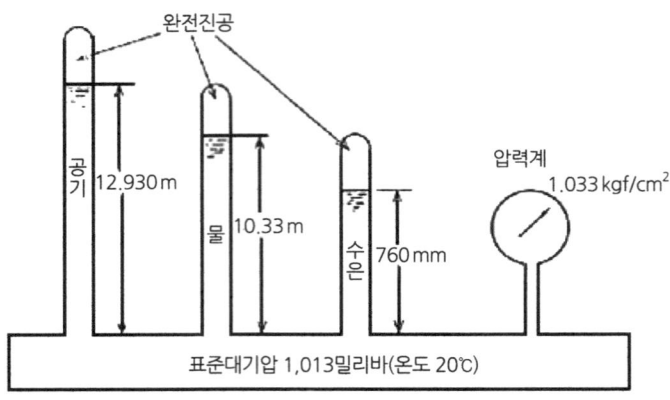

그림 6.1   완전 진공 상태에서의 표준 대기압

1.1 펌프의 전양정

펌프가 운전되면 흡입관로, 토출관로, 관로출구 등에서 여러 가지의 에너지 손실이 발생한다. 여기서 원심펌프를 예로 들어 펌프의 전양정을 생각해 보면 펌프의 전양정 H는 다음 식과 같다.

$$H = H_a + h_{ls} + h_{ld} + \frac{v_d^2}{2g}$$

H : 펌프의 전양정(m)

H_a : 펌프의 실양정(m)

h_{ls} : 펌프의 흡입측 관로의 손실양정(m)

h_{ld} : 펌프의 토출측 관로의 손실양정(m)

$\dfrac{v_d^2}{2g}$: 토출 속도 양정(m)

v_d : 토출관 출구속도(m/s)

g : 중력가속도(m/s²)

1.2 펌프의 동력과 효율

1) 수동력과 축동력

펌프 양수시의 이론동력을 수동력이라고 하고 펌프에 의하여 단위시간에 액체에 주어지는 유효에너지로서 다음 식으로 나타낸다.

$$P_w = \frac{\rho g QH}{60 \times 1{,}000}$$

P_w : 수동력(kW)
ρ : 양액의 밀도(kg/m³)
Q : 토출유량(m³/min)
H : 전양정(m)

위 식에 청수의 $\rho=1{,}000$(kg/m³), $g=9.8$(m/s²)을 대입하여 계산하면

$$P_w = 0.163\, QH$$

축동력은 펌프가 실제로 필요로 하는 동력으로서 펌프의 효율을 η라 하면 축동력(kW) P_s는 다음과 같다.

$$P_s = \frac{0.163\, QH}{\eta}$$

2) 펌프 효율

펌프의 효율에 있어서 수력효율을 η_h, 체적효율을 η_v, 기계효율을 η_m이라 하면 펌프의 효율 η는 다음과 같다.

$$\eta = \eta_h\, \eta_v\, \eta_m$$

η_h : 수력효율(유체상호간, 유체와 관벽과의 마찰 등에 의한 에너지 손실)
η_v : 체적효율(관로를 흐르는 유체의 누설에 의한 에너지 손실)
η_m : 기계효율(베어링, 패킹류 등과 축과의 마찰에 의한 에너지 손실)

3) 펌프의 회전속도

펌프의 회전속도란 펌프의 규정 토출유량(양수량)과 양정을 얻기 위하여 필요한 매 분마다의 회전수로서, 구동원동기에 모터를 사용할 때 주파수를 f(Hz), 극수를 P라 하면 동기 회전속도 n(rpm)은 다음 식과 같다.

$$n = \frac{120f}{P}$$

슬립 s(2~5%)의 값만큼 낮아짐으로 실제의 회전속도 η'(rpm)는 다음 식과 같다.

$$\eta' = \eta(1-s)$$

1.3 포화증기 압력

펌프 속이나 물에 저압부가 발생하면 대기압의 상태에도 물 속에 녹아 있던 공기나 가스가 증발되어 흡상관 내나 펌프 속에 가스가 됨으로 펌프의 토출량이 감소되며, 또한 수온이 높아지면 가스의 발생은 매우 증대되어 펌프의 토출량을 더욱 감소시킨다.

표 6.1은 해발높이와 흡입양정의 감소량을 나타낸 것이다.

표 6.1 해발높이와 흡입양정의 감소량

해발높이 (m)	흡입양정의 감소량 (m)	해발높이 (m)	흡입양정의 감소량 (m)
500	0.6	1,750	1.95
750	0.85	2,000	2.2
1,000	1.1	3,000	3.1
1,250	1.4	4,000	4.1
1,500	1.7	5,000	4.8

1.4 빨아올리는 높이

산악지대에서는 펌프를 설치할 경우에 흡입양정의 감소량을 공제한 것이 실제의 흡입양정으로 된다. 해발높이의 기준인 해면상을 0 m로 한 경우 흡입양정의 감소량은 표 6.1과 같다. 따라서 최대흡입 가능한 높이 H_γ는 다음 식과 같다.

$$H_\gamma = \frac{10}{\gamma}(P_{vp} - P_a) + \frac{v^2}{2g} + K\frac{v^2}{2g} + \alpha_p \; (m)$$

- γ : 양수의 단위체적량의 중량(kgf/ℓ)
- P_{vp} : 양수의 포화증기 압력(kgf/cm^2)
- P_a : 대기압(kgf/cm^2)
- v : 흡입 관내의 유속(m/s)
- g : 중력의 가속도 9.8(m/s^2)
- K : 양수관 내의 마찰손실계수
- α_p : 펌프의 정미흡입양정(m)

1.5 펌프와 양정

물은 높은 곳에서 낮은 곳으로 흐르는 것이 자연스러운 현상이지만 외부에서 에너지를 주어서 낮은 곳에서 높은 곳으로 퍼 올리는 압력을 가하는 기계를 펌프라고 한다. 일반적으로 기체를 다루는 송풍기나 압축기와는 구분되고 있다. 그러므로 펌프의 전양정(Total Head)을 다음 식으로 나타낼 수 있다.

$$H = h_a + h_f + h_p$$

H : 전양정(m)
h_f : 관내 손실양정(m)
h_a : 실양정(m)
h_p : 압력 양정(m)

그림 6.2는 양정 일람을 나타낸 것이며 여기서 실양정은 흡수액면과 토출액면까지의 수직 높이이고 또한 압력양정(Pressure Head)는 흡수면과 토출면에 작용하는 압력의 차를 말한다.

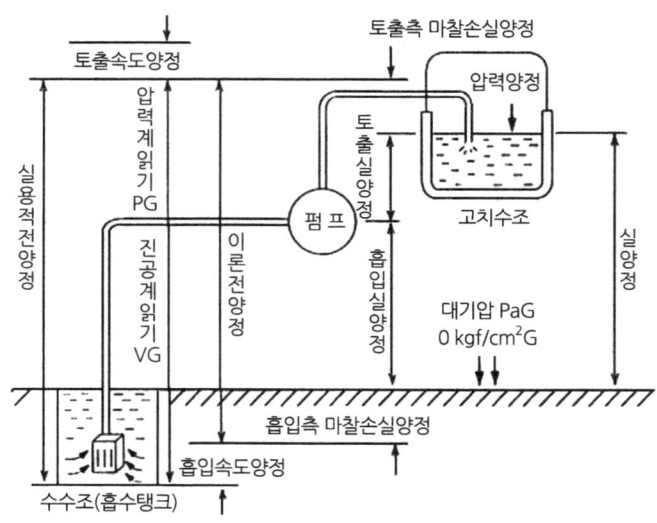

그림 6.2 양정(Head)

02 펌프의 종류와 분류법

2.1 원리 구조상에서의 분류

표 6.2 원리 구조상에서의 분류

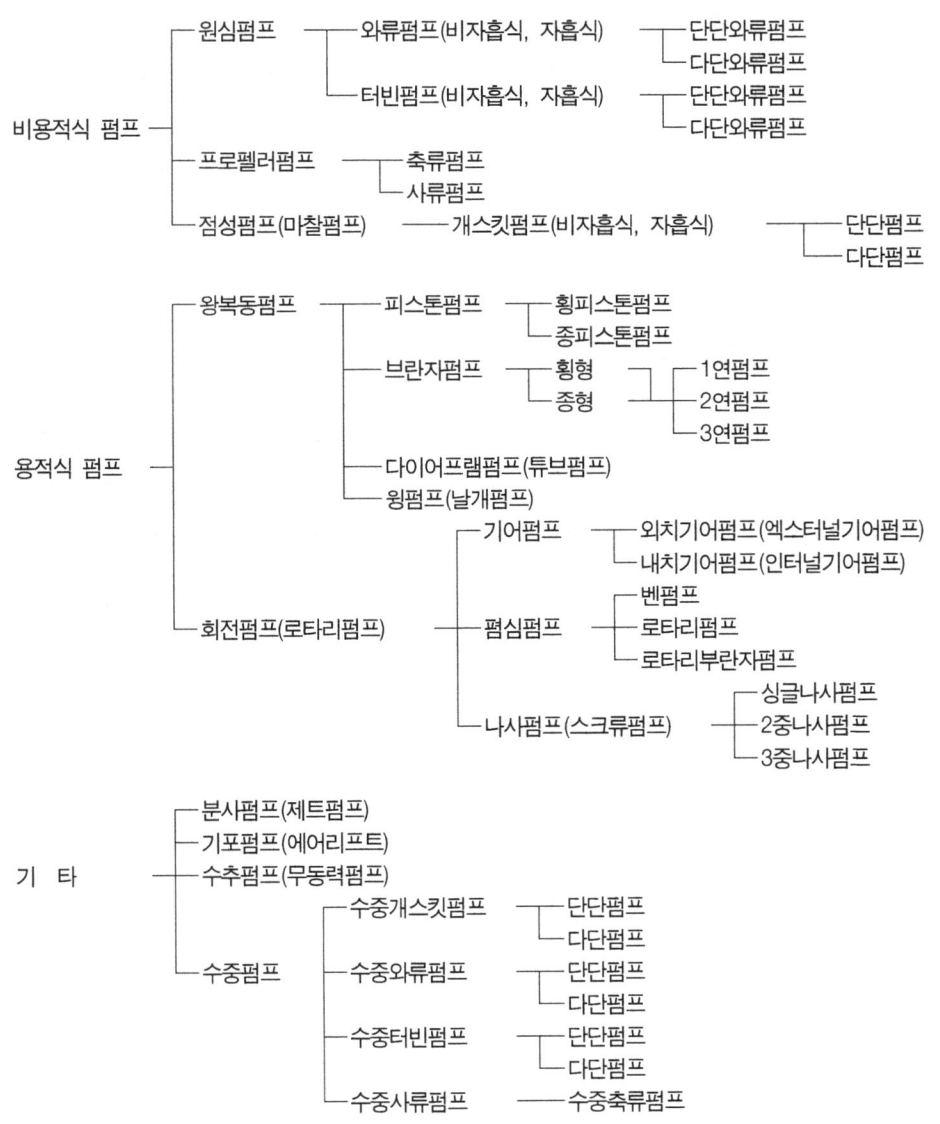

원리 구조상으로 분류하면 표 6.2와 같이 비용적식 펌프, 용적식 펌프, 기타 펌프 등으로 분류되며 비용적식 펌프란 펌프 실내의 용적을 변화시키지 않고 물에 에너지를 주는 방식의 펌프로서 원심 펌프, 프로펠러 펌프, 점성 펌프 등으로 분류된다.

용적식 펌프란 펌프 내의 용적을 변화시킬 수 있게 실의 용적을 변화시켜서 액체를 흡입측에서 토출측으로 따라 나가게 하는 방식의 펌프이다. 이 펌프는 꽉 막고 운전을 하면 압력이 이상적으로 올라가므로, 일반적으로 펌프의 토출측에 안전밸브가 설치되어 있으며 왕복동 펌프와 회전 펌프로 분류되어 있다.

기타의 펌프에는 특수한 용도에 사용되는 펌프로서 분사 펌프(제트 펌프), 기포 펌프(에어리프트), 수추 펌프(무동력 펌프), 수중 펌프 등이 있다. 수중 펌프란 수중에 펌프와 전동기를 물탱크나 우물 등에 고정시켜서 사용하는 펌프로, 지상에 고정시킬 장소가 필요치 않으며 운전 중에는 조용해서 자동 운전에 적합하게 되어 있다.

2.2 펌프의 동력원에 의한 분류

펌프를 동력원으로 분류하면 표 6.3과 같이 무동력 펌프, 수동 펌프, 모터 펌프, 엔진 펌프, 워싱턴 펌프 등으로 분류되며, 무동력 펌프란 높은 장소에 저장되어 있는 물의 위치에너지를 이용하는 펌프이다. 즉, 도수관으로 높은 위치의 물을 내려 보내서 이것을 갑자기 물의 세기를 멈추게 하면 수압이 급상승한다. 이 수압을 이용해서 양수하는 펌프다.

표 6.3 펌프를 작동하는 동력원으로부터의 분류

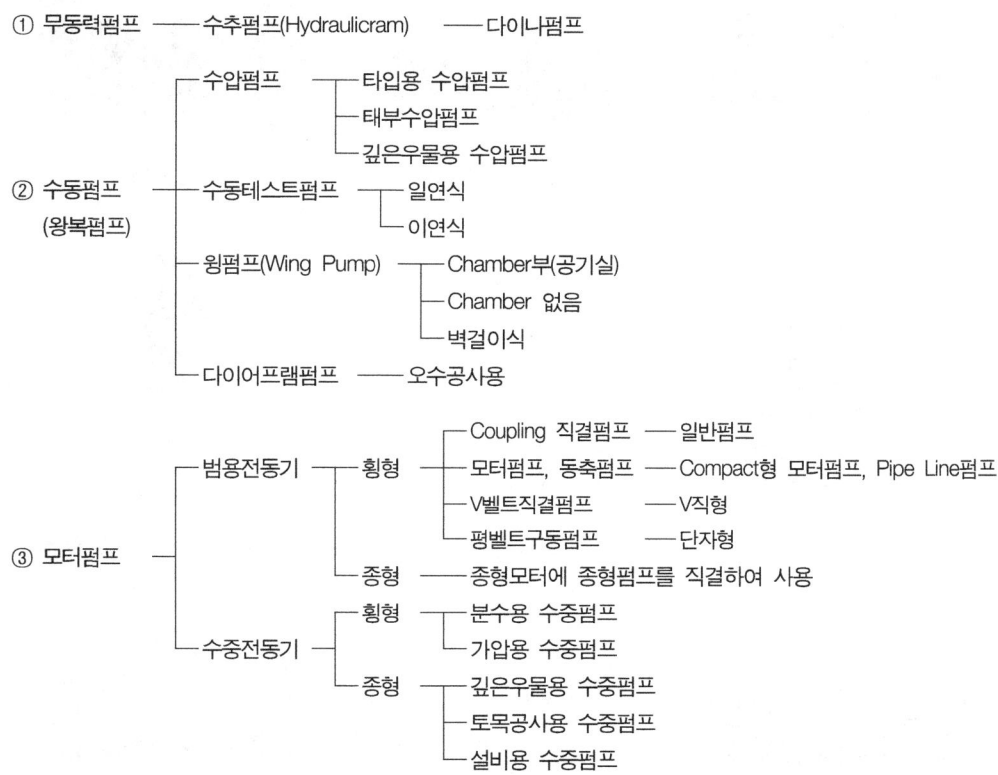

수동 펌프란 전기나 연료가 필요 없는 펌프로 우물에서 물을 수압식으로 퍼 올리든지 또는 밀어올림이 가능한 펌프이다. 전기가 없는 지방이나 지진 등 재해 때의 식수 확보에 사용하면 유용하다.

모터 펌프란 전동기와 펌프가 함께 직결되거나 벨트 등으로 연결된 펌프다. 육상용으로는 범용 전동기가 직결로 벨트가 연결되어 있으며 수중용은 수중전동기에 펌프가 직결되어 있다.

그림 6.3은 각종 다양한 펌프의 종류를 나타낸 것이다.

(a) 볼루트 펌프

(b) 다단 볼루트 펌프

(c) 웨스코 펌프

(d) 라인 펌프

(e) 입축오수 펌프

(f) DVMT형 다단 터빈 펌프

(g) 볼텍스 펌프

(h) DBS형 부스터 펌프

(i) 기어 펌프

(j) 낫슈진공 펌프

(k) DDV형 양흡입 볼루트 펌프

(l) 모노 펌프

그림 6.3 각종 펌프의 종류

2.3 펌프에 사용되는 재질에 의한 분류

① 주철제 펌프 : 널리 사용되는 펌프로서 임펠러, 축, 메탈 등은 다른 재질로 사용하고 있다.
② 전주철제 펌프 : 특히 접액부(액체가 접촉되는 부분)는 철 이외의 것을 사용해서는 안 되고 액의 경우와 구별된다. 가성소다용 펌프가 그 예이다.
③ 요부 포금제 펌프, 요부 스테인리스제 펌프 : 임펠러, 축, 기어, 베어링 등에 포금 또는 스테인리스가 사용된다.
④ 접액부 포금제 펌프, 접액부 스테인리스제 펌프 : 액체가 접촉 되는 곳 전부를 포금 또는 스테인리스를 사용한다.
⑤ 전 포금제 펌프, 전 스테인리스제 펌프 : 펌프 본체 전부를 포금 또는 스테인리스를 사용한다.
⑥ 경질염화비닐제 펌프 : 경질염화비닐 또는 이것과 같은 수지로 만들어진 펌프로 내식성이 우수한 펌프이나 일반적으로 온도나 외부압력에 약하다.
⑦ 주강성 펌프 : 높은 압력에 견딜 수 있는 펌프이다.
⑧ 고규소도 주철제 펌프 : 규소를 많이 함유한 내식성이 있는 특수 주물제 펌프로 깨어지기 쉬우므로 주의를 요한다.
⑨ 고무 라이닝 펌프 : 접착부에 고무를 붙인 펌프로 내식 내마모성이 있으나 성능이 비교적 낮다.
⑩ 경연 펌프 : 경연 또는 단단한 아연을 도금한 펌프이다.
⑪ 자기제 펌프 : 도자기로 접착부를 만든 펌프이다.
⑫ 테트론 플라스틱 펌프 : 화학공장용 또는 실험용으로 사용되고 있는 펌프로서 적은 양수량의 소형 펌프로 사용한다.

2.4 취급액에 의한 분류

1) 청수용 펌프

① 천우물용 펌프 : 우물의 수위(지상으로부터 수면까지의 거리)가 6 m 이내라면 펌프로 퍼 올릴 수가 있으므로 이것을 낮은 우물 펌프라고 한다.

② 심정우물용 펌프 : 펌프를 지상에 설치해서 운전할 경우 지상에서 우물의 수면까지가 6 m가 초과되면 펌프를 가동해도 물이 지상까지 올라가지 않는다.

이와 같은 우물에서는 진공을 만드는 기능을 이용해서 수면으로부터 6 m 이내로 내리든가 또는 물속으로 넣거나 한 후에 지상까지 밀어올린다. 이러한 펌프를 깊은 우물 펌프라고 부르며 5종류가 있다.

㉮ 피스톤 펌프 : 실린더 부분을 땅속으로 내려서 사용한다.
㉯ 제트 펌프 : 제트의 부분을 땅속으로 내려서 사용한다.
㉰ 수중모터 펌프
㉱ 에어 리프트(Air Lift) 펌프
㉲ 보아홀 펌프

2) 오수용 및 오물용 펌프

수세식 정화조의 오수 배수, 하수 잡배수조로부터의 배수 등 오물도 물과 함께 배수되는 펌프로서 다음과 같은 종류의 펌프가 있다.

① 종형오수 펌프(종형오물 펌프)
② 수중오수 펌프(수중오물 펌프)
③ 분쇄오물 펌프

3) 온수용 펌프

① 난방용 온수 순환 펌프
② 각종 급탕용 펌프
③ 보일러 급수용 펌프

④ 온천용 펌프

4) 특수 펌프

① 프로세스 펌프(가공공정중의 작업용 펌프)
② 케미컬 펌프(화학용 펌프)
③ 고점도용 펌프(유지, 당밀, 마요네즈용 펌프)
④ 펄프용 펌프
⑤ 해수용 펌프
⑥ 식품용 펌프

5) 냉매용 펌프

6) 냉수용 펌프

7) 세정용 펌프

8) 유용 펌프(기름 오일용)

03 원심 펌프

펌프의 동체에 물을 채워 높고 그 속의 물을 임펠러로 고속으로 회전하면 물이 임펠러를 따라 회전하면서 에너지를 주어 원심력으로 밖으로 향해 흘러 와류통에서 밖으로 흘러나오게 된다. 이 경우 가득 찬 중심부의 물이 그림 6.4와 같이 원심력이 생겨서 밖으로 흘러나온다. 따라서 흡수관에서는 항상 물을 보충시켜주면 물은 연속적인 펌프작용을 받아서 빨아들여 밀어올린다. 이것이 원심 펌프의 빨아들임과 밀어올림의 원리이며 일반적으로 원심펌프의 흡입구가 임펠러의 가운데로 되어 있는 것은 그 때문이다.

그림 6.4 원심력의 원리   그림 6.5 원심 펌프 물의 움직임

그림 6.5는 원심 펌프 물의 움직임을 나타낸 것이며, 와류 펌프 및 터빈 펌프는 원심 펌프로서 현재 가장 많이 사용되고 있는 펌프이다. 와류 펌프와 터빈 펌프가 다른 점은 그림에서 나타낸 것과 같이 임펠러의 바깥둘레에 고정된 물의 안내 날개가 있는 것이 터빈 펌프이고, 물의 가운데 중심에 안내 날개가 없이 와류실만 있는 펌프가 와류 펌프이다.

그림 6.6과 6.7은 와류 펌프와 터빈 펌프의 임펠러 안내 날개 물의 움직임을 나타낸 것으로, 안내 날개는 임펠러에서 주어진 속도 에너지를 압력에너지로 효율 좋게 바꾸는 역할을 한다.

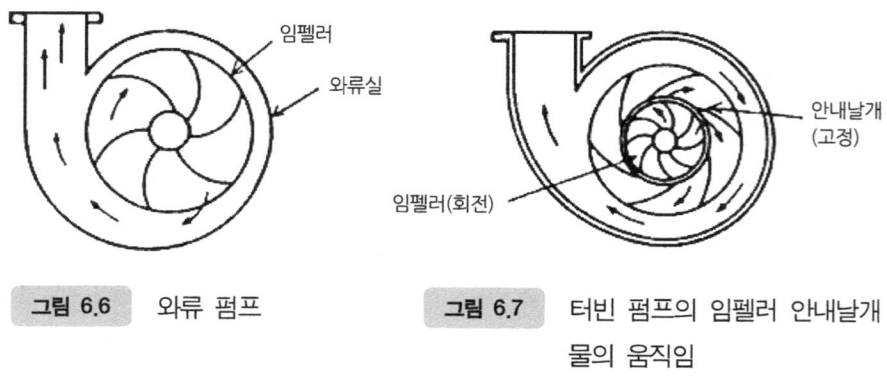

그림 6.6 와류 펌프   그림 6.7 터빈 펌프의 임펠러 안내날개 물의 움직임

3.1 원심 펌프의 구조

그림 6.8 원심 펌프의 구조

1) 원심 펌프의 구조

- 임펠러 : 물에 운동에너지를 주는 것
- 케이싱 : 압력에너지로 변환
- 회전부 : 여러 개의 날개(Vane)를 갖는 회전차(Impeller)와 축(Shaft)
- 정지부 : 안내날개(Guide Vane), 케이싱, 패킹상자 및 베어링

① 원심 펌프 케이싱 링(Casing Ring) 및 웨어링 링(Wearing Ring)
  설치목적
  - 회전부와 고정부 사이의 틈새를 작게 하여 출구측의 고압의 유체가 입구측으로 누설되어 효율이 감소되는 것을 방지
  - 회전부와 고정부의 접촉으로 인한 마모 시 교체가 용이하다.

  - 케이싱 링 : 케이싱에 열박음으로 고정
  - 웨어링 링 : 회전차에 설치되어 회전

② 안내장치

회전차로부터 토출되는 물을 효율적으로 토출구 또는 다단펌프의 다음 회전차로 유도하며 유체의 속도에너지를 압력에너지로 변환한다.

㉮ 종류
- 안내날개(Guide Vane) : 회전차로부터 나온 물을 펌프 출구로 안내하는 고정날개로 디퓨저(Diffuser) 펌프 혹은 터빈 펌프
- 볼류트 케이싱(Volute Casing) : 회전차의 전 원주에 걸쳐 서서히 확대되는 통로로 케이싱을 안내장치로 사용하는 볼류트 펌프

㉯ 안내 깃 유무에 따른 분류
- 볼류트 펌프 : 안내깃이 없다. 일반적으로 단단 펌프, 저양정, 광범위한 범위에서 효율의 저하가 없다.
- 터빈 펌프 : 안내깃이 있으며, 일반적으로 고양정, 우상향 곡선으로 설계유량 부근의 운전상태를 벗어나면 급격히 효율이 저하된다.

3.2 원심 펌프와 축류 펌프의 운전특성 비교

〈비교회전도(비속도)의 정의〉

1개의 Impeller를 대상으로, 형상과 운전상태를 동일하게 유지하면서 그 크기를 바꾸고 단위유량(1 m³/min)에서 단위양정 1 m를 발생시킬 때 임펠러에 주어져야 할 회전수를 원래 회전차의 비교회전도라 한다.

$$Ns = \frac{nQ^{1/2}}{H^{3/4}}$$

Ns : 비속도
n : 회전속도(rpm)
Q : 토출량
H : 전양정

펌프의 특성을 표시하거나 회전차의 형상 또는 가장 적합한 회전수를 결정할 때 많이 사용하며 펌프의 분류기준으로 사용된다.

3.3 펌프의 캐비테이션(Cavitation)

펌프를 운전할 때 펌프 내에서 액체의 압력이 그 액체의 포화증기압보다 낮아지면 기포가 발생하고 이 기포가 고압부로 이동하여 소멸되는 현상으로 고주파 진동, 소음, 침식, 성능저하 발생

1) 공동현상 발생 한계조건

캐비테이션은 액체의 압력이 포화증기압 이하가 되면 발생한다.
(대책 : 펌프 내에서 포화증기압 이하의 부분이 생기지 않도록 함.)

$$\text{일반적으로, } NPSHav = 1.3 \times NPSHre$$

(1) 유효 흡입수두(NPSHav : Avaliable Net Positive Suction Head)

펌프에 유입하는 물에 외부에서 주는 압력을 절대압력으로 하고 그 온도에서 물의 포화증기압을 뺀 값이다.

$$NPSHav = Hav = Ha - Hv \pm h_S - h_L$$

- Hav : 유효 흡입수두(m)
- Ha : 흡입면에 작용하는 압력(m, 절대압에서 환산한 값)
- Hv : 수온에 상당하는 포화증기 압력(m)
- h_S : 흡입액면으로 부터 임펠러 기준면까지의 수직거리(m)
  [흡상이면 음(−), 가압이면 (+)]
- h_L : 흡입측 배관에서의 총 손실수두(m)

(2) 필요 흡입수두(NPSHre : Required Net Positive Suction Head)

펌프가 캐비테이션을 일으키지 않기 위해 필요로 하는 최소 압력으로 펌프의 고유 특성값을 말한다.

$$NPSH_{re} = \zeta_1 \frac{w_1^2}{2g} + \zeta_2 \frac{v_1^2}{2g}$$

- ζ_1 : 날개형상에 따른 압력강하계수
- ζ_2 : 깃에 따라 변하는 압력강하계수
- w_1^2 : 회전차 입구부의 상대속도
- v_1^2 : 회전차 입구부의 절대속도

(3) 필요 흡입수두 구하는 방법

① 흡입 비속도에 의한 방법

$$S = \frac{nQ^{1/2}}{NPSH_{re}^{3/4}}$$

- s : 흡입비속도
- n : 회전속도(rpm)
- Q : 토출량
- $NPSH_{re}$: 필요흡입수두

☞ $NPSH_{re} = \left[\dfrac{nQ^{1/2}}{S}\right]^{4/3}$

② Thoma의 캐비테이션 계수(σ : 실험값)

$$NPSH_{re} = \sigma \times H$$
$$\sigma = NPSH_{re}/H$$

- σ : Thoma의 캐비테이션 계수
- H : 펌프의 전양정(m)

3.4 캐비테이션 방지법

1) 캐비테이션 방지법

① 펌프 설치위치를 가능한 낮게 한다.
② 흡입관의 손실을 가능한 작게 한다.
③ 펌프의 회전수를 낮게 선정한다.
④ 실양정 변동 시 송출량이 과다하게 되는 경우 토출밸브를 조절한다.
⑤ 동일한 회전수와 송출량이면 양 흡입 펌프를 선정한다.
⑥ 임펠러를 내식성이 강한 재질로 사용한다.

2) 공동현상 발생 과정

펌프운전 ⇒ 임펠러 입구 압력저하 발생 ⇒ 압력<포화증기압(임펠러 입구가 높은 진공상태로 변하면 수중에 용해되어 있는 공기가 분리되어 기포 발생, 포화증기압-유체가 비등할 때의 압력) ⇒ 기포발생(기포가 고압부에 오면 소멸하지만 이것을 반복하면 진동, 소음 유발) ⇒ 진동, 소음, 침식, 유발 ⇒ 펌프성능 저하.

3.5 펌프의 축추력

단흡입 원심 펌프에서 전면과 후면측판에서 정압의 차(差)에 의해 발생되는 힘으로 축방향으로 밀리는 현상으로 대책은 다음과 같다.

1) 평형구멍(Balancing Hole) 설치

① 웨어링 링(Wearing Ring) 설치 : 회전차 출구측 유체를 교축시켜 웨어링 링 내부로 유입되는 유량과 유압을 감소시킨다.
② 교축된 유체 압력은 평형구멍에 의해 흡입측 압력과 평형
③ Hole을 통해 흡입측으로 흐르는 물 때문에 베인에 흡입되는 물의 흐름이 난류가 되어 흡입조건을 나쁘게 한다.

2) 평형 파이프(Balancing Pipe) 설치

① 평형 파이프를 흡입측에 연결시키면 압력이 내려가 축추력이 경감
② 흡입측의 흐름이 난류가 되어 흡입조건을 나쁘게 만듦.

3) 펌프 아웃 백 베인(Pump-Out Back Vane) 부착

① 회전차 뒷면에 백 베인(Back Vane)을 설치
② 베인과 케이싱과의 간격을 작게 하여 중심부의 압력이 내려가 축추력 감소
③ Slurry 및 입자가 함유된 액체에(Open 회전차) 적용
④ 마찰손실이 증가하는 단점

4) 양 흡입 임펠러 채용

① 주로 단단 펌프에서만 사용
 (다단 펌프에서는 구조가 복잡하고 축이 길어지기 때문)
② 배관시스템에 의한 축추력이 있을 수 있으므로 Thrust 베어링이 필요
③ 양흡입 볼류트 펌프에 적용, 분해 점검 간편.

5) 임펠러 배합

① 고압 다단 펌프의 임펠러를 축추력을 상호 상쇄시킬 수 있도록 배합
② 임펠러 배합 방법 : 임펠러를 우반수와 좌반수가 반대 방향으로 되게 설치하여 2개의 단의 임펠러가 한 조가 되어 반대로 향하게 하는 방법
③ 기수 단일 때는 제1단을 양흡입형으로 하고 나머지는 단흡입형 축추력 방지 장치

6) 밸런스 드럼(Balance Drum)

① 출구 압력수를 밸런스 드럼 주위의 미소간격으로 감압, 흡입측과 연결
② 밸런스 드럼 전후의 압력차에 의한 추력(F)으로 축추력 T와 평형

③ 부하 변동시에 생기는 불균형에 대비하여 충분히 여유가 있는 Thrust Bearing이 설치

7) 평형 디스크(Balance Disk) 추력 방지 장치

최종단 회전차 뒤쪽에 Balance Disk를 설치 디스크와 케이싱의 좁은 틈새에 의해 감압되며, 흡입케 이싱과 Balance 배관을 연결하는 방식.

① 누설량은 다소 많지만 Thrust Bearing은 불필요.
② 구경이 100mm 이상의 Pump에 채용.
③ 액체에 이물질이 함유되어 있으면 적용 불가.

3.6 서징현상 및 수격현상

1) 서징현상

펌프가 운전 중에 한숨을 쉬는 것과 같은 상태로 되어 송출압력과 송출유량이 주기적으로 변동하는 현상으로 양수량이 규정량보다 매우 적은 경우 발생.

① 발생조건(3가지 조건 모두 만족시에 발생)
 • 펌프의 유량-양정곡선이 우상향일 때.
 • 펌프 토출측에 수조 또는 압력탱크가 있는 경우.
 • 압력탱크 후단의 밸브(B)에서 유량 조절시.

2) 수격현상(Water Hammer)

- 발생원인 : 기동정지시 펌프의 양수관 배관계의 밸브 ON-OFF시
- 현상 : 소음 발생. 급격한 압력변화(상승에 의한 파손)

① 펌프 양수관에서의 수격현상
 • 펌프 정지시 수격현상(관성에 의한 압력변화 크게 발생)

- 체크 밸브가 없으면 펌프 역회전
② 급수관에서 워터 해머
- 배관계 밸브 등 급 폐쇄시 압력변화 크게 발생
③ 수격작용 피해
- 압력강하로 관로의 좌굴 발생
- 급격한 충격압 발생(관 파괴)
- 설계압 이상 상승 펌프, 밸브, 관로 파괴
- 펌프 및 모터 역회전에 의한 사고 발생
- 자동제어 장치의 압력제어기기 손상
④ 워터 해머 방지책
- 수격방지기(Air Chamber 등) 설치
- 관로상에 체크 밸브 설치
- 펌프 출구측 릴리프 밸브 설치(흡입측 수조)
- 배관지름을 가능한 크게 하여 배관 내 유속 억제

3.7 펌프 밀봉장치

1) 그랜드 패킹(Gland Packing)

① 원리 : 패킹상자 속에 그랜드패킹을 삽입하고, 외부로부터 그랜드 셋으로 클램핑하는 방식
② 특징
  ㉮ 고온(150℃ 이상), 고압, 고속형(25~30 m/s 이상)에서는 사용 곤란
  ㉯ 그랜드패킹 조임량을 조절하여 누설량을 조절 사용(펌프의 효율향상 및 패킹수명 연장)
  ㉰ 누설이 되면 안 되는 곳에 사용 불가
  ㉱ 축에 연결된 Rotating Ring과 Housing에 Stationary Ring이 서로 축과 수직을 이루며 회전 접촉하는 밀봉면을 형성하여 누설방지

㉮ 회전링은 고정링과 접촉이 유지되도록 축방향으로 스프링 장력에 의하여 움직일 수 있음.

2) Mechanical Seal 특징

① 장점
  ㉮ 누설을 거의 완전하게 방지
  ㉯ 위험한 액 등 특수한 액에 사용
  ㉰ 기계적인 마찰저항이 적어 동력을 절감, 효율이 좋아짐.
  ㉱ 축이 마모하지 않는다.
  ㉲ 축의 길이를 단축

② 단점
  ㉮ 접촉면이 초정밀 가공평면이어야 한다.
  ㉯ 구조가 복잡하여 교환이나 조립이 힘들다.
  ㉰ 냉각수를 통해야 하며, 이물질의 혼입을 꺼린다.
  ㉱ 재질을 엄선(가격이 비싸다.)
  ㉲ 취급에 주의하지 않으면 '흠' 또는 '균열' 발생 용이
  ㉳ 일단 새기 시작하면 교환하거나 래핑하여 다시 조립

③ 메커니컬 실과 그랜드 패킹의 비교

항목	메커니컬 실	그랜드 패킹
누설량	매우 적다.	흡착을 방지하기 위하여 어느 정도의 누설을 시킨다.
수 명	길다	비교적 짧다.
축마모	축 및 슬리브가 상하지 않는다.	축 슬리이브에 패킹이 직접마찰하기 때문에 마모된다.
보 수	스프링 등의 기구를 가지고 있고 습동면의 마모에 따라 자동조정되기 때문에 보수 유지가 유리하다.	패킹의 소모에 따라 더 조여야 하고 또한 보충하여야 하며 축 및 슬리이브의 마모에 따라 교환하여야 한다.

항목	메커니컬 실	그랜드 패킹
동 력	마찰면적과 마찰계수가 작기 때문에 동력손실이 적다.	마찰면적과 마찰계수가 커서 동력손실은 비교적 크다.
구 조	정밀하고 부품도 많고 복잡하다.	정도가 낮고 간단하다.
취 급	반영구적이기 때문에 분해, 조립할 때에는 기기를 분해하여야 한다.	기기를 분해하지 않아도 되며 장착이 쉽다.
가 격	초기 설비비는 높지만 운전관리비는 싸다.	초기설비비는 싸지만 운전관리비는 비싸다.

04 편심 펌프

가장 최근에 개발된 펌프로 그동안 고질적인 문제점으로 지적되어온 고압생성의 어려움, 고점도 이송에서의 자체마모, 유체 이송량 조절의 곤란, 대용량에 따른 크기 등을 해소한 다목적용으로서, 편심 펌프(Cam Pump)의 특징은 회전체의 로우터가 원통형의 이중구조로 설계되어 내부 로우터는 축으로부터 한쪽으로 치우친 캠 원리를 이용하여 외부 로우터를 동작하게 하고 외부 로우터는 펌프 케이싱의 내벽을 굴러가며 유체를 밀어내며 흡입하는 2행정 엔진 원리와 같다.

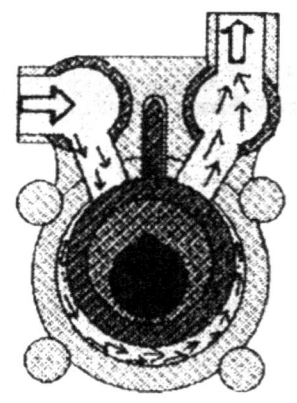

그림 6.9 편심 펌프

그림 6.9는 편심 펌프를 나타낸 것으로 외부 로우터는 내부 로우터로부터 받는 힘으로 케이싱 내벽을 구르며 접촉하므로 마모가 없으며 그 특징은 다음과 같다.

① 이송량 설정에 있어 RPM 조정만으로도 최소 이송량에서 최대까지의 조정이 가능하다(1회전당 이송량=케이싱내경 체적−내외부 로우터 체적).
② 고점도 이송시 원심을 이용한 펌프는 유체의 단절 현상에 의한 기포발생과 유체 자체의 비활동성으로 인해 이송에 많은 어려움이 있으나 편심 펌프는 밀어내는 강제 이송 방식이므로 고점도 이송에 매우 강하다.
③ 고압생성은 모터의 마력에 비례하여 강제 토출 방식이므로 최대 $30kg/cm^2$ 이상 이송이 가능하며 편심회전시 균형을 위하여 2개 이상의 실린더로 제작됨으로 가격이 고가라는 단점이 있으나 내구성과 이송량 및 내마모성이 좋고 크기가 작아 설치 장소를 적게 차지하는 장점이 있다.
④ 최근에 개발되어 특허에 의한 독점 생산을 하고 있으며 발주처의 유체, 압력, 양정 등의 사양을 감안하여 발주하면 제작하여 납품한다.

05 웨이브 펌프

그림 6.10과 같이 웨이브(Wave) 펌프는 맷돌의 회전형상을 딴 것으로 로우터의 구조가 원반형으로 중앙에 위치하며 두 개의 방으로 나누어진 케이싱의 내벽을 회전시 기운 각도만큼 원반형 로우터가 파도의 연속적인 파장 작용처럼 케이싱의 양벽을 순차적으로 누르면서 짜내듯 이송한다. 원리는 간단하나 강력한 힘을 발휘할 수 있다.

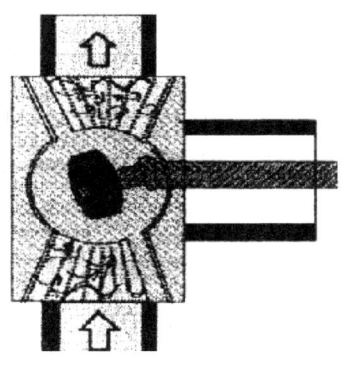

그림 6.10 웨이브 펌프

06 단단 펌프와 다단 펌프

단단 와류 펌프 또는 단단 터빈 펌프라고 하는 것은 임펠러가 1개인 펌프이고, 다단 와류 펌프 또는 다단 터빈 펌프는 임펠러가 2개 이상의 펌프이다.

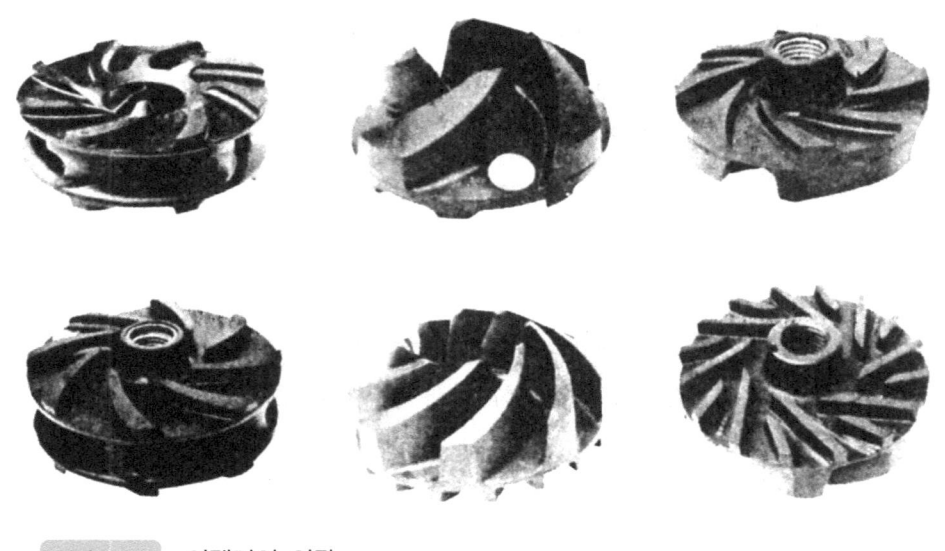

그림 6.11 임펠러의 외관

임펠러는 그림 6.11과 같이 용도에 따라서 각종의 것이 사용되고 있으며 일반적으로 펌프의 주축에는 나사로 돌려서 부착할 수 있어서 간단히 분해, 점검, 부품의 교체작업을 용이하게 할 수가 있다.

와류실이나 안내 날개는 임펠러와 똑같은 수를 가지고 있으며 1개의 임펠러만의 에너지로서는 목적한 압상 능력에 도달할 수 없는 경우는 1단 째의 밀어 올림 압력에서 얻은 물을 2단 째의 임펠러의 중심으로 인도되는 대로 2단 째의 임펠러가 다시 한번 더 압력을 가하므로 높은 상압력을 얻는다. 높은 압력이 필요한 경우는 단수를 증가시켜 나간다.

1) 임펠러의 종류와 특징

와류 펌프 및 터빈 펌프의 양수량은 임펠러의 회전수가 똑같은 경우는 두께를 늘리면 물이 많아지고 얇아지면 수량이 적게 된다. 그러나 임펠러를 함부로 두껍게 해서는 좋지 않으므로 대용량의 펌프에서는 그림 6.12와 같이 2장의 임펠러를 마주 겹쳐서 흡수를 양쪽에서 빨아들이게 하는 방법을 사용하고 이것을 양흡입형 와류 펌프라고 하며 한쪽으로만 빨아들이는 펌프를 편흡입형 와류 펌프라고 한다.

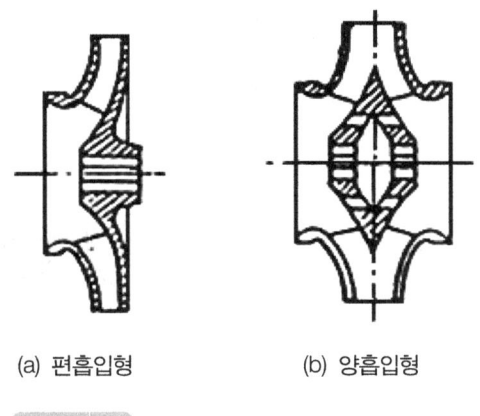

(a) 편흡입형   (b) 양흡입형

그림 6.12 편흡입형과 양흡입형의 임펠러

그림 6.13은 각종 임펠러의 종류를 나타낸 것으로서 목적에 따라 많은 종류가 있다. 그림 (a)는 오픈형 임펠러로서 흡입측의 측판이 없이 날개의 뒷면에 측판이 같이 붙어있는 임펠러이다. 그림 (b)는 크로스형 임펠러로서 섹션판넬과 임펠러를 일체화시킨 것이다. 그림 (c)는 논 크로스형 임펠러로서 날개의 모양이 1개 또는 2개의 커다란 원호상의 임펠러로서 긴 섬유나 고형물로 접착시켜 만든 구조로 되어 있다.

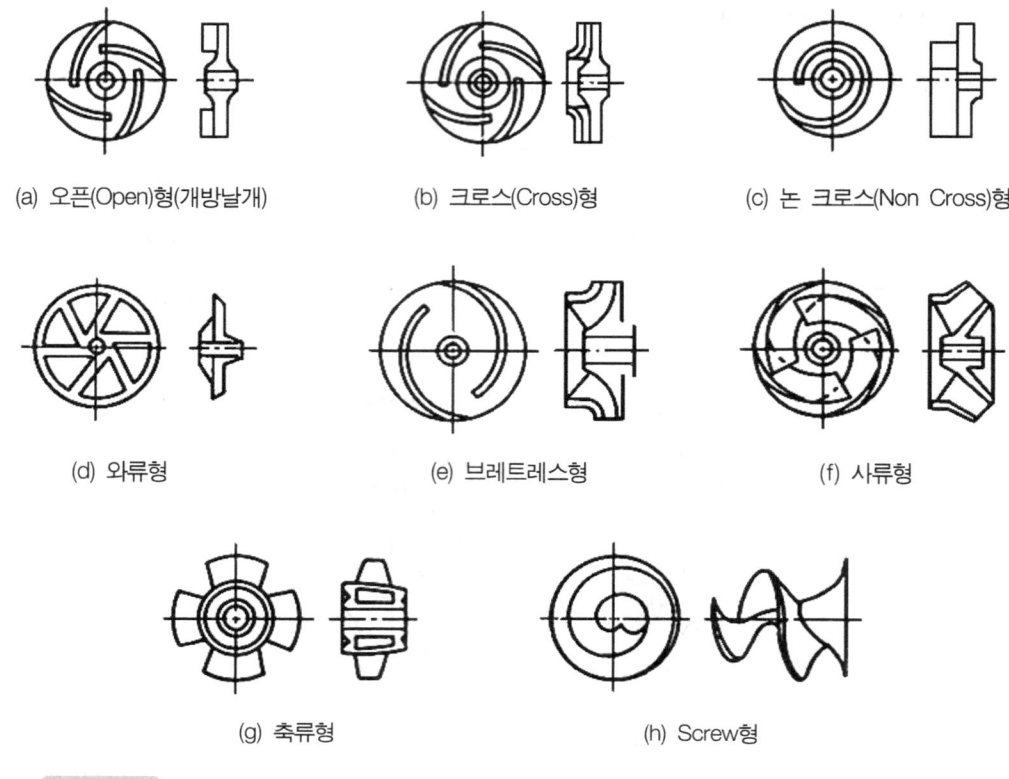

(a) 오픈(Open)형(개방날개)　　(b) 크로스(Cross)형　　(c) 논 크로스(Non Cross)형

(d) 와류형　　(e) 브레트레스형　　(f) 사류형

(g) 축류형　　(h) Screw형

그림 6.13 각종 임펠러의 종류

그림 (d)는 와류형으로서 임펠러가 요(凹)형으로 되어 있으며 양수는 임펠러에 의해서 되는 강제 와류로 나가고 긴 섬유나 고형물(딱딱한 물질) 등에 의해 막히거나 휘어감기지 않는다.

그림 (e)는 브레트레스형으로서 임펠러가 흡입구 및 토출구가 한곳으로 되어 전체적으로 십(+)자형 임펠러 모양을 하고 있으며 고형물질 및 섬유물질이 쉽게 통과하도록 만들어진 임펠러로서 효율이 좋다. 그림 (f)는 사류형으로서 임펠러가 3차원 만곡면을 가졌고 임펠러의 가운데를 통과하는 수류(물의 흐름)는 회전축에 대해서 경사진 방향으로 흘러 성능은 브레트레스형과 축류형의 중간이다. 그림 (g)는 축류형 임펠러로서 원통단면의 모양이 선풍기의 임펠러와 똑같은 모양을 하고 있으며 임펠러를 통과하는 물의 흐름은 회전축에 대하여 거의 평행으로 흘러 저양정 대수량을 필요로 할 때 적합하게 되어 있다. 그림 (h)는 스크류형으로서 임펠러의 모양이 3차원의 나선 모양을 하고 있으며 고형물질의 통과가 쉬운 구조로서 고양정, 고효율이다.

07 프로펠러 펌프

모터보트는 배밑 뒷부분에 달려 있는 프로펠러(Propeller)를 엔진에 의해 고속으로 회전시켜 줌으로서 물을 뒤쪽으로 강하게 밀어내서 그 반동에 보트를 물위에서 달리게 할 수 있다.

프로펠러 펌프는 이 작용을 이용해서 보트의 속도와 같은 비율로 고정된 펌프의 가운데로 프로펠러가 회전함에 따라 물이 흐른다. 프로펠러 펌프는 원통형외 펌프 본체 가운데로 프로펠러가 회전하니까 물은 프로펠러의 작용에 따라서 에너지가 유지됨으로 밀려나가게 된다. 임펠러의 모양과 그의 작용으로부터 사류 펌프와 축류 펌프로 분류한다.

7.1 사류 펌프

사류 펌프는 와류 펌프와 축류 펌프의 중간 펌프로서 임펠러와 물의 움직이는 방향이 와류 펌프는 축과 평행한 방향에서 물이 들어와 축과 직각방향으로 흘러나가지만 사류 펌프는 물이 들어오는 방향은 똑같으나 나가는 방향은 축에 대하여 경사져 있음으로 사류 펌프란 이름이 붙었다. 또한 임펠러의 작용을 와류 펌프나 축류 펌프와 같이 원심력이나 양력뿐이 아니고 쌍방 모두의 작용을 이용해서 양수한다.

양력이란 그림 6.14에 보는 바와 같이 날개에 F의 힘이 작용하면 그 힘은 흐르는 방향의 힘 A와 직각방향의 힘 B로 나누어져 이 합성력 C가 양력으로 된다. 이와 같이 사류 펌프와 축류 펌프의 날개 단면은 날개의 모양을 붙여 이것을 회전시키면 반대로 여기에 접촉되어 움직이는 물에 양력을 주기 때문에 물이 밀려올라간다.

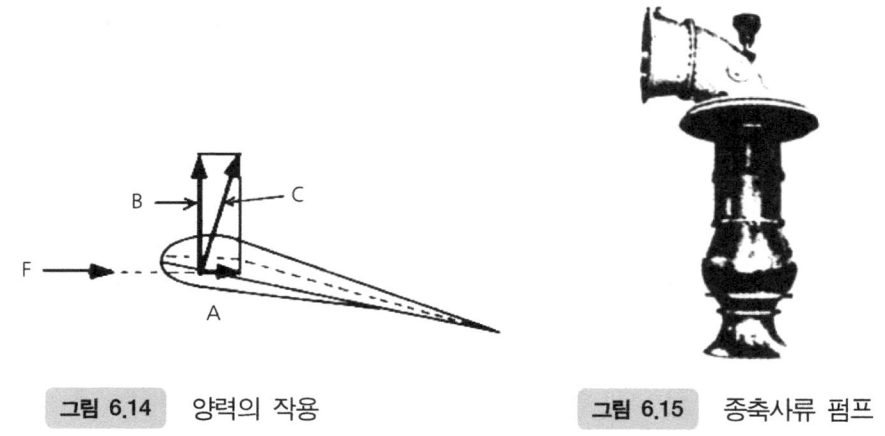

그림 6.14 양력의 작용   그림 6.15 종축사류 펌프

사류 펌프에는 와류실을 가진 형상과 안내 날개를 갖춘 형상의 것이 있으며 그림 6.15에서 보는 바와 같이 종축사류 펌프는 임펠러가 수면 아래에 있으므로 시동물이 필요 없이 자동운전이 가능하다.

7.2 축류 펌프

축류 펌프는 프로펠러의 양력으로 양수하는 펌프로 임펠러에 대해서 물의 흐름이 축방향으로 평행하게 흡입, 토출됨으로 축류 펌프라고 부른다. 축류 펌프는 원통형이며 사류 펌프와 똑같이 횡축과 종축이 있다.

그림 6.16은 축류 펌프의 양수 작용을 나타낸 것이며, 이 펌프는 구경이 큼으로 물의 양이 많은 저양정인 1 m~5 m의 양배수용에 적합한 펌프이다. 또한 실제의 양정은 광범위하게 변동됨으로 토출량의 변동은 적으며 다음과 같은 용도에 사용되고 있다.

① 호수, 하천 등의 수위조정용
② 산업용수의 양배수용
③ 농업 한해용
④ 하수 빗물의 배수용

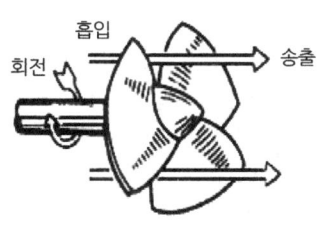 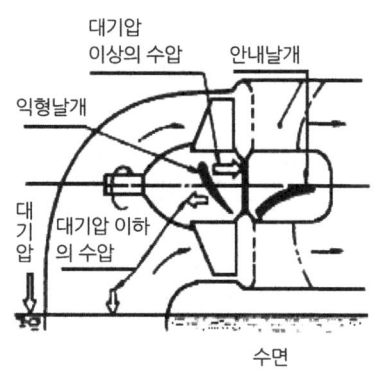

(a) 펌프의 날개   (b) 양수 작용

그림 6.16 축류 펌프의 양수 작용

08 점성 펌프(마찰 펌프)

물통에 물을 담아 높고 판자나 막대기 등으로 물통의 속 가장자리를 따라가면서 휘휘 저으면 그림 6.17에서 보는 바와 같이 판자나 막대기가 눌려서 물과 함께 가까운 근처의 물도 점성이 있음으로 물과 막대기도 다같이 회전을 시작한다.

이 원리를 응용한 펌프가 점성 펌프이다. 그림 6.18에 나타낸 것과 같이 원판상의 임펠러 외주에 다수의 골(홈)을 가진 임펠러를 이와 동심원상의 유로가 있는 펌프 본체의 가운데로 고속회전하면 골의 벽이 판자나 막대기와 똑같은 작용을 한다.

그림 6.17 점성 펌프의 원리

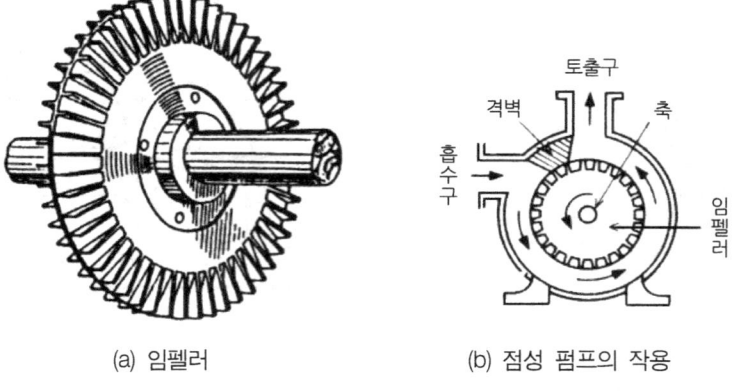

(a) 임펠러　　　　　　　(b) 점성 펌프의 작용

그림 6.18　점성 펌프

　이 때문에 주위의 물은 흡입구로부터 1바퀴 돌아서 토출구로 압력이 높아지면서 이동되어 나간다. 이것이 점성 펌프의 양수 원리이다.

　흡수작용은 흡수구 부근에 있던 물이 임펠러로 인해서 이동을 하면 그 뒤에 만들어진 진공부를 메꾸기 때문에 흡수구로부터 물이 흘러들어 옴으로 연속적으로 흡수, 양수 작업이 진행된다. 점성 펌프의 형상은 원심 펌프와 다르며 흡수구가 임펠러의 외주 위에 있다.

　점성 펌프는 여러 가지 명칭으로 부르고 있으나 가장 많이 사용하고 있는 명칭은 개스킷 펌프라고도 하며 매우 작은 소수량용의 펌프이다.

그림 6.19　자흡식 점성 펌프

그림 6.19는 자흡식 점성 펌프를 나타낸 것으로서 일반적으로 주택, 간이수도, 사무소, 학교 등의 급수시설에 널리 사용되고 있고 주된 특징은 다음과 같다.

① 고압을 얻기 쉽고 높은 양수 능력이 있다.
② 소수량, 고양정인 펌프로서 다단의 고압용으로서 제작하고 있다.
③ 용이하게 자흡식 펌프로서 제작된다.
④ 압력탱크를 부착해서 자동운전이 용이하게 되어 있다.
⑤ 양산에 의해 싸고 위생적이다.
⑥ 소형이며 휴대용으로 할 수 있다.

09 왕복동 펌프

어린 시절에 사용했던 물딱총은 통의 속을 물이 새지 않도록 한 피스톤을 전후로 왕복시켜서 물을 빨아들이거나 밀어내거나 한다. 고무 박킹 라인의 이동에 따라서 한 쪽방향에서 물을 토출하고 다른 쪽에서 공기가 들어와 펌프작용을 한다. 그 발명은 가장 오래된 용량식 펌프라고 한다.

피스톤 또는 부란자에 의해서 왕복운동을 함으로 일정량의 물을 빨아 올려서 밀어내는 작업을 함으로 정량 펌프로서도 사용하며 이 펌프의 특징은 다음과 같다.

① 토출압력은 회전수에 따라 그다지 변화가 없다.
② 한번 왕복운동의 토출량이 정해져 있음으로 일정량을 정확하게 토출할 수 있다.
③ 토출되는 물이 맥동하는 것을 방지하기 위하여 챔버나 맥동축압기를 붙인다.
④ 2개 이상의 밸브가 있고 한쪽 밸브가 닫히면 다른 쪽 밸브가 열림에 따라 펌프 작용을 한다.
⑤ 높은 압력을 얻어 동력의 회전운동을 왕복운동으로 바꾸는 기구를 가지고 있다.

그림 6.20은 왕복동 펌프의 작용을 나타낸 것으로 그림 (a)는 피스톤 또는 부란자의 왕복운동에 따라서 수개의 밸브를 개폐하여 양수한다. 피스톤을 내리면 흡입용 및 송수용 밸브가 닫히고 피스톤 밸브가 열려 실린더 하부의 물이 실린더 상부로 이동한다. 피스톤을 올리면 피스톤 밸브가 닫히고 흡입 밸브가 열려서 흡수관 내의 물이 실린더 하부로 옮겨 가고 동시에 송출 밸브도 열려서 실린더 상부의 물이 송출관으로 밀려나간다.

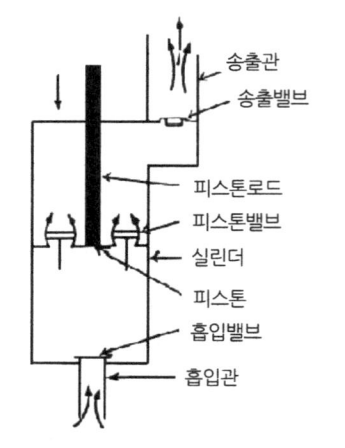
(a) 종형복동 피스톤 펌프의 작용

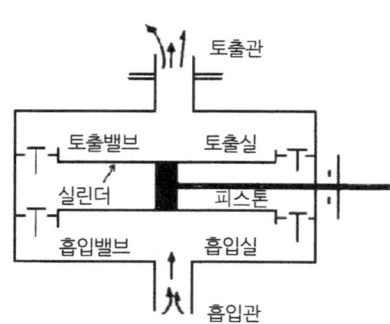
(b) 횡형복동 피스톤 펌프의 작용

그림 6.20 왕복동 펌프의 작용

그림 (b)에서는 실린더의 양쪽에 흡입 밸브와 토출 밸브가 있고 한 라인의 흡입관과 토출관으로 통해져 있다. 이 펌프는 피스톤이 좌우 어느 쪽으로 움직여도 토출관으로 송수해서 양수할 수 있다.

9.1 피스톤 펌프

그림 6.21은 수압식 피스톤 펌프의 작용을 나타낸 것이며, 이 펌프의 작동은 다음과 같다.

① 처음에 하부 밸브를 닫고 실린더 속에 물을 채운다.
② 손잡이(Handle)를 올리면 피스톤이 내려가 피스톤 밸브가 열리고 하부밸브는 닫힌 그대로 있으므로 실린더 내의 물이 피스톤의 상부로 옮겨간다.
③ 손잡이를 내리면 피스톤은 피스톤 밸브가 닫혀서 올라감으로 피스톤 상부의 물이 토출구로 밀려 나간다. 이때 후부밸브가 열려서 급수관의 공기를 빨아들인다.
④ 이런 동작을 반복함에 따라 급수관 내의 공기는 없어지고 우물의 물이 급수관을 타고 올라가서 드디어는 피스톤 속으로 들어가게 된다.

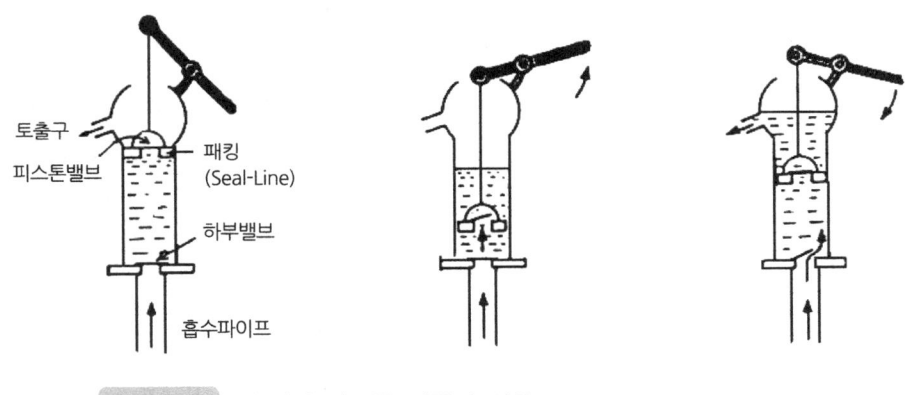

그림 6.21 수압식 피스톤 펌프의 작용

9.2 브란자 펌프

피스톤 펌프는 피스톤에 수밀 패킹이 끼워져 있으나 브란자 펌프는 수밀 패킹이 펌프 자체에 고정되어 있어 왕복운동을 하는 브란자에는 붙어 있지 않다. 이와 같은 구조로 되어 있음으로 수밀 패킹의 교환이 용이하고 매우 높은 압력을 얻을 수 있다.

이 펌프는 수동식과 전동식이 있으며 고압을 얻기 위해서는 2개 이상의 부란자를 가지고 다연식으로 하고 있다.

9.3 다이어프램 펌프

모래나 진흙을 함유한 물이나 액약을 보내기 위해서 고무나 테프론의 막을 상하 운동을 시켜서 작용하는 펌프로서 이 펌프를 일명 막 펌프라고도 한다.

그림 6.22는 다이어프램 펌프의 작동을 나타낸 것으로 이 펌프의 작동은 다음과 같다.

① 핸들을 내리면 다이어프램이 올라가 흡입밸브가 열려서 액체를 빨아들이고 토출밸브는 달라 붙어서 닫힌다.
② 핸들을 올리면 다이어프램은 내려가고 흡입밸브는 압력이 가해져서 닫히고 액체의 역류를 막아 토출밸브가 열려서 실내의 액이 유출된다. 다이어프램 펌프는 완전히 누액을 방지할 수 있으므로 화학 약액용으로서 많이 사용되고 있으며 모래, 진흙, 작은 덩어리가 섞인 액체에서도 마모나 막힘을 방지할 수 있는 구조로 되어 있다.

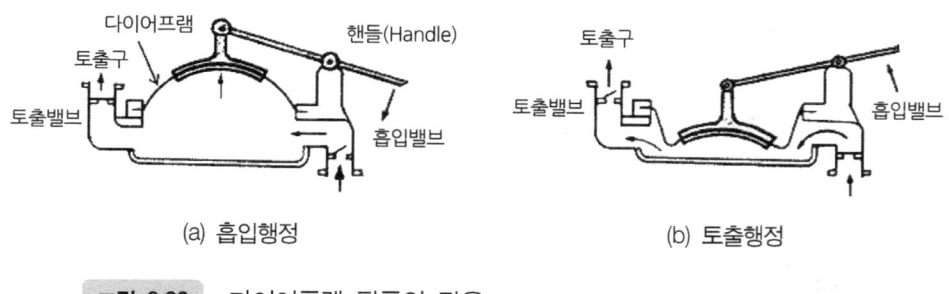

그림 6.22 다이어프램 펌프의 작용

9.4 윙 펌프

이 펌프는 그림 6.23에 보는 바와 같이 손잡이 H를 좌우로 움직여서 2개의 방으로 나누어져 있는 펌프용적을 번갈아 가면서 날개에 의하여 피스톤 작용을 시켜서 물을 퍼내는 펌프로서 이 펌프를 일명 날개 펌프라고도 한다.

용도는 잡배수나 유류를 퍼올리는 것 등에 사용되며, 그림은 윙펌프의 작용을 나타낸 것으로 손잡이 H를 우측으로 밀면 1실의 흡수밸브 A가 열려 물을 빨아들이고 토출밸브는 닫혀서 1실의 물을 퍼올리는 한편 2실 쪽의 흡수밸브 B는 닫혀서 그 물이 3실 쪽으로 밀려나가서 토출된다.

손잡이 H가 좌측에 이르면 반대로 작용하며 또한 손잡이를 어느 쪽으로 밀어도 토출하게 된다. 윙펌프는 수압 피스톤 펌프보다 효율이 좋고 간단히 벽에다 걸 수 있기 때문에 벽걸이식 펌프라고도 부르고 있다.

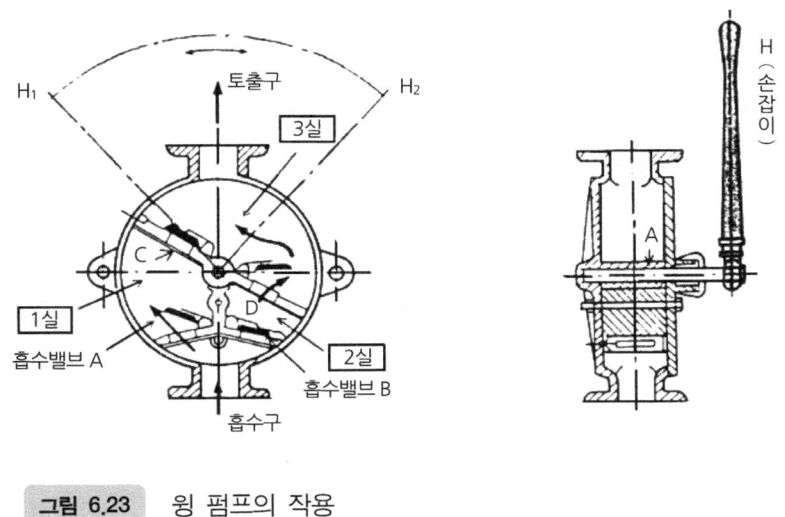

그림 6.23 윙 펌프의 작용

10 회전 펌프

회전 펌프를 일명 로타리 펌프라 부르며 원심 펌프와 모양이 비슷하고 원리는 다르나 이 펌프는 왕복동 펌프와 똑같은 용적식 펌프지만 펌프 자체의 중심에 회전자가 있어서 케이싱과 약간의 간격에 지나지 않는 사이로 회전해서 액체를 흡입구로부터 토출구로 밀어내는 펌프이다.

원리는 밸브 없이 연속해서 회전함으로 토출되는 액체는 진동이 거의 없으며 이 펌프의 특징은 다음과 같다.

① 점성이 높은 액체의 이송용으로서 가솔린, 아스팔트, 식품, 도료 등의 이송에 적합하다.
② 유압전동기, 유압제어, 유압동력으로서 사용된다. 회전 펌프의 종류에는 기어 펌프, 편심 펌프, 나사 펌프 등이 있다.

10.1 기어 펌프

기어 펌프는 기어 2개를 맞물려서 기어가 열렸을 때 액체를 흡입하고 닫혔을 때 토출하는 구조의 펌프로서 구조에 따라 외접기어 펌프, 내접기어 펌프, 편심 펌프 등 3종류로 분류할 수 있다. 또한 기어 펌프의 특징은 다음과 같다.

① 흡입양정이 크고 흡입력이 세기 때문에 약 10m의 흡상력을 얻으며 자흡작용도 있다.
② 고점성액 이송에 적합하게 되어 있으며 점성이 높은 액체에서도 토출 양에 큰 영향을 미치지 않는다.
③ 토출압력이 변화해도 토출 양에 미치는 영향은 적다.
④ 구조가 간단하고 분해청소 및 세정이 용이한 점에서 식품용으로서 적합하게 되어 있다.
⑤ 기어를 사용하고 있기 때문에 마모에는 약함으로 마모를 촉진하는 모래 등의 가는 덩어리가 기어의 이빨 사이에 끼기 때문에 회전이 불가능하게 되며 딱딱한 덩어리가 함유된 액체에서는 사용할 수 없다.

그림 6.24는 외접기어 펌프를 나타낸 것으로 기어의 이빨이 열려졌을 때에는 열린 공간으로 저압부가 됨으로 그곳으로 액체가 침입해 들어간다. 액체는 기어가 회전해서 한 바퀴 돌면 이번에는 기어가 물림으로 액체를 토출하게 된다.

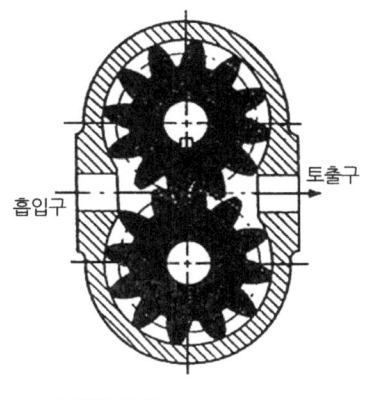

그림 6.24 외접기어 펌프

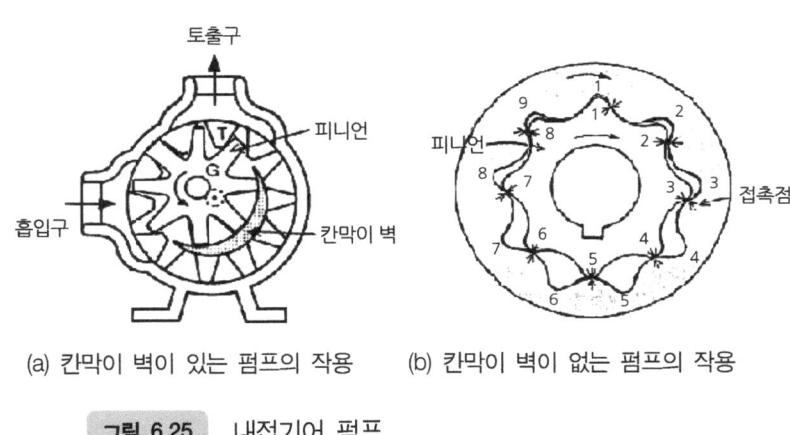

(a) 칸막이 벽이 있는 펌프의 작용   (b) 칸막이 벽이 없는 펌프의 작용

그림 6.25 내접기어 펌프

그림 6.25는 내접기어 펌프를 나타낸 것으로 케이싱 내에 기어를 내접시켜 중심축을 평행되게 설치하여 슬라이딩 부분에 초승달 모양의 칸막이 벽이 있는 경우와 칸막이 벽이 없는 모양인 두 개의 방법이 있으며 액체의 역류를 방지해서 펌프 작용을 한다.

그림 (a)를 하이피니온 펌프라고도 하는데 기어를 회전하면 흡입구의 기어가 열려 액체를 빨아들여서 1회전 하면 이가 맞물림으로 액체는 토출구로 향해서 나간다.

그림 (b)를 토로코이드 펌프라고도 하는데 흡입모양과 토출의 원리는 하이피니온 펌프와 같다. 내치기어 펌프 중에서 하이피니온 펌프는 흡입력이 강하고 스스로 흡입 작용도 한다.

10.2 나사 펌프

나사축을 회전시키면 나사에 접촉되어 있는 액체 등은 밀려나가게 된다. 이 원리를 이용해서 나사축을 회전하여 액체를 축 방향으로 흘려보내는 펌프를 나사 펌프라고 한다.

나사 펌프는 통과 나사와의 간격이 크면 액체가 새어 버리기 때문에 흘려보낼 수가 없으므로 나사와 통과의 사이는 극히 작은 간격으로 유지되어야 나사의 회전에 따라 액체를 이동시킬 수 있다.

나사 펌프는 나선 수에 따라서 싱글 나사 펌프(모노 펌프), 2중 나사 펌프(구인비 펌프), 3중 나사 펌프(곰보 펌프) 등으로 분류할 수가 있으며 이 펌프의 특징은 다음과 같다.

① 고점성 액체의 이송에 적합하게 되어 있다.
② 스스로 흡입작용이 있다.
③ 교반작업이나 진동이 없다.

11 기포 펌프

일반적으로 사용되고 있는 펌프와 전혀 다르며 어린이가 물병 속에 빨대를 꽂아넣고 입으로 공기를 불어 넣어 물이나 기포를 병 밖으로 넘쳐 흘러나오게 하는 것을 볼 수가 있다. 기포 펌프(Air Lift) 원리는 이것과 같은 원리로 지하수를 지상으로 흘러넘쳐 나오게 하는 펌프이다.

그림 6.26은 기포 펌프를 나타낸 것으로 압축기에 의해서 공기를 양수관 아래쪽의 분기공으로부터 분출시키면 양수관 속의 물이 공기와 혼입되어 보통의 물보다도 비중이 가벼워져 위로 떠오르게 하면 부상력이 가중되어 수면이 위로 상승하여 드디어 지상으로 분출된다. 이 펌프의 특징은 다음과 같다.

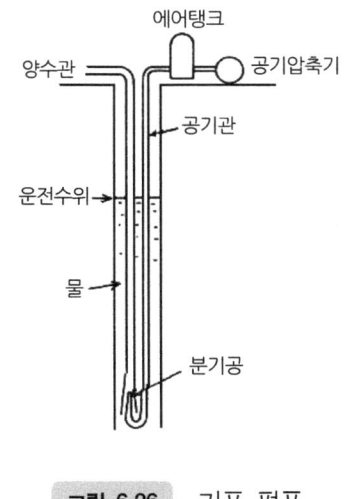

그림 6.26 기포 펌프

① 공기 압축기 이외는 회전 부분이 없음으로 고장이 적다.
② 공기 압축기를 우물로부터 떨어져서 설치할 수 있다.
③ 온천 등의 온도가 높은 경우 효율이 좋다
④ 수질에 따라 부식에 견디는 재료를 사용한다.
⑤ 모래, 진흙 등 혼합물이 있어도 가동할 수 있다.
⑥ 우물이 깊은 곳에서도 사용할 수 있다.
⑦ 우물이 경사져 있어도 사용할 수 있다.

또한 기포 펌프의 용도는 다음과 같다.
① 우물의 청소용 또는 양수 시험용
② 온천의 퍼올림용
③ 원유의 퍼올림용

12 분사 펌프

분사 펌프를 일명 제트 펌프라고도 하며 그림 6.27(a)는 분사 펌프의 원리를 나타낸 것으로 A점의 노즐에 입을 대고 공기를 불어 내면 B점의 노즐 입구로 공기가 밀려 나간다. 이 때 C용기 내의 공기와 물이 B점의 노즐 입구로부터 밀려나가 B점의 노즐 입구에서 안개로 되어 밀려나가는 원리를 이용한 것이다.

그림 6.27(b)는 분사 펌프의 구조를 나타낸 것으로 제트노즐 부분에 되돌려서 분사하면 그 에너지는 공기 또는 물에 가해져서 물을 퍼 올릴 수 있다. 특히 지하수위가 낮은 경우에 지상 펌프와 제트노즐을 결합시켜서 가정용 깊은 우물 펌프로서 사용되고 있다.

(a) 분사 펌프의 원리

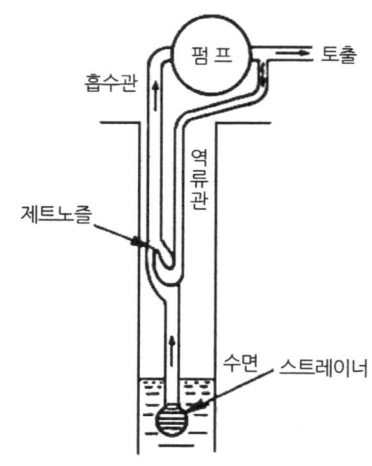

(b) 분사 펌프의 구조

그림 6.27 분사 펌프

13 수추 펌프(무동력 펌프)

수추 펌프는 일명 무동력 펌프라고도 하며 높은 곳에 있는 물이 떨어지는 힘을 이용해서 물을 퍼올리는 펌프로서, 물의 흐름에 의해서 배수밸브를 개폐시켜서 스스로의 무게로 양수할 수가 있다. 낙차가 있으면 동력이 필요 없음으로 특히 벼 생산이 한정된 시대에는 높은 지역의 밭을 논으로 만들기 위해 경사지에 이용되었다.

그림 6.28은 무동력펌프의 구조를 나타낸 것으로 높은 위치의 물을 도입관에 흘려 보내서 이것이 급속도로 세력을 멈추게 되면 수압이 급격하게 상승된다. 이 수압을 이용해서 수원의 최고 약 30~50배까지 양수할 수 있다. 물을 흘려 보내서 개폐밸브의 손잡이를 눌러서 밸브를 닫으면 물 흐름이 급격하게 압력이 올라가 역상밸브를 밀어 올려서 압력 탱크 안에 물이 흘러 들어감으로 압력탱크 안의 공기가 압축되어 토출관으로부터 물이 높은 위치의 물탱크로 올라간다. 또한 압력이 올라가지 않게 되면 역상밸브가 닫히고 압력탱크의 물은 압축된 공기의 압력으로 양수를 계속한다.

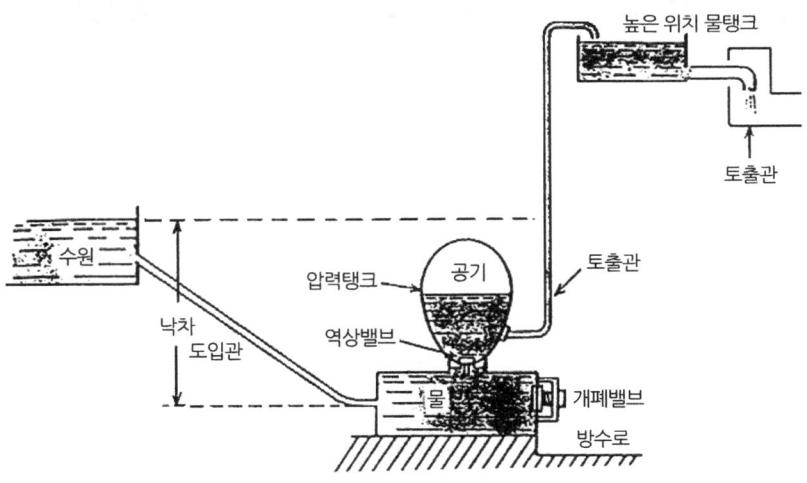

그림 6.28 무동력 펌프의 구조

이 펌프의 특징은 다음과 같다.

① 낙차가 있으면 동력이 필요치 않기 때문에 매우 경제적이다.
② 고장이 극히 적어서 수명이 반영구적이며 그 외에 용도로는 한해 양수용, 상수도용, 토목공사용 등으로 전력사정이 나쁜 지역에서 사용하는 경우가 많다.

14 펌프의 정기점검과 고장원인

표 6.4와 6.5는 펌프의 정기점검 항목과 펌프의 고장 원인과 대책을 나타낸 것이며, 그림 6.29와 6.30은 원심펌프 임펠러부 작용압력과 원심펌프의 밀봉부를 나타낸 것이다.

표 6.4 펌프의 정기점검 항목

점검 주기	점검 항목	점검 방법	비고
일일	1. 외관 점검 2. 진동 3. 소리 4. 베어링 온도 5. 흡입, 토출 압력 6. 윤활유압, 기름량 7. 축부 온도, 누설 8. 밀봉, 냉각수 압력	1. 육안 2. 감각, 진동계 3. 청음 4. 감각 5. 압력계 6. 육안 7. 감각, 육안 8. 압력계	
매월	1. 윤활유량 2. 베어링 온도 3. 축부 누설 4. 절연 저항	1. 육안 2. 계측 3. 육안 4. 계측	변질, 오염된 경우에는 교환 마모되어 있으면 교체 수리

점검 주기	점검 항목	점검 방법	비고
6개월	1. 윤활유, 그리스의 양과 변질, 오염 2. 그랜드 패킹과 슬리브의 마모 상태 3. 고정 부분 고정볼트의 더욱 조이기 4. 보호장치의 동작 확인	1. 육안 2. 계측 3. 더욱 조이기 4. 동작체크	
1년	1. 분해 점검 방법 2. 계기류의 교정 3. 부속품 체크	1. 회전 미끄럼 운동 부분의 마모, 접액부의 부식 상황을 중심으로 체크한다.	

표 6.5 펌프의 고장원인과 대책

고장	원인	대책
기동하지 않는다.	1. 원동기가 고장이 나 있다. 2. 기동 조건이 성립되어 있지 않다. 3. 보호 회로가 작용하고 있다.	1. 점검 수리한다. 2. 각 조건을 확인한다. 3. 각 보호 장치를 확인한다.
물이 나오지 않는다.	1. 펌프, 흡입관의 만수 불충분 2. 흡입, 토출 밸브가 닫혀 있다. 3. 스트레이너 흡입관이 막혀 있다. 4. 임펠러에 이물이 막혀 있다. 5. 회전수가 저하하고 있다. 6. 회전 방향이 반대이다. 7. 양정이 너무 높다. 8. 흡입 양정이 높다.	1. 재차 마중물을 붓는다. 흡입관 이음, 펌프 그랜드로부터의 공기 누입을 조사한다. 2. 점검하고 연다. 3. 분해 청소한다. 4. 분해 청소한다. 5. 회전계로 체크한다. 6. 전동기의 배선을 수정한다. 7. 압력계로 확인한다. 8. 진공계로 확인한다.

고장	원인	대책
규정 수량이 나오지 않는다.	1. 공기가 흡입된다. 2. 흡입관의 잠수 깊이의 부족 3. 임펠러에 이물이 막혀 있다. 4. 라이너, 링이 마모되어 있다. 5. 회전수가 저하하고 있다.	1. 흡입관 이음, 펌프 그랜드로부터의 공기 누입을 조사한다. 2. 흡입관을 길게 한다. 3. 분해 청소한다. 4. 분해 수리한다. 5. 회전계로 체크한다.
처음에는 물이 나오지만 곧 나오지 않게 된다.	1. 펌프 흡입관의 만수 불충분 2. 공기가 흡입된다. 3. 흡입관에 공기 집합소가 생긴다.	1. 재차 마중물을 붓는다. 2. 흡입관 이음, 펌프 그랜드로부터의 공기 누입을 조사한다. 3. 배관을 다시 고친다.
과부하	1. 회전이 너무 빠르다. 2. 회전체와 케이싱의 접촉 3. 그랜드 패킹의 지나친 죔 4. 토출량이 많다.	1. 회전계로 체크, 규정 회전수로 한다. 2. 분해 수리한다. 3. 그랜드 패킹을 느슨하게 한다. 4. 토출 밸브를 조정한다.
베어링이 뜨거워진다.	1. 그리스의 과잉 급유, 급유 부족 2. 윤활유의 열화 3. 축심의 어긋남 4. 베어링의 손상	1. 적정한 양으로 한다. 2. 기름을 교환한다. 3. 중심내기를 조정한다. 4. 점검, 교환한다.
그랜드부가 뜨거워진다.	1. 그랜드 패킹의 지나친 죔 2. 그랜드 냉각수량의 부족	1. 그랜드 패킹을 느슨하게 한다. 2. 수량을 증가시킨다.
펌프가 진동한다.	1. 임펠러의 일부가 막혀 있다. 2. 설치 중심내기 불량 3. 베어링의 손상 4. 캐비테이션의 발생	1. 분해 청소한다. 2. 중심내기를 조정한다. 3. 점검, 교환한다. 4. 흡입 수위, 흡입관의 개선, 규정 수량 부근에서의 운전

 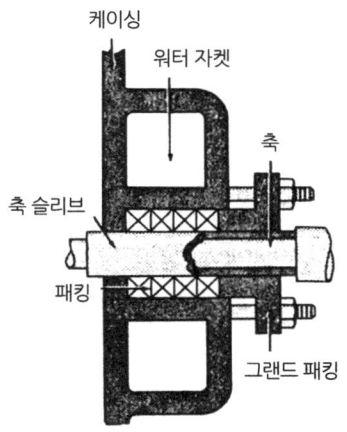

그림 6.29 원심펌프 임펠러부 작용압력   그림 6.30 원심펌프의 밀봉부

제07장 송풍기

1. 송풍기의 개요
2. 송풍기의 분류
3. 풍량과 압력
4. 공기동력과 효율
5. 송풍기의 특성곡선
6. 송풍기의 유지관리 주안점
7. 송풍기의 일상점검과 고장원인

송 풍 기

01 송풍기의 개요

 송풍기는 공기기계로서 공기를 사용목적에 적합하게 이송시키는 기계이며 산업발전과 더불어 점차 사용이 증가하고 있다. 송풍기는 일반 제조공정, 발전설비 및 보일러의 공기공급용, 광산 및 터널의 급배기용, 건물의 공기조화용 등으로 사용 용도가 매우 광범위하며 에너지 사용량이 크고 또한 에너지 절감효과가 크게 기대되는 기계이다.

 공기에 에너지를 주어 공기의 압력 또는 속도를 증가시키는 기계와 공기를 기계에 통과시켜 공기가 가진 에너지를 기계적 에너지로 변환시키는 기계로 나눌 수 있다. 기계에 작동하는 기체를 비압축성 기체로 생각해야 설명을 할 수 있는 것을 저압식 공기기계라 부르고, 압축성 기체로 생각할 때를 고압식 공기기계라 한다. 그러므로 공기기계를 분류하면 다음과 같다.

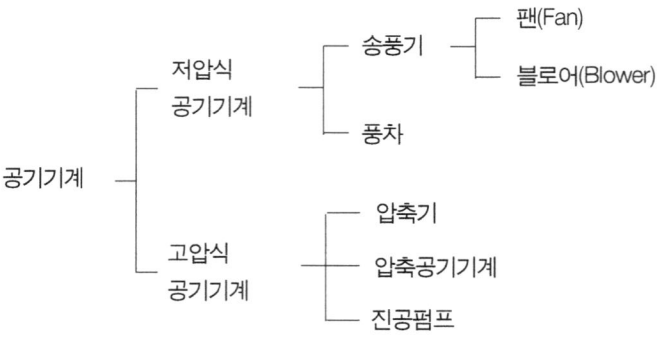

02 송풍기의 분류

2.1 압력에 의한 분류

송풍기를 압력에 의하여 분류하면 3가지로 분류할 수 있는데 송풍기(Fan)는 압력범위가 $0.1\,kg/cm^2$(10 kPa) 미만이며 블로어(Blower)는 압력범위가 $0.1\,kg/cm^2$~$1\,kg/cm^2$(10 kPa 이상 100 kPa 미만)이고 압력이 $1\,kg/cm^2$(100 kPa) 이상인 것을 압축기(Compresser)라고 부른다.

또한 송풍기는 터보형으로서 원심형과 축류형으로 분류하며 원심형은 다익 송풍기, 익형 송풍기, 레이디얼 송풍기, 터보 송풍기, 한계부하 송풍기 등으로 분류하고 축류형은 축류 송풍기, 사류형 송풍기, 관류형 송풍기 등으로 분류된다. 그림 7.1은 각종 산업용 송풍기의 종류를 나타낸 것이다.

(a) 터보 송풍기

(b) 시로코 송풍기

(c) 축형 송풍기

(d) 에어포일 송풍기

(e) 배송기

(f) R.C 송풍기

(g) 링 블로어

(h) A.L 터보 블로어

그림 7.1   각종 산업용 송풍기의 종류

2.2 날개의 형상에 따른 분류

기체의 수송, 압축작용을 하는 회전날개의 형식에 따라서 송풍기를 분류하면 다음과 같다.

1) 원심형 송풍기(Centrifugal Flow Fan)

원심형 송풍기는 송풍기의 중심으로 공기가 들어와서 원심력에 의하여 공기에 에너지를 주는 형태의 송풍기를 말한다.

(1) 다익 송풍기(Multi Blade Fan)

다익 송풍기를 제작회사의 이름을 따서 시로코 송풍기(Sirocco Fan)이라고도 부른다. 그림 7.2와 같이 이 송풍기의 특징은 날개수가 36~64개나 되어 다른 송풍기보다 많은 편이며 날개 깃의 길이가 짧고 폭이 넓다. 날개 끝부분이 회전방향으로 굽은 전경사 깃을 가진 송풍기로 정압(Static Pressure)은 15 mmAq~70 mmAq 범위의 낮은 압력이며 풍량은 같은 원주속도로 운전할 때 다른 송풍기보다 많다.

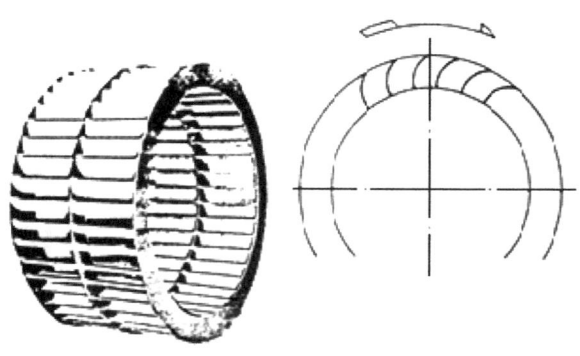

그림 7.2 다익 송풍기

다른 기종에 비해 대풍량, 저정압의 구조로서 설치 면적이 작으며 저속운전에 적합하고 소음이 적고 운전 상태가 정숙한 편이다. 또한 풍량 변동에 따른 풍압의 변화가 적다. 풍량과 정압 조절은 베인 댐퍼(Vane Damper)를 설치함으로써 가능하며 위치에 따라 효율적인 에너지 관리가 쉽다. 효율은 45~55% 정도이다.

단점으로서는 설계점보다 낮은 정압에서 운전할 때 동력이 급격히 상승한다는 점이다. 공기의 흡입 방법에 따라 편흡입형과 양흡입형이 있으며 양축지지형과 단축지지형이 있다. 주요 용도로는 지하 주차장 급배기, 기계실 발전기실 급배기용으로 사용되며 소방제연용 급배기, 지하철 환기용, 정화조 주방 급배기 등으로 사용된다. 그림 7.3은 다익 송풍기의 특성곡선을 나타낸 것이다.

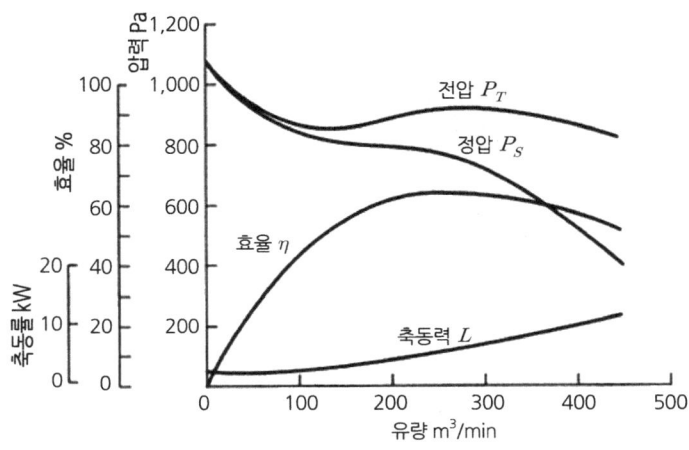

그림 7.3 다익 송풍기의 특성곡선

(2) 익형 송풍기(Airfoil Fan)

그림 7.4는 익형 송풍기를 나타낸 것이며 산업용으로서 가장 넓은 범위에서 사용되는 기종으로 날개가 익형모양으로 길이는 길고 폭은 좁으며 회전방향의 뒤쪽으로 굽은 후향깃의 송풍기이다. 날개수는 10~12개 사이이다.

그림 7.5는 익형 송풍기의 특성곡선을 나타낸 것으로서 정압효율이 86% 정도이고 정압은 50 mmAq~350 mmAq 범위의 중정압이고 풍량은 많다. 효율은 동일풍량과 정압지점에서 가장 높으며 고속회전에도 저소음이다. 풍량조절은 흡입측 베인댐퍼의 설치로서도 가능하며 효율적인 에너지의 관리가 쉽다.

용도로서는 공기청정기(Air Washer)로서의 산업용, 청정실(Clean Room) 배기 급기용, 룸 후드(Room Hood) 배기용, 건조장비, 원자력 발전소, 반도체 장비 등으로 사용된다.

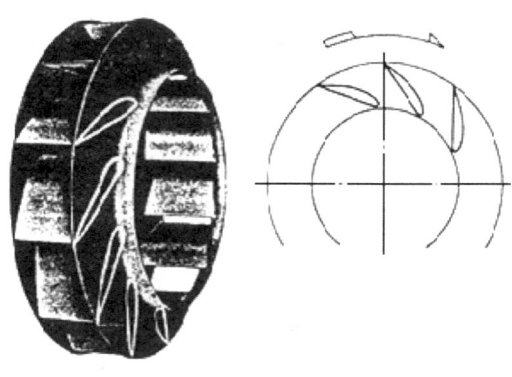

그림 7.4 익형 송풍기

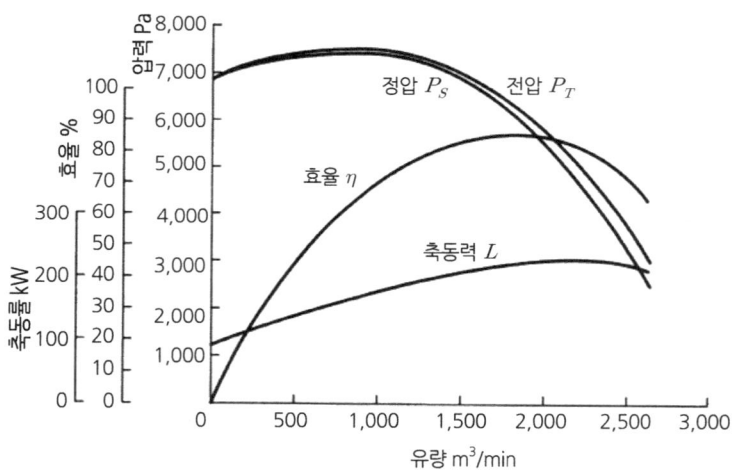

그림 7.5 익형 송풍기의 특성곡선

(3) 레이디얼 송풍기(Radial Fan)

그림 7.6과 같이 날개의 모양이 방사선 구조로 되어 있고 깃의 길이는 중간 길이이고 폭이 넓으며 압력은 200 mmAq~600 mmAq의 중압형이다. 날개 개수는 6~12개 정도로 비교적 적으며 특징으로서 종속 주행시에 마찰 소음이 심하며 비교적 저효율이다.

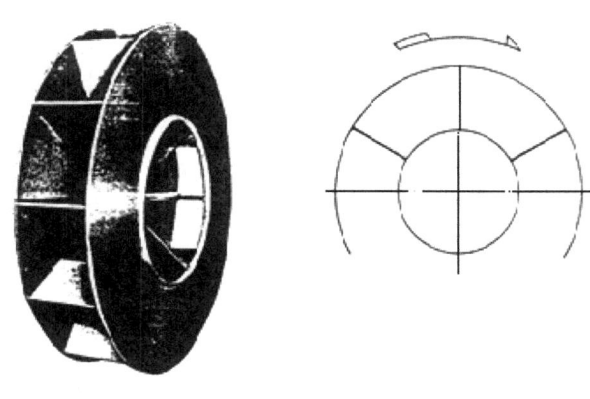

그림 7.6 레이디얼 송풍기

그러나 풍량 변화에 따른 정압의 변화 폭이 적으며 자체 정화 또는 자기 청소 능력을 갖고 있다. 주요 용도로는 산업용 플랜트(Plant) 설비-공기 이송장치, 시멘트 공장 설비, 제지공장 설비와 공해방지 설비 등에 이용된다.

(4) 터보 송풍기(Turbo Fan)

그림 7.7과 같이 날개의 길이가 길고 폭이 좁으며 날개의 형상은 후향깃으로 회전 방향과 반대 방향으로 굽어 있다. 압력은 300 mmAq~1,500 mmAq 정도의 정압에 적합하며 날개수는 10~18개 사이이다. 특징으로서 효율은 원심형 송풍기 중에서는 제일 좋으며 고속 주행시에 비교적 정숙한 운전을 할 수 있고 풍량 변동에 따른 정압의 변화폭이 크며 다단 송풍기에서는 승압 작용을 통해 고정압을 만들 수 있다.

용도로서는 산업용 플랜트 설비, 즉 발전소, 코크스 제강급기, 주조공장, 큐포라 설치 등에 사용하며 공해방지나 집진 설비 등에 사용한다.

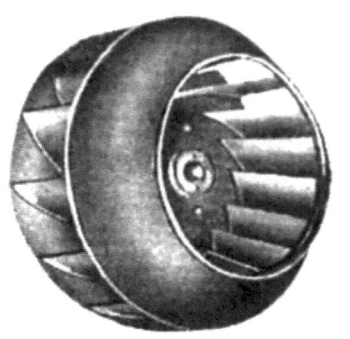 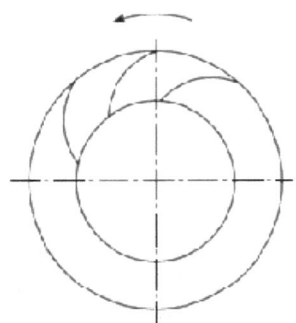

그림 7.7 터보 송풍기

(5) 한계 부하 송풍기(Limit Load Fan)

그림 7.8과 같이 한계부하 송풍기는 날개 깃의 모양이 S자로 생긴 것으로 풍량이 설계점 이상으로 증가해도 축동력은 다소 증가하는 정도이므로 한계부하 송풍기라는 명칭이 붙을 정도이다.

정압은 50 mmAq~350 mmAq 범위이고 풍량은 많고 날개 깃은 후향깃이며 10~12개의 날개를 갖는 송풍기이다.

 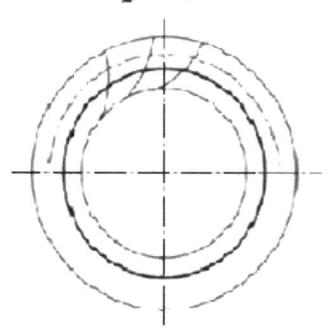

그림 7.8 한계부하 송풍기

용도로서는 익형송풍기와 마찬가지로 반도체 장비, 원자력 발전소, 클린 룸(Clean Room) 배기 급기용, 공기 청정기로서의 산업용, 룸 후드(Room Hood) 배기용, 건조장비 등으로 사용된다.

특징으로서 정압 지점에서 가장 효율이 높고 익형 단면을 통해 원활한 유동장 구성으로 고속 회전시에도 저소음이다. 그리고 풍량 변동에 다른 풍압의 변화 폭이 약간 있으나 동력의 변화는 별로 없다.

2) 축류형 송풍기(Axial Fan)

(1) 축류 송풍기

그림 7.9는 축류 송풍기를 나타낸 것으로서 송풍기는 날개가 익형 단면이며 압력은 15 mmAq~80 mmAq의 저압력이고, 많은 풍량을 요구할 때 사용하는 송풍기이다. 공기는 축방향으로 유입하여 축방향으로 송출된다. 날개의 수는 4~18개 정도이며 가변익으로 하면 풍량 조절이 가능하다.

특징으로서 설치도 용이하고 풍량 변화에 대한 풍압의 변동폭과 동력의 변화폭도 적으며 설치 공간이 타기종에 비해 상당히 작다.

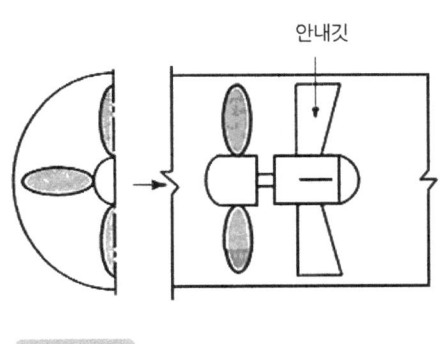

그림 7.9 축류 송풍기   그림 7.10 사류형 송풍기

(2) 사류형 송풍기(Mixed Flow Fan)

그림 7.10과 같이 사류형 송풍기는 날개의 모양이 원심형과 축류형 흐름을 통합한 구조로 날개(Vane)는 약 45~55°의 경사면을 이루고 있으며 압력은 10 mmAq~100 mmAq의 저압용이고 날개폭이 넓고 유체가 45° 방향으로 유입하여 보스 면을 따라 유동한다.

날개 수는 9개이고 가익변으로서 특징은 고효율 저소음이며 사각 닥트(Duct)의 연결이 쉽고 설치공간이 동일 용량의 송풍기 중 가장 적다. 풍량 변화에 대한 정압 변화폭이 다소 적으며 동력의 변화폭도 적다. 그러므로 용도로는 기계실, 전기실의 급배기용, 공조 환기용, 주차장 급배기용으로 사용한다.

(3) 관류형 송풍기(Tubular Fan)

날개 깃의 길이가 길고 폭이 다소 좁으며 압력이 15 mmAq~75 mmAq의 낮은 정압에 속한다. 날개 깃면이 회전 방향과 반대인 후향깃이고 날개 수는 익형깃과 동일한 10~12개이다.

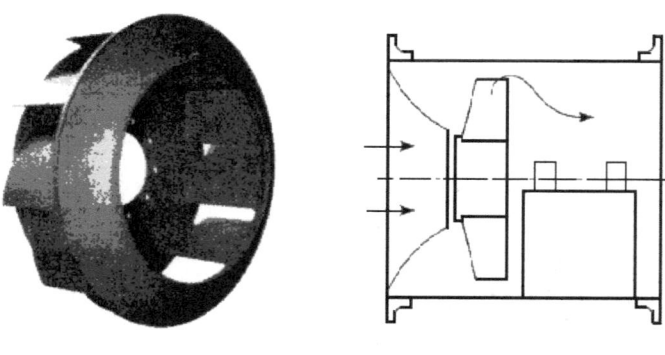

그림 7.11 관류형 송풍기

그림 7.11과 같이 특징으로는 닥트나 관류 안에 연결해 원심력을 이용하여 배출되는 기류가 축방향으로 이송되는 구조로서 설치 공간은 다른 기종에 비해서 적은 편이며 풍량변동에 따른 풍압 변화폭과 동력변화폭이 적고 효율도 비교적 낮은 편이다. 소음이 적고 운전 상태는 정숙함으로 공조용 환기를 위한 급배기용으로 사용한다.

그림 7.12는 송풍기 형식에 따른 성능곡선의 비교를 나타낸 것이다.

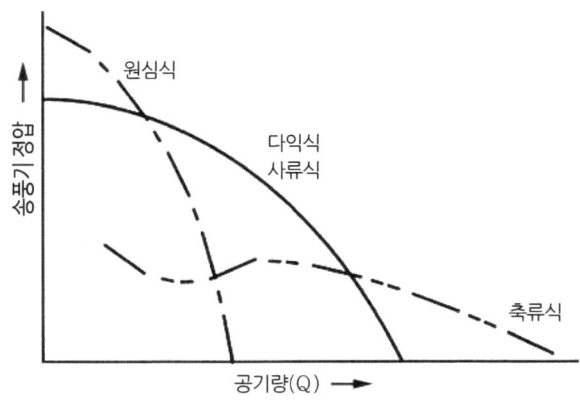

그림 7.12 송풍기 형식에 따른 성능곡선의 비교

03 풍량과 압력

3.1 풍 량

송풍기의 풍량(Volume)은 송풍기가 단위 시간당 흡입하는 기체의 유량으로서 반드시 흡입 상태를 표준상태로 환산하여 말한다. 일반적으로 표준상태의 공기라고 한다면 온도는 20℃, 압력은 760 mmHg(10,332 mmH₂O, 101.3 kPa), 상대습도 65%, 공기의 비중량은 1.2 kg/m³의 건조공기를 뜻한다.

기준 상태의 흡입 풍량을 Q_n(m³/min), 흡입 정압을 p_s(mmAq), 흡입 공기의 온도를 t ℃라고 한다면 송풍기 풍량 Q는 다음과 같다.

$$Q = Q_n \times \frac{273+t}{273} \times \frac{10,332}{10,332+p_s}$$

또한 송풍기 동압을 p_d라 할 때 송풍기 전압 p_t와 정압 p_s는 다음과 같이 구한다.

$$p_t = p_{t2} - p_{t1} = (p_{s2} - p_{s1}) + (p_{d2} - p_{d1})$$
$$p_s = p_t - p_{d2} = (p_{s2} - p_{s1}) - p_{d1}$$

3.2 압력

송풍기 정압(Static Pressure) p_s는 기체의 흐름에 수직한 단면에 수직으로 작용하는 힘이며 피토관(Pitot Tube)으로 측정하며, 송풍기 동압(Dynamic Pressure) p_d는 속도 에너지를 압력 에너지로 환산한 것으로서 50 mmAq(약 30 m/s) 이하에서 선정한다. 그림 7.13과 같이 덕트 내의 유속이 v일 때 송풍기 입구를 1, 출구를 2라고 한다면 입구와 출구의 송풍기 동압은 다음과 같다.

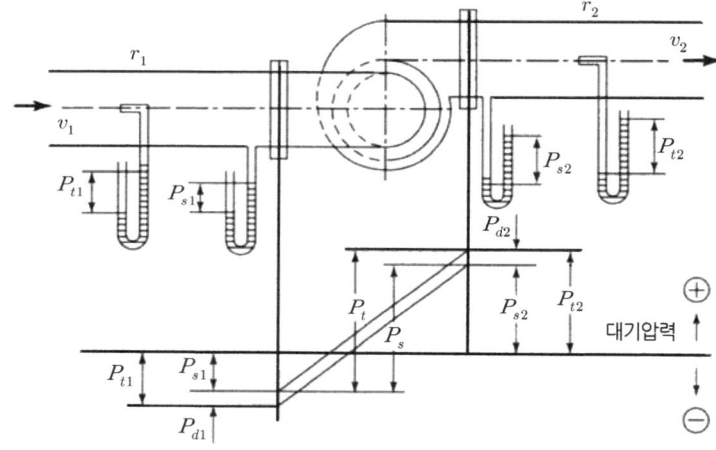

그림 7.13 덕트 내의 정압과 동압

$$v = \frac{\sqrt{2g \times p_d}}{r}$$

$$p_{d1} = \frac{r_1}{2g} v_1^2, \quad p_{d2} = \frac{r_2}{2g} v_2^2$$

04 공기동력과 효율

4.1 공기동력

송풍기에서 흡입 상태의 풍량을 $Q_1(\text{m}^3/\text{min})$, 송풍기 정압을 $p_s(\text{kg/m}^2)$, 송풍기 전압을 $p_t(\text{kgf/m}^2)$이라고 한다면 정압 공기동력 L_{as}와 전압 공기동력 L_{at}는 다음과 같다.

$$L_{as} = \frac{Q_1 p_s}{75 \times 60}$$

$$= \frac{Q_1}{75 \times 60}[(p_{s2} - p_{s1}) - p_{d1})] \ (PS)$$

$$L_{at} = \frac{Q_1 p_t}{75 \times 60}$$

$$= \frac{Q_1}{75 \times 60}[(p_{s2} - p_{s1}) + (p_{d2} + p_{d1})] \ (PS)$$

4.2 효율

송풍기에 있어서 효율은 정압효율 η_s와 전압효율 η_t로 구분하며 다음 식과 같다.

$$\eta_s = \frac{\text{정압공기동력}}{\text{축동력}} = \frac{L_{as}}{L}$$

$$\eta_t = \frac{\text{전압공기동력}}{\text{축동력}} = \frac{L_{at}}{L}$$

05 송풍기의 특성곡선

송풍기에서의 특성을 하나의 선도로 나타낸 것을 특성곡선이라고 부르며 그림 7.14는 후향깃 송풍기, 방사형 송풍기 그리고 다익형 송풍기에 대한 특성곡선을 나타낸 것으로서 회전수가 일정할 때 가로축에 풍량 $Q(\mathrm{m^3/min})$, 세로축을 정압 p_s (mmAq), 전압 p_t (mmAq), 효율 $\eta(\%)$, 축동력 L (kW)로 놓고 풍량에 따라 이들의 압력과 효율의 변화 과정을 나타낸 것이다. 또한 최고 효율점에 대한 풍량, 압력 및 축동력을 백분율로 표시하여 비교하였다.

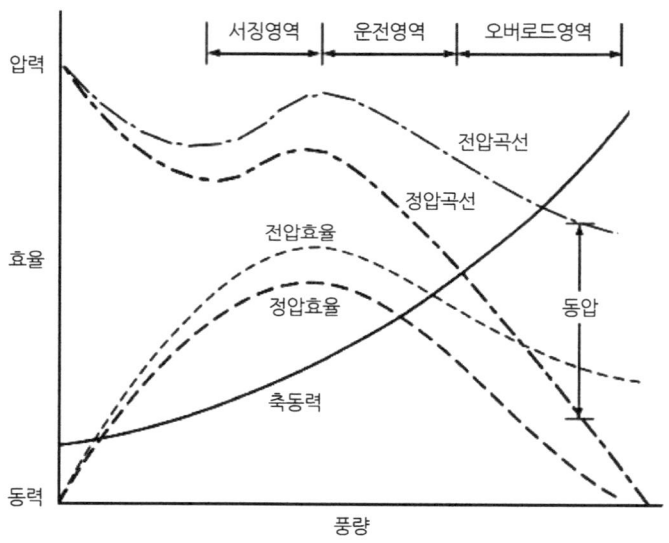

그림 7.14 송풍기의 특성곡선

06 송풍기의 유지관리 주안점

6.1 송풍기 점검정비의 3위치

송풍기는 임펠러(회전차)를 전동기에 의해 회전시켜서 공기를 빨아들이고 이것에 압력을 주어서 덕트로 보낸다. 즉, 조정된 공기를 소정량만 실내로 보내어 기류를 주는 역할을 하는 기계이다.

송풍기는 부품수가 적고 구조가 단순해서 고장을 일으키는 경우가 적기 때문에 자첫하면 관리를 게을리 할 경향이 많다. 그러나 일상점검, 정기점검과 정비를 게을리 하면 이상발생과 송풍효과 저하, 내용수명의 저하로 연결되는 것은 당연하여 정기점검을 실시하지 않으면 안 된다.

따라서 송풍기의 점검정비의 3위치는 임펠러, V벨트, 베어링이며 표 7.1은 기간 단위별 점검항목 및 요령을 나타낸 것이다.

표 7.1 기간 단위별 점검항목 및 요령

주기	항목	요령	판정, 대책
일상	① 흡입, 토출압력 ② 전동기의 입력(전류, 전압) ③ 베어링 온도 ④ 전동기의 외피 온도 ⑤ 진동 이상음 ⑥ V벨트의 덜그럭거림	① 압력계로 읽는다. ② 전류계, 전압계로 읽는다. ③ 온도계나 손의 촉감으로 판단한다. ④ 온도계나 손의 촉감으로 판단한다. ⑤ 청감, 촉감으로 확인한다. ⑥ 눈으로 확인한다.	① 크게 변화되어 있지 않을 것 ② 크게 변화되어 있지 않을 것 ③ 실온 +40(℃) 중 낮은 값 이하일 것 ④ 전동기 절연종별로 판정한다. ⑤ 두드러지지 않을 것 ⑥ 두드러지지 않을 것

주기	항목	요령	판정, 대책
1개월	① 베어링의 청소 ② 예비기의 시운전	① 운전을 정지하고 베어링 시일부분의 외면의 오염을 천으로 제거 ② 주기와 바꿔서 운전한다.	① 베어링 내부가 오염되지 않도록 실시한다. ② 안정될 때까지(약 3시간 이상) 운전하고 이상이 없을 것
6개월	① 센서, 전장품의 동작 확인 ② 전동기의 절연저항의 확인 ③ V벨트의 당김, 중심 구멍내기, 마모, 흠집 등의 확인 ④ 그리스윤활유의 급유 ⑤ 송풍기의 외관, 기능 점검	① 각각의 부분을 확인한 후 일련의 동작이 정상적인지 확인한다. ② 절연 저항계(옴 미터)로 측정한다. ③ 마모, 상처는 눈으로 확인한다. ④ 그리스건으로 적량을 보충한다. ⑤ 법적기준에 의해 실시한다.	① 정상으로 동작할 것 ② 1(MΩ) 이상일 것 ③ 당김, 중심구멍내기의 상태가 나쁘면 정돈, 상처나 마모가 심한 경우는 V벨트를 교환한다. ④ 보급량은 제조업자의 자료를 참조한다. ⑤ 전문가에게 의뢰한다.
1~2년	① 회전체, 습동부의 마모 ② 임펠러(날개차) 케이싱 안의 점검과 청소 ③ 송풍기, 근방의 덕트 청소 ④ 도장의 보수 ⑤ V풀리의 축부의 느슨함 ⑥ 마모 종합점검	① 심한 마모는 없는지 계측기와 눈으로 확인한다. ② 손상이나 오염상태를 확인한다. ③ 내부를 점검하고, 오염정도를 확인한다. ④ 상태를 보고 재 도장한다. ⑤ 흔들림이나 마모가 심한지 확인한다. ⑥ 송풍, 유닛, 부품 종합 기능을 확인한다.	① 두드러질 경우는, 보수나 교환을 한다. ② 오염이 있으며 충분히 청소한다. 손상된 것은 보수나 교환을 한다. ③ 오염되어 있으면 청소한다. ④ 상태를 보고 재 도장한다. ⑤ 두드러질 경우는 교환한다. ⑥ 전문가에게 의뢰한다.

6.2 V벨트는 정기적으로 교환

V벨트는 1분간 수천 번 회전속도를 전달하는 역할 및 고무 제품이기 때문에 마모나 늘어나는 현상이 발생한다. 따라서 점검정비가 충분한 경우라도 운전시간이 7,000~10,000시간 경과하면 신품과 교환할 필요가 있으며 보통 1년 반에서 2년마다 신품과 교환하는 것이 중요하다.

물론 벨트의 팽창 불량 등의 경우에는 얼마 지나지 않아 절단되는 예도 있으며 또한 V벨트가 마모되어 풀리홈 밑면과 접촉하게 되는 상태가 되었을 때 풀리 밑면이 마모로 빛나기 시작함으로 교환하지 않으면 안 된다. 만약 이와 같은 현상을 방치하여 계속해서 사용한다면 마모로 인해 소모가 빨라지며 또한 소음이 발생하게 된다.

V벨트를 교환하지 않으면 안 되는 경우에는 불량 벨트만을 교환하는 것이 아니라 반드시 모든 벨트(한 세트)를 동시에 교환하는 것이 중요하며 또한 해당 V벨트에 최적규격의 것을 사용하지 않으면 안 된다. 그러므로 V벨트는 일종의 소모품으로 생각하고 항상 정품 규격의 V벨트는 예비로 구입해 두는 것이 현명하다.

표 7.2는 송풍기의 고장 원인과 대책을 나타낸 것이다.

표 7.2 송풍기의 고장 원인과 대책

고장 상태	원 인	대 책
풍량의 부족 (전류가 내려간다.)	1. 장치저항이 설계치보다 크다. 2. 회전방향이 반대 3. 댐퍼가 닫혀 있다. 4. 장치 내에 이물질이 막혀 있다. 5. 깃에 먼지가 쌓였다. 6. V벨트의 느슨함(Slip).	1. 회전수를 증가시킨다. (동력증가에 주의) 2. 정회전으로 조정한다. 3. 댐퍼를 연다. 4. 이물질을 제거 및 청소한다. 5. 청소한다. 6. V벨트를 적절하게 당긴다.

고장 상태	원 인	대 책
과부하 (전류가 정격 이상 흐른다.)	1. 풍량이 너무 많다. 2. V벨트가 너무 당긴다. 3. 전압저하 4. 전동기고장, 전류계고장	1. 댐퍼를 닫는다. 회전수를 줄인다. 2. 적당하게 풀어준다. 3. 10% 이상 전압저하인 경우는 정지 4. 조사
이상 진동	1. 서징(Surging)이 일어나고 있다. 2. 기초볼트의 느슨함, 편측 조임. 3. V벨트를 너무 당긴다. 4. 베어링의 마모 5. 임펠러의 불균형 6. 전동기의 진동 7. 축의 중심이 치우쳐 있음 (직결일 경우)	1. 댐퍼를 연다. 2. 기초볼트를 평균적으로 조인다. 3. V벨트의 장력을 적당히 조정한다. 4. 베어링을 교환한다. 5. 불균형의 원인을 제거한다. 6. 전동기를 조사한다. 7. 중심구멍을 다시 조정한다.
이상음	1. 축심을 맞춰 끼우기 어렵다. 2. 축심이 파손되었다. 3. 케이싱(Casing) 내에 이물질이 있다. 4. 임펠러의 축두가 축 방향으로 편심되 어 있다.	1. 적절한 베어링을 사용한다. 2. 베어링을 교체한다. 3. 내부를 청소한다. 4. 수정한다.
베어링의 이상온도 상승	1. 유막 끊어짐, 기름의 열화, 오손 2. 축심이 치우침(전동기 직결일 경우) 3. V벨트를 너무 당긴다. 4. 베어링을 끼우기 어렵다. 5. 제3베어링의 설치불량 (양흡입 송풍기) 6. 임펠러의 불균형 7. 냉각수 부족(수냉식 베어링의 경우) 8. 기초볼트의 편측 조임	1. 급유 또는 기름을 교환한다. 2. 중심을 조정한다. 3. 적당하게 조정한다. 4. 적절한 베어링으로 교환한다. 5. 축심을 조정한다. 6. 밸런스를 조정한다. 7. 냉각수 보충한다. 8. 볼트를 평균적으로 조인다.

6.3 벨트 교체시 주의사항

V벨트의 교체요령은 우선 송풍기 동력 제어판의 전원스위치를 차단하고 반드시 동력제어판에 「작업 중 켜지 마시오」의 표시를 한다. 이것은 작업 중에 타인이 실수로 스위치를 켜면 대형사고로 연결되기 때문이다. 그리고 덕트의 굴뚝효과인 기류(자연적으로 덕트 내를 공기가 유동)에 의해 벨트를 전체 빼놓았을 때 임펠러(송풍기)가 혼자서 회전하는 경우도 있기 때문에 회전정지 대책을 실시하는 것이다. 이 대책을 실시함으로 안전덮개(방호커버)를 벗겨내고 벨트를 바깥쪽부터 순서대로 벗겨내는데 이 때 벨트에 손이 끼지 않도록 주의한다.

벨트를 벗겨내면 송풍기와 모터의 활차가 일직선상에 위치하고 있는 이른바 중심구멍과 축 맞추기를 곧은 자나 두꺼운 실을 이용해서 확인한다. 만약 모터의 위치가 벗어나 있는 등 쌍방의 풀리가 일직선상에 위치하고 있지 않은 경우에는 모터의 설치위치를 다시 바르게 조정한다. 양쪽 풀리간의 중심구멍(Alignment)을 중심구멍내기 또는 얼라인먼트라 부르며 얼라인먼트가 고장이 나면 벨트가 편마모되고 내구성이 현저하게 저하됨과 동시에 소음의 발생 등 송풍기의 고장을 초래한다.

그러므로 새로운 벨트는 1개씩 걸어놓는데 이때 벨트의 굴곡이 적당한가의 여부를 확인한다. 굴곡이 적은 것은 지나치게 늘어나서 과부하와 모터의 소손사고와 연결되며 굴곡이 지나치게 많으면 송풍기의 회전수가 떨어져 풍량 부족을 초래한다.

벨트굴곡의 과부족은 모터의 위치를 조절해서 시정한다. 물론 벨트걸기 작업시에도 손이 벨트에는 끼지 않도록 주의해야 한다. 벨트를 늘이면 2~3분 운전하고 나서 다시 굴곡이 적정한가를 좀 더 확실히 해두기 위해 확인한다. 그리고 벨트가 풀리와 조화를 이루기까지는 가루나 이상음이 생기는 경우가 있지만 지장은 없다. 그리고 수일동안은 매일 1회, 그 후는 1개월에 1회 점검해야 한다.

표 7.3은 V벨트 잘못 사용에 대한 영향을 나타낸 것이다.

표 7.3 V벨트 잘못 사용에 의한 영향

V벨트 잘못 사용의 예	기기 및 그 외에 미치는 영향
벨트 길이 설정이 잘못된 경우	1. 소음발생의 원인이 된다. 2. V벨트의 수명을 단축시킨다. 3. 풀리 등에 악영향을 준다. 4. 규정 송풍량의 부족을 초래한다.
너무 세게 당겼을 경우	1. 베어링 금속판의 마모를 앞당긴다. 2. 베어링 축에 악영향을 준다. 3. V벨트의 수명을 단축시킨다.
너무 약하게 당겼을 경우	1. 슬립 등으로 소음발생 원인을 만든다. 2. 규정 송풍량이 발휘하지 않는다.
기기, 쌍방의 위치 및 중심 구멍 내기가 이상할 경우	1. 소음발생의 원인이 된다. 2. V벨트의 마모를 앞당긴다. 3. 베어링 금속판의 마모가 급격하다.
마모가 심하고 또는 파손 직전의 상태에서 사용했을 경우	1. 소음발생의 원인이 된다. 2. 2개 이상을 걸었을 경우에 다른 벨트에 악영향을 준다. 3. 규정 송풍량을 발휘하지 않는다.

6.4 임펠러 청소는 연 1회

다익 송풍기와 터보 송풍기는 임펠러(Impeller)의 풀리에 분진 등이 부착, 퇴적하기 쉽고, 이와 같은 상태로 운전을 계속하면 풍량의 대폭 저하, 과부하 소음발생 등의 이상을 일으키고 또한 가동시와 운전 중에 풀리에서 떨어져 나온 분진이 실내로 떨어져 오염이 된다. 따라서 적어도 해마다 한번은 정기적으로 임펠러를 세척하고 부착분진을 제거할 필요가 있다.

청소작업에 있어서는 자동제어반의 스위치를 확실하게 꺼놓고 송풍기 케이싱의 일부를 분해해서 임펠러에 부착량을 점검하고 가벼운 상태로 부착되어 있으면 솔을 사용한 수작업으로 청소하면 되고 유분이나 수분을 포함한 분진이 퍼져 있는 상태이면 고압세척기를 사용해서 세척액을 풀리에 뿌려서 세척하는 화학 세척법을 사용할 필요가 있으며 이 경우에는 베어링부에 물방울 등이 들어가지 않도록 방수 커버를 한다.

세척 후에는 케이싱, 임펠러 등에 부착된 세척액을 오일걸레로 꼼꼼히 닦아내고 또한 케이싱 아래 부분에 고인 물방울 등은 진공펌프와 오일걸레로 빨아들어 물방울의 부착에 의한 부식을 방지한다. 만약 일부에 녹방지 도장이 벗겨져 있으면 도장을 실시한다.

또한 풀리에 분진 등이 많이 부착되는 원인으로는 에어필터의 파손과 덕트에 설치된 송풍기의 점검구 문이 완전히 닫혀있지 않거나 캔버스이음매의 면이 파손되어 있는 등 바깥공기가 그대로 침입하고 있는 것을 들 수 있으므로, 매달 1회는 이러한 상황도 점검할 필요가 있다.

6.5 베어링의 정비불량은 소음발생의 원인

베어링, 베어링 상자 및 밀봉장치 등을 모아놓은 것을 베어링유닛이라고 하며 송풍기의 베어링으로는 베어링유닛이 사용된다. 송풍기의 회전축을 회전에 지장이 없도록 지지하는 것이기 때문에 큰 하중이 걸리는 부분을 점검, 정비를 게을리 하면 고장이 발생하기 쉽고 송풍기의 소음이 갑자기 높아졌을 때에는 거의 베어링에 이상이 생겼다고 생각해야 되며 미세한 손상이라도 현저하게 소음이 발생하면서 발열한다.

베어링 유지관리의 주의점은 이상음 발생의 유무를 청각으로 그리고 베어링부의 온도가 적당한가의 여부를 손으로 접촉해서(촉각) 매일 점검하는 일상점검이 있다. 베어링부의 온도가 70℃ 이하(베어링 상자에 10초 이상 손으로 접촉할 수 있는 경우

표 7.4 송풍기의 주요부품 추정 수명

부품명	추정 수명	부품명	추정 수명
케이싱	15년	가스켓 류	1년
날개차	15년	V벨트	1~2년
주 축	10~15년	풀 리	5~10년
베어링	2~3년	방진고무	10년

에는 적온이라고 판단해도 좋다)이면 이상이 없다. 표 7.4는 송풍기의 주요부품의 추정 수명을 나타낸 것이다.

베어링의 윤활법은 모두 그리스 윤활이 채용되며 고급 그리스의 적정량은 베어링 내부의 공간 용적의 30~35%를 투입하고 이 그리스가 베어링의 내부 및 실 끝의 전동체부를 윤활하고 또한 먼지와 이물질의 침입방지에도 도움이 되고 있다.

환경조건 등에 의해 베어링온도가 70~100℃가 되는 운전온도가 높은 경우와 물방울이 생기는 운전조건에서는 그리스의 열화에 의해 윤활능력이 저하되는 경우가 있다.

이와 같은 경우에는 대략 6개월마다 설치되어 있는 그리스 니플에서 그리스 건을 이용해서 적량 주입하지만 우선 그리스 니플에 부착되어 있는 먼지를 제거하고 그리스가 균등하게 들어가도록 손으로 회전축을 회전시키면서 서서히 밀어 넣듯이 실시하는 것이 요령이다.

그리고 배어나온 그리스는 오일걸레로 닦는다. 이것은 여분의 그리스의 배출이기 때문에 방치해 두면 베어링에 먼지가 부착하는 원인이 된다. 적정한 보급량은 운전의 조건에 따라 달라 일률적으로 결정할 수는 없지만 과잉투입이 되지 않도록 투입량의 80%가 목표가 되고 기준 보급량은 메이커의 자료에 따라 적용해야 한다. 또한 베어링유닛의 추정 수명은 2년으로 되어 있다.

표 7.5는 베어링유닛의 이상과 그 원인을 나타낸 것이다.

표 7.5 베어링유닛의 이상과 그 원인

이상 현상	원 인
소음 진동의 증대 또는 이상	정지나사가 있는 유닛의 정지나사의 마모 또는 느슨함 크리프에 의한 마모 장착볼트나 너트류의 느슨함 과대하중으로 베어링 궤도면의 압흔 피로에 의한 궤도면의 손상 실의 손상 등에 의한 이물질의 혼입 봉입 그리스의 오염

이상 현상		원 인
급격한 온도상승		그리스의 노화 열화 그리스의 과잉 보급 실의 손상 그리스의 누출에 의한 윤활 불량 중심구멍내기 불량 유닛 장착대의 평행도 불량 과부하 틈새과소(온도의 영향이나 어댑터를 너무 조이는 등)
외관의 이상	그리스 누출	실의 손상
	축 마모	축과 내륜이 물리는 면의 크리프(Creep)
	베어링 박스 손상	부착대의 변형이나 과대한 하중

07 송풍기의 일상점검과 고장원인

송풍기의 원활한 운전을 위해서 최선의 노력을 하여야 하며 표 7.6과 7.7은 송풍기의 일상 점검표의 예와 송풍기의 고장원인과 대책을 나타낸 것이다.

표 7.6 송풍기의 일상점검표의 예

송풍기의 일상 점검표		년월일		
		담당자		

구분	점검 항목	점검	기록	비고
운전 전	1. 외관, 기기의 배치			
	2. 케이싱 내부 이물 혼입			
	3. 케이싱의 라이닝			
	4. 케이싱의 드레인 빼기			
	5. 임페러의 라이닝			
	6. 임페러의 틈새 및 겹치기		○	
	7. 축봉부의 틈새		○	
	8. 방열팬의 위치 및 커버상태			
	9. 윤활유의 오염			
	10. 축끝과 케이스면의 거리			
	11. 윤활유 기준면			
	12. 온도계의 장착			
	13. 오일 링			
	14. 통수, 물의 샘			
	15. 베어링의 센터링		○	
	16. 댐퍼, 전개폐, 작동 상태			
	17. 댐퍼의 래깅			
	18. 커플링의 센터링		○	
	19. 회전 방향			
	20. 커플링의 마크 맞추기			
	21. 기초 볼트의 이완상태			
운전 중	1. 케이싱 내부의 이상음			
	2. 베어링 내부의 이상음			
	3. 모터 내부의 이상음			
	4. 댐퍼의 이상음			
	5. 오일 링의 회전			
	6. 진동		○	
	7. 베어링의 온도상승		○	
	8. 소음		○	
	9. 가스, 에어의 누출			
	10. 베어링의 기름 누출			
정지	1. 댐퍼 전폐(입구)			
	2. 냉각수 전폐			
정지 후	1. 불량한 곳의 정비 후 확인			

주) ○표 기록 작성할 것.

표 7.7 송풍기의 고장원인과 대책

원인 \ 현상	진동이 크다.	이상음이 발생한다.	베어링 과열	베어링부의 누설	케이스 과열	시동시 과부하	운전시 과부하	운전시 부하 감소	풍량, 압풍 감소	대책
기초 연약	○									
설치 불량	○		○		○					
회전체가 닿는다.	○	○	○		○	○	○			점검, 보수
이물 흡입, 스케일 부착	○	○			○				○	청소, 균형 잡기
임펠러 부식 또는 마모	○									불평형 잡기 또는 교체
축 휨	○									휨 정비 또는 교체
베어링 또는 축 마모	○	○	○	○						교체
그리스 과충전	○		○	○						보통 80시간 정도 운전 후 안정되지 않을 경우 주의
그리스 감소	○	○	○							급유
서징 운전			○							덕트 저항 제거, 팬 교환
그리스질이 부적합 또는 오손			○							그리스, 유종 교환, 기름 교체
먼지가 들어간다.								○	○	방진 대책
역회전			○							회전 방향을 바꾼다.
축에 흠이 있다.			○							손질, 축 교체

원인 \ 현상	진동이 크다.	이상음이 발생한다.	베어링 과열	베어링부의 누설	케이스 과열	시동시 과부하	운전시 과부하	운전시 부하 감소	풍량, 압풍 감소	대책
이너 레이스, 아우터 레이스 또는 측면 간극이 크다.			○							베어링 교체
풍량 과잉	○					○				덕트에 교축을 넣는다. 댐퍼를 죈다.
회전수 과잉						○	○			
회전수 감소								○	○	
전압 강하 또는 상호 불평형						○	○			전원 조정
흡기 온도가 낮다.						○	○			
흡기 온도가 높다.					○			○	○	
물을 흡입한다.	○	○					○			
배관계에 이물질의 저항이 있다.		○						○	○	점검, 보수
방진고무 부적당										고무의 처짐 점검, 고무의 추가 및 교체
덕트의 상태 불량										덕트의 접합부 재점검, 캠퍼스 이음 사용
직결 불량										센터링 조정, 커플링 볼트의 닿기 수정
위험 속도 운전	○					○	○			위험회전수 피한다.
부시 마모, 부식					○					교체
풍압이 사양점보다 낮다.						○				

제08장 윤활 및 작동유

1. 윤활

2. 작동유

08 윤활 및 작동유

01 윤활

1.1 윤활유의 일반개론

윤활 관리 기술은 기계의 운동면과 윤활 장치에 효율적인 윤활제를 선정하여 사용함으로써 설비의 생산성 향상과 휴지 손실의 방지 등 경제적인 이득을 얻을 수 있다.

설비에서 발생되는 대부분의 고장은 정지 기계보다는 회전 기계 설비에서 주로 발생되며, 모터, 베어링, 기어 및 윤활 장치 등 많은 윤활 개소로 설비가 구성되어 있다.

1) 윤활(Lubrication)이란

움직이는 두 물체의 마찰면 사이에 적당한 물체 즉, 윤활제(기체, 액체, 고체)를 적당한 방법으로 공급하여 마찰저항을 줄임으로써 그 움직임을 원활하게 하는 동시에 기계적 마모를 줄이는 것이다.

2) 마찰(Friction)이란

① 응집력 : 서로 접한 물체표면의 분자상호간 끌어당기는 힘
② 부착력 : 다른 물체에 붙어 있으려는 힘

3) 마찰력

어떤 물체가 그것이 접해있는 면을 따라 움직이려고 할 때 그 운동을 방해하기 위해 작용되는 힘을 말하며 마찰력의 크기에 대한 영향인자는 다음과 같다.

① 상호 접하고 있는 두 물체의 성질
② 표면상태(거칠기) 등

4) 윤활상태

유막 두께에 따라 분류하면 유체윤활, 경계윤활, 극압윤활 등으로 나눌 수 있다.

① 유체윤활(Full Film Lubrication)
  ㉮ 유막두께 > 표면거칠기
  ㉯ 완전윤활(후막윤활)
  ㉰ 윤활막의 전단에 의한 마찰만 발생됨.
  ㉱ 마찰계수 : 0.005~0.01
  ㉲ 윤활유 선정기준 : 적정점도
  ㉳ 상태 유지 조건 : 양호한 설계, 적당한 하중 및 속도, 충분한 급유상태
② 경계윤활(Boundary Lubrication)
  ㉮ 유막두께 ≤ 표면거칠기
  ㉯ 불완전윤활
  ㉰ 유막만으로는 하중 지탱 불가능
    ㉠ 고하중, 저속상태에서 일어나기 쉽고 기계의 시동 초기나 정지 전후에 반드시 발생된다.
    ㉡ 재질의 물리화학적 성질, 표면거칠기 정도, 윤활막의 성질 → 유성 향상제 필요
  ㉱ 마찰계수 : 0.01~0.1
  ㉲ 윤활유 선정기준 : 유성 향상제, 내마모방지제 첨가유

③ 극압윤활(Extreme Pressure Lubrication)
  ㉮ 유막두께 < 표면거칠기
  ㉯ 흡착유막만으로는 하중 지탱 불가능 : 융착/소부
    ㉠ 극압첨가제 필요 : 염소, 인, 황 등
    ㉡ 염화철피막($FeCl_2$) < 인화철피막(FeP_2) < 황화철피막(FeS) 형성.
  ㉰ 윤활유 선정기준 : 극압첨가제 첨가유

1.2 윤활제의 역할

윤활제의 역할은 표 8.1과 같다.

표 8.1 윤활제의 역할

구분	주요작용
감마작용	마찰면사이에 유체막을 형성시킴으로써 마찰저항을 감소시킨다.
냉각작용	마찰과정에서 발생된 열을 마찰부위로부터 밖으로 빠르게 발산시킨다.
응력분산작용	접동부분에 가해진 힘이 모든 부위에 균일하게 분산되도록 한다.
밀봉작용	기계의 활동부분을 밀봉하여 외부로부터의 가스, 물, 먼지 등이 침입하는 것을 방지한다.
방청작용	공기중의 산소나 물 또는 부식성 가스 등에 의해 윤활면이 녹쓰는 것을 방지한다.
세정작용 (청정분산작용)	윤활부분에 생성된 불순물(연소에 의한 탄화물, 금속마모분) 등을 윤활면으로부터 세척한다.

1) 윤활제의 종류

① 기체 윤활제 : 공기, 불활성가스
② 액체 윤활제 : 윤활유, 물
③ 반고체 윤활제 : 그리스, 콤파운드
④ 고체 윤활제 : 흑연, 이황화몰리브덴

1.3 윤활제의 구성

① 윤활유 : 기유 + 첨가제
② 그리스 : 기유 + 증주제 + 첨가제

1) 기유

① 광유계 : 원유를 증류, 정제하여 얻은 탄화수소 화합물
  ㉮ 파라핀계(Paraffinic Type)
  ㉯ 나프텐계(Naphthenic Type)
  ㉰ 아로마틱계(Aromatic Type)
② 합성유계 : 화학적으로 합성한 화합물
  ㉮ PAO(폴리알파올레핀유)
  ㉯ ESTER(에스테르유)
  ㉰ SILICONE(실리콘유)

2) 기유(Base Oil)의 분류

미국석유협회(API)에 의한 분류는 5개 Group으로 분류되며 표 8.2와 같다.

표 8.2 기유의 분류기준

Group	Saturates(%)	Sulfur(%)	V.I
Group Ⅰ	< 90 and/or	> 0.03 and	VI ≥ 80
Group Ⅱ	≥ 90 and	≤ 0.03 and	80 ≤ VI < 120
Group Ⅲ	≥ 90 and	≤ 0.03 and	VI ≥ 120
Group Ⅳ	PAO		
Group Ⅴ	기 타		

윤활유의 구성 성분 중 약 90%를 차지하는 윤활기유의 성능에 따라 윤활유의 성능

을 좌우하게 되며, 윤활기유의 분류는 광유계의 경우 황 함량과 점도지수(V.I)에 따라 Group Ⅰ, Ⅱ, Ⅲ로 나누어지고 통상 광유계 윤활유는 Group Ⅱ, Ⅲ 윤활기유를 사용한다. 또한 합성계기유는 Group Ⅳ로 별도로 분류된다.

3) 기유별 성상 비교

표 8.3은 기유별 성상 비교를 나타낸 것이다.

표 8.3 기유별 성상 비교

시험항목 \ 기유 종류	파라핀계 기유	나프텐계 기유
비중	낮다	높다
점도지수	높다	낮다
유동점	높다	낮다
분자량	크다	작다
고무팽윤성	신축	팽윤
잔류탄소분	경질	연질

1.4 완제품 제조공정

1) 윤활유

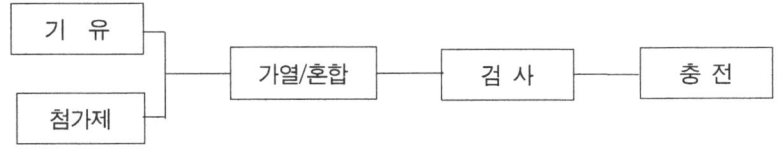

2) 그리스

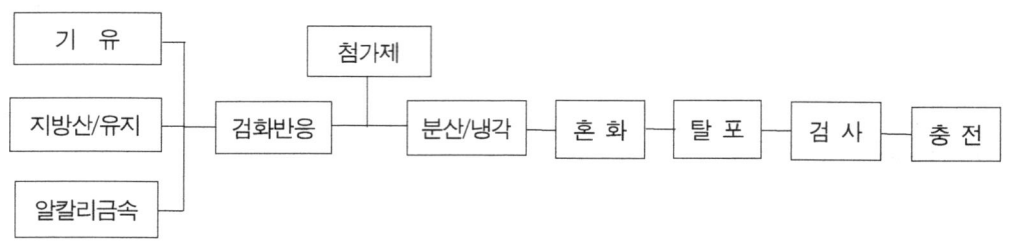

3) 기유 제조공정

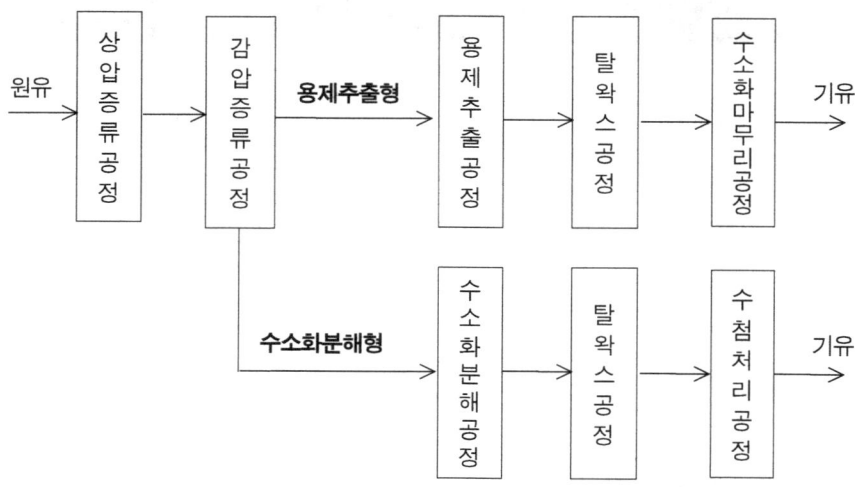

4) 첨가제

　기유가 가지고 있는 성질을 강화하고 요구되는 새로운 성질을 추가시켜 윤활유의 성능을 향상시키기 위해 첨가되는 물질로서 표 8.4는 첨가제의 주요작용을 나타낸 것이다.

표 8.4　첨가제의 주요작용

종류	주요작용
청정제	엔진의 고온 운전시 발생되기 쉬운 산화생성물 또는 외부로부터 침입해오는 카본 및 슬러지 등을 제거하여 엔진 내부를 청정하게 유지한다.
분산제	엔진의 고온 운전시 발생되는 카본 및 슬러지의 침전물을 분산시킨다.
산화방지제	오일이 공기중의 산소와 접촉하거나 온도상승, 수분혼입, 각종 금속과의 접촉 등에 의해 산화되어 부식성 산이나 슬러지를 생성하는 것을 억제한다.
방청제	금속표면에 흡착막을 만들어 공기나 수분에 의해 녹이 발생되는 것을 방지한다.
점도지수 향상제	온도변화에 따른 오일의 점도변화를 적게 하여 오일이 광범위한 온도 범위에서 사용할 수 있게 한다. 저온에서는 점도를 낮게 유지하여, 유동성을 부여해 주며 고온에서는 점도를 높게 유지하여 충분한 유막을 형성해준다.
유동점 강하제	유중에 포함되어 있는 왁스가 저온시 결정화되어 응고되는 것을 방지한다.
소포제	사용중 격심한 교반작용에 의해 기포가 발생되는 것을 방지한다.
유성향상제	금속표면에 첨가제가 흡착막을 형성시켜 경계윤활시 유막이 끊어지지 않게 하고 마찰계수를 적게 해준다.
내마모제	마찰면에서 금속표면과 화학적으로 반응하여 금속표면 위에 보호막을 형성하여 마모발생을 억제한다.
극압제	금속표면에 극압피막을 만들어 금속간 접촉에 의한 마모 및 소부발생을 억제한다.
항유화제	수분이 오일 내에 침입할 경우 쉽게 분리될 수 있도록 해준다.
유화제	물과 오일이 잘 혼합되어 안정된 유화액을 형성할 수 있도록 해준다.

1.5 윤활유 선정시 고려사항

　윤활유를 올바르게 선정하기 위해서는 윤활 요소인 마찰면의 조건, 급유방법 및 윤활유의 종류와 특성을 고려하여 윤활제를 선정한다. 일반적인 윤활유의 선택은 점도, 열 및 산화 안정성, 부식성, 적합성 등을 고려하여 윤활이 불량하게 되면 큰 생산 손실과 기계의 성능에 크게 좌우되므로 올바른 윤활유의 선정이 매우 중요하다.

① 점도가 적당해야 한다.
② 요구성능이 우수해야 한다(산화안정성, 청정분산성 수분리성 등).
③ 점도지수가 높아야 한다.
④ 윤활부위 및 운전조건
⑤ 기계종류 및 급유방식
⑥ 유종 단순화
⑦ 장비제작자의 추천

1) 윤활유와 그리스 윤활의 특징

윤활유 윤활	그리스 윤활
연속급유 필요	장기간 무급유 가능
윤활계통이 복잡하고 큼	윤활계통이 단순
밀봉장치 복잡	밀봉장치 단순
이물질 연속제거 가능	이물질 제거 불가능
고속회전이 가능	고속회전 한계가 낮음
냉각능력이 큼	냉각능력이 적음
마찰손실이 작음	마찰손실이 큼

2) 운전조건에 의한 선택

운전 조건	윤활유	그리스
저속 고하중의 경우	고점도유	극압 그리스
고속 저하중의 경우	저점도유	범용 그리스
사용온도가 높은 경우	고점도유	Li, Na계 Gr.

1.6 윤활관리의 목적

윤활관리의 주요 목적은 기계설비나 장치의 윤활상태가 불량하기 때문에 발생될 수 있는 성능저하나 고장을 미연에 방지하여 기계의 성능 및 정밀도를 유지하고 생산성 향상을 극대화시키는데 있다.

그러므로 설비가동율의 증대, 유지비의 절감, 설비수명의 연장, 윤활비(윤활제비+급유비)의 절감, 동력비의 절감 등을 통하여 생산량의 증대(IP : Improved Production) 및 제조원가절감(RMC : Reduced Manufacturing Cost)에 있다.

이와 같은 목적을 효과적으로 달성하기 위하여 다음의 사항을 고려하여 윤활 관리를 실시하여야 한다.

① 기계가 필요로 하는 적정 윤활제를 선정
② 적정량을 결정
③ 적합한 공급방법을 선정
④ 적정한 간격으로 확실히 급유
⑤ 외부로부터의 이물질이나 수분이 윤활부분이나 윤활제에 혼입되지 않도록 관리

적절한 윤활관리를 실시하였을 경우 기대할 수 있는 경제적인 효과를 항목별로 비율을 나타내면 다음과 같이 분류할 수 있다.

① 설계와 재질 등의 개선에 따른 부품의 수명연장과 교환비용 감소에 의한 보수비 절약(44.7%)
② 고장률 감소에 의한 휴지손실의 방지(22.3%)
③ 설비의 감소에 의한 투자금액의 절약(19.4%)
④ 마찰감소에 의한 에너지 소비량의 절감(5.5%)
⑤ 가동률, 기계효율 향상에 따른 설비 투자액 절감(4.1%)
⑥ 급유 시스템의 자동화를 통한 윤활 관리자의 노동력 감소(2%)
⑦ 윤활제의 소비량 절감(2%)

1.7 윤활제의 선정기준

윤활유를 선정할 때 일반적으로 고려하여야 할 사항은 윤활제의 점도, 열 및 산화안정성, 적합성, 부식성, 가연성, 유독성, 구매 용이도, 가격 등이 있다. 윤활 기능 중에서 감마작용의 비중이 대단히 크기 때문에 윤활유 선정시 가장 적합한 점도를 선정하는 것은 대단히 중요하다.

윤활유의 3요소와 적정유 선정 관계는 다음과 같다.

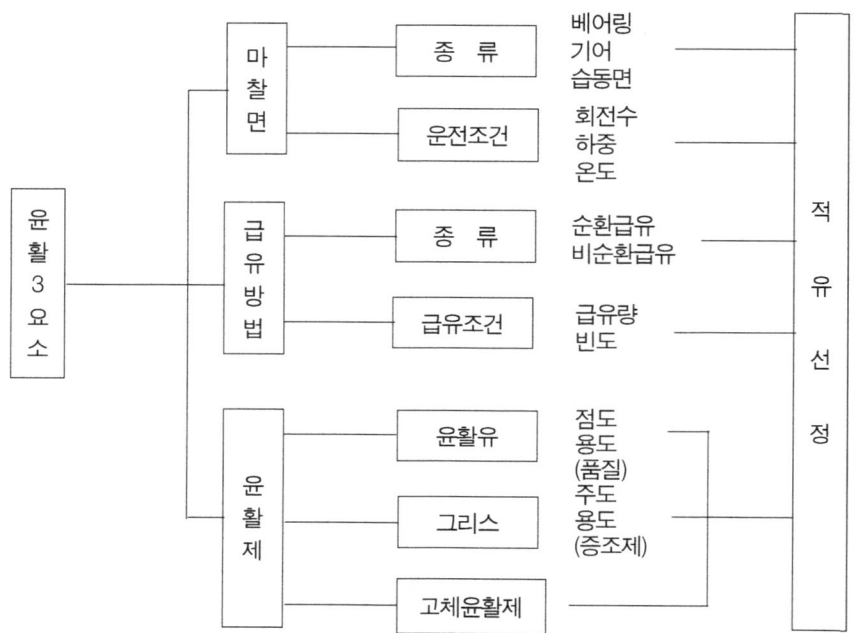

1) 점도(Viscosity)

유체의 유동에 대한 저항 정도를 점도라 하고 점도의 크기는 동점도 계수의 스토크(Stoke), $1\,St = cm^2/s$로 표현한다. 일반적으로 윤활제의 온도가 상승하면 점도는 감소한다. 윤활유의 점도는 정상상태에서 운전되고 있는 경우의 작동온도를 기준으로 선정하여야 한다.

또한 기계의 초기운전은 윤활유가 냉각된 상태에서 시작되기 때문에 초기 작동온도에 비하여 점도가 너무 높지 않도록 규제를 해야 하고 적당한 점도를 선정하기 위해서 운전중의 속도, 하중, 온도 등을 고려하여야 한다.

① 절대점도 : Poise(g/cm · sec)
② 동점도(Kinematic Viscosity) : Stokes(cm^2/sec)
③ 1 Stokes = 100 cSt(Centistokes)
④ 절대점도와 동점도와의 관계

$$\nu(동점도) = \frac{\eta(절대점도)}{\rho(밀도)}$$

표 8.5는 동점도의 단위를 나타낸 것이다.

표 8.5 동점도의 단위(표시 방법)

	동점도 단위 (약 호)	센티스톡 cSt, Cst	세이볼트 초 SSU, SUS	레이우드 초 RW	엥글라도 °E
과거	측정온도	37.8℃, 98.9℃	100°F, 210°F (37.8℃) (98.9℃)	30℃, 50℃	30℃, 50℃
	주사용국	한국 및 세계 각국	미국	영국	독일
현재	ISO 점도규격	40℃, 100℃ 통합			

2) 안정성(Stability)

윤활유를 일정 기간 동안 사용하게 되면 기유(Base Oil)나 첨가제(Additive)가 열의 영향을 받든지 또는 산화 작용에 의하여 윤활유의 기능이 점차 저하된다.

① 열 안정성(Thermal Stability)
   윤활유의 온도가 상승하게 되면 열화현상을 일으키고 탈색되며 점도가 변화하면서 윤활유의 산화작용이 촉진되는 현상이 나타나는데 이것을 열적으로 불안

정하다고 말한다.

윤활유가 어떤 온도 이상으로 유지되면 첨가제를 사용한다 할지라도 열적으로 대단히 불안정하게 되어 윤활유가 분해되는 현상이 나타나고 윤활유가 높은 온도에서 사용되면 수명이 크게 단축된다.

② 산화 안정성(Oxidation Stability)

윤활제와 첨가제를 공기나 물속의 산소와 반응하면 산화물질이 생성되므로 화학적으로 불안정하게 된다. 윤활제에 산화현상이 일어나면 마찰면에 나쁜 영향을 주기 때문에 윤활제를 정제할 때 가능한 황, 산소, 질소와 같은 성분을 제거해야 한다. 특히 온도가 높을수록 윤활제의 산화현상이 크게 촉진되기 때문에 정제와 첨가제를 이용한 산화억제 방식을 취한다.

산화물이 생성하게 되면 강이나 구리를 사용한 접촉면에서는 부식이 촉진되고 점도가 증가되며 결국에는 산화 퇴적층이 윤활제 내에 형성되어 윤활기능을 크게 약화시킨다.

3) 적합성(Compatibility)

윤활제는 기계장치에서 사용되고 있는 다른 재질들과 적합해야 한다. 예를 들어 윤활제가 고무, 플라스틱, 페인트, 접착제 등에 사용되는 경우 문제가 될 수 있다. 밀봉재로서 널리 사용되는 고무의 경우 윤활유의 영향을 받으면 팽창되는 현상을 경험한다. 또한 구리, 청동, 황동과 같은 재질이 높은 온도에서 사용되고 있는 윤활제와 접촉하게 되면 특히 산화물 생성이 촉진되어 문제가 된다.

4) 부식성(Corrosion)

윤활유의 부식성은 윤활제와 금속간의 부적합성을 나타내는 것으로 산화물질 및 첨가된 이물질 등에 의하여 강이나 비철금속으로 만든 베어링 재질이 부식된다.

순수한 광유(Mineral Oil)는 부식성이 없으며 대기중의 수분에 의한 부식은 완전히 차단할 수 있으며, 또한 윤활제가 부식성 높은 환경에서 사용되는 경우 부식 방지용 첨가제를 넣어 사용하면 효과적이다.

5) 가연성(Flamibility)

윤활유가 어떤 환경 및 어떤 상태에서 사용된다 할지라도 연소가 되어서는 안 되며 특히 항공기나 광산에서 사용되는 경우 가연성 성질에 특히 유의하여 사고를 방지해야 한다.

1.8 윤활 급유법

윤활유 공급방법의 선정에는 마찰면의 형태, 미끄럼 방향, 하중의 경중과 성질, 미끄럼 속도, 사용온도 등의 제반요건을 고려하여 결정해야 한다. 급유장치를 선정하는 데 필요한 검토항목은 다음과 같다.

1) 윤활개소의 조건

윤활개소의 수가 적어서 단지 마찰과 마멸을 감소시키려고 할 경우에는 수동급유 또는 자기순환급유와 같이 구조가 간단하고 저가인 급유장치만으로도 충분하다. 윤활 접촉면의 온도가 높고 냉각을 필요로 하는 경우에는 순환급유장치가 적당하다.

동일기계 또는 설비에 다수의 윤활개소가 있을 경우에는 순환급유장치, 집중급유장치와 같은 강제 순환방법을 선정한다.

2) 윤활제 선택

구름 베어링은 마찰계수가 작고 규격화되어 있어 취급 및 보수관리가 용이하기 때문에 기계의 베어링에 많이 사용되고 있다. 일반적으로 미끄럼 베어링은 윤활유를, 구름 베어링에는 그리스를 사용하고 있다. 그러나 베어링의 고속회전에서 그리스를 사용하게 되면 온도상승, 녹아붙음(Seizure) 등의 문제가 발생하기 때문에 윤활유를 사용하지 않으면 안 된다.

일반적으로 구름 베어링의 윤활제 선정기준으로 한계 dn값이 사용되고 있는데 실제 선정에는 베어링 제조업체의 기술자료를 참조하는 것이 좋다.

허용 회전수를 넘으면 고속의 경우에는 급유방법과 윤활제를 바꾸는 것으로만 해결할 수 없고 베어링 재질과 베어링 구조 등을 바꾸어야 되므로 베어링 제작회사와 상의하여 급유 방법과 윤활제를 결정할 필요가 있다.

표 8.6은 구름 베어링에 사용된 윤활제의 한계 dn값을 나타낸 것이다.

표 8.6 한계 dn값

급유법 종류	그리스	윤활유			
		유욕	적하	강제	분무
단열깊은홈볼베어링	180,000	300,000	400,000	600,000	600,000
앵귤러볼베어링	180,000	300,000	400,000	600,000	600,000
자동조심볼베어링	140,000	250,000	400,000	-	-
원통롤러볼베어링	150,000	300,000	400,000	600,000	600,000
원추롤러베어링	100,000	200,000	250,000	300,000	-
구면롤러베어링	80,000	120,000	-	250,000	-
추력볼베어링	40,000	60,000	120,000	150,000	-

3) 급유위치

크레인 등과 같이 윤활부위가 높은 곳에 있는 기계는 위험하기 때문에 운전중에 가까이 접근할 수 없는 기계의 급유에는 자동급유장치 또는 급유빈도가 적은 급유방법을 채용한다. 그러나 급유장치는 가능한 점검과 윤활제의 공급이 용이한 위치에 설치한다.

윤활유 또는 그리스를 수동급유로 공급하는 경우 직접 윤활개소에 급유하기 어려운 곳은 배관을 사용하고 윤활제를 공급하기 쉬운 장소에는 공급구를 설치한다.

4) 급유빈도와 윤활개소

윤활제를 연속적으로 또는 간헐적으로 공급해야 하는가는 윤활부분의 구조와 사용개소에 의하여 결정된다. 미끄럼 베어링, 기어, 고속회전의 구름 베어링 등은 윤활유의 연속 급유가 필요하고 윤활유의 발열이 적은 경우에는 적하급유 또는 자기순환급유로도 좋다. 그러나 발열량이 많은 경우에는 강제순환 급유장치가 필요하게 된다.

윤활개소가 20개 이하로 적고 급유빈도가 1일 이하의 경우에는 수동급유도 좋으나 그 이상의 경우에는 집중급유장치를 사용하는 것이 바람직하다.

5) 기타 급유장치와의 관계

강제윤활장치를 설치할 경우 종류가 다른 급유장치를 많이 사용하면 급유장치의 관리, 취급, 예비부품의 관리면에서 바람직하지 못하다. 따라서 동일계통의 급유장치, 예를 들면 그리스의 집중급유장치에 대해서는 파벌형 급유장치로 통일하여 설치하면 급유장치가 이상이 있을 때 장치사이에서 예비부품을 교환할 수가 있어 예비부품의 보유수를 적게 할 수가 있다.

6) 급유 방법

상대 접촉운동이 일어나는 부분에 마찰, 마멸 등을 완화 내지는 방지할 목적으로 필요한 윤활유를 공급하기 위한 급유, 배유 및 부속장치를 총칭하여 윤활유계(Lubricating System)라 한다.

최근의 윤활유계는 사용기계의 고속, 고하중, 초정밀화 추세로 보다 신뢰도가 높은 윤활계를 요구하고 있다. 또한 설비운전의 자동화, 무인화 추세는 급유방식의 자동화, 원격 감시 및 원격제어의 경향으로 나타나고 있다.

(1) 윤활급유법의 분류

윤활제 급유방법은 크게 전손식 급유법과 회수식 급유법으로 분류할 수 있다.

전손식 급유법은 윤활부위에 공급한 윤활제가 윤활목적을 수행하고 윤활면에서 나온 것을 모두 폐기하는 급유방식이다. 소형기계 또는 그다지 중요하지 않은 베어링, 크레인 같은 이동 기계의 개방기어에 사용되고는 있으나 최근의 기계에는 그다지 사용되고 있지 않다.

회수식 급유법은 윤활부위에 공급한 윤활제를 윤활면으로부터 회수하여 다시 윤활부위에 반복하여 공급하는 방법으로 윤활제를 반복하여 사용할 수가 있다. 회수식은 윤활부위에 다량의 윤활유를 공급할 수 있으므로 감마작용, 냉각작용 등의 윤활기능을 충분히 기대할 수 있다. 표 8.7은 급유방법과 급유장치를 나타낸 것이다.

표 8.7 급유방법과 급유장치

급유 방법	윤활제	윤활장치의 종류
수동급유	윤활유	수동급유법, 도포
	그리스	그리스 컵, 도포, 그리스 건
적하급유	윤활유	가시적하급유기, 심지급유기
자기순환급유	윤활유	링 급유장치, 칼라 급유장치, 체인 급유장치, 패드 급유장치, 유욕 급유장치, 비말 급유장치
	그리스	밀봉 베어링
강제순환급유	윤활유	순환 급유장치, 분무장치, 집중 급유장치
	그리스	수동집중 급유장치, 자동집중 급유장치

(2) 윤활유 공급방법

① 비순환 급유방식

한번 사용한 오일은 회수하지 않고 버리는 형태의 급유법으로 전손식 급유법이라고도 한다. 소량의 오일을 사용하는 관계로 대체로 윤활조건이 까다롭지 않은 윤활부위에 사용된다.

㉮ 손 급유법(Hand Oiling)
㉯ 적하 급유법(Drop Feed Oiling)
㉰ 패드 급유법(Pad Oiling)
㉱ 심지 급유법(Wick Oiling)
㉲ 기계식 강제 급유법(Mechanical Force Feed Oiling)
㉳ 분무식 급유법(Oil Mist Oiling)

② 순환 급유방법

사용된 윤활유를 회수하여 마찰부위에 반복하여 공급하는 급유법으로 회전식 급유법이라고도 한다. 같은 오일통 속에서 오일을 반복하여 사용하는 자기순환 급유법과 펌프를 이용하여 강제적으로 오일을 순환시켜 급유하고 도중에 오일을 여과하여 세정 및 냉각하는 장치를 보유하고 있는 강제순환 급유장치가 있다.

최근 기계장치의 자동화가 널리 채택되면서 중앙 집중식 윤활급유 시스템에 대한 중요성이 크게 부각되고 있다.

㉮ 자기순환 급유법
  ㉠ 오일 순환식 급유법(Oil Circulating Oiling)
  ㉡ 비말 급유법(Splash Oiling)
  ㉢ 제트 급유법(Jet Oiling)
  ㉣ 유욕 윤활법(Oil Bath Oiling)

㉯ 강제순환 윤활시스템(Oil Circulation System)

그림 8.1은 강제순환 급유장치의 작용 원리도를 나타낸 것이며 자동화, 시스템화된 기계장치에서 많이 사용되고 있는 방법으로 특징은 다음과 같다.

  ㉠ 냉각효과가 크고 윤활부위에서 발생한 마찰열을 윤활유가 냉각시킨다.
  ㉡ 금속면의 마멸입자, 윤활유의 열화 생성물, 외부에서 혼입된 이물질을 제거하고 깨끗한 윤활유를 장시간 반복 사용할 수 있다.
  ㉢ 다수의 윤활부위에 적정유량을 쉽게 배분할 수 있다.
  ㉣ 기기의 구성이 복잡하기 때문에 충분한 관리가 필요하다.

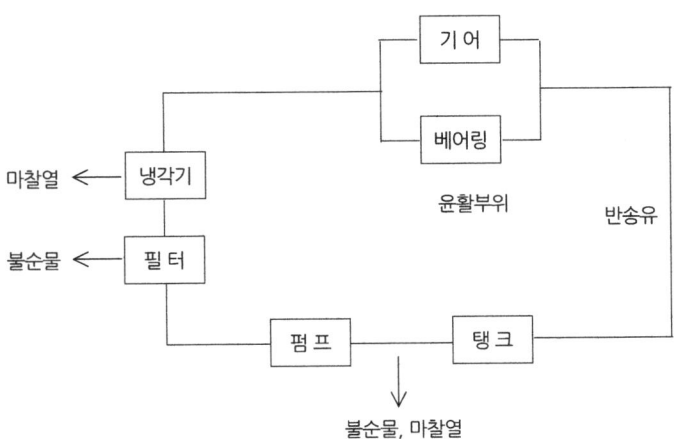

그림 8.1 강제순환 급유장치의 작용 원리도

(3) 그리스계 윤활방법

① 그리스 윤활

그리스는 윤활유에 유지를 가하여 반고현상으로 만든 윤활제로서, 반고체 윤활제인 그리스는 덩어리(Blocks)로 나눌 정도로 또한 도관을 통하여 유동할 수 있을 정도로 연하다. 그리스 윤활의 특징은 베어링에 충전된 그리스가 기계의 움직임에 따라 뒤섞이고 묽어져 윤활면에서는 윤활 기유의 점도에 가까운 상태에서 윤활작용을 하고 정지되면 다시 반고체형의 그리스로 되돌아 오는 복원성을 가지고 있는 점이다.

그리스의 장단점은 다음과 같다.

㉮ 장점

㉠ 급유기간이 길다. 즉 비산 유출되지 않아 장기간 사용이 가능하다.

㉡ 유동성이 나쁘기 때문에 누설이 적다.

㉢ 저속, 충격하중 등에 양호한 윤활성을 갖고 있기 때문에 내하중성이 크다.

㉣ 유막이 장기간 유지되므로 녹이나 부식을 방지한다.

㉤ 흡착력이 강하므로 고하중에 잘 견딘다.

㉥ 기계의 설계가 간편하고 비용이 적게 든다.

㉦ 급유 횟수가 적어 경제적이고 급유가 곤란한 부분에 적합하다.

㉧ 자체 밀봉기능이 있으므로 먼지, 물, 고형물질, 가스 등의 침입이 잘 안된다.

㉯ 단점

㉠ 냉각효과가 작아 온도상승 제어가 어렵다.

㉡ 그리스 급유, 교환, 세정 등이 어렵다.

㉢ 초고속에는 부적합하다.

㉣ 초기 회전시 회전저항이 크다.

㉤ 급유량 조절이 곤란하다.

② 그리스 공급방법

㉮ 손 급유법(Hand Greasing)

㉯ 그리스 컵(Grease Cup)

㉰ 그리스 건(Grease Gun)

㉱ 중앙집중식 그리스 공급장치(Centralized Grease System)

중앙집중 그리스 공급장치는 그리스 펌프를 이용하여 다수의 윤활부분에 동시에 강제적으로 일정량의 그리스를 확실히 공급하는 방법으로 다음의 조건에 만족해야 한다.

㉠ 확실한 정량분배의 급유

㉡ 작동의 보증

㉢ 1개소당 급유량의 임의조정 또는 선택

㉣ 배관계의 간소화

㉤ 보다 긴 배관계와 보다 많은 급유개소

중앙집중 공급장치의 구성요소는 펌프, 분배밸브, 공급관, 제어 및 지시장치 등으로 분류할 수 있으며 일반적으로 그리스는 급지 시스템이 길기 때문에 도중에 막히는 것을 고려하여 보통 $60 \sim 70\,kg/cm^2$ 고압으로 유지된다. 또한 유동저항이 크기 때문에 보통 300 이상의 주도를 갖는 그리스를 선택한다.

그림은 급유방법과 점도관계를 나타낸 것이다.

그림 8.2 급유 방법과 점도 관계

1.9 윤활제 선정

1) 윤활유(Lubricating Oil)

그림은 윤활제 선정 안내도를 나타낸 것이며 윤활유는 윤활제의 90% 이상을 차지하고 있으며 윤활유의 대부분은 광유계이다.

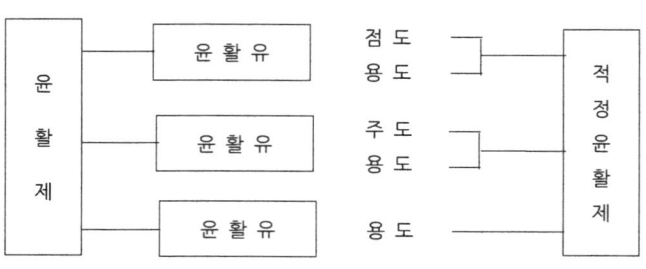

그림 8.3 윤활제 선정 안내도

액상인 윤활유가 윤활제로서 사용되기 위하여 갖추어야 할 일반적인 성질은 다음과 같다.

① 사용 상태에 따라 충분한 점도를 가져야 한다.
② 한계윤활상태에서 견디어 낼 수 있는 유성이 있어야 한다.
③ 산화나 열에 대해서 안정성이 있어야 한다.

(1) 윤활유의 용도에 의한 분류

① 내연기관용 윤활유
② 압축기유
③ 착암기용 윤활유
④ 터빈유
⑤ 냉동기유
⑥ 금속가공유
⑦ 기어유
⑧ 진공펌프유
⑨ 기계유
⑩ 공작기계 습동면유
⑪ 베어링유
⑫ 섬유기계 전용유
⑬ 스핀들유
⑭ 열매체유

⑮ 유압작동유   ⑯ 미스트 급유 전용유

2) 그리스(Grease)

그리스는 액상윤활제(광유 및 합성유)에 증조제를 분산시킨 상온에서 반고체 또는 고체상의 윤활제이다. 또한 그리스의 묽고 된 정도를 나타내는 수치를 주도(Consistency)라 하며 ASTM에서 규정한 주도 시험기로 측정한다.

주도는 규정된 원추형 추를 25℃의 시료에 5초간 떨어뜨려 들어간 깊이로 나타내며 주도는 점도와는 반대로 수치가 커질수록 그리스는 묽어진다.

$$주도 = 원추의\ 깊이(mm) \times 10$$

표 8.8은 NLGI의 분류 등급을 나타낸 것이며 주도의 종류는 다음과 같다.

① 혼화주도 : 25℃에서 60회 혼화한 직후의 주도
② 불혼화주도 : 혼화하지 않고 25℃에서 측정한 주도

표 8.8 NLGI의 분류 등급

NLGI NO.	혼화주도 (@25℃)	형 상
000	445 ~ 475	반유동체
00	400 ~ 430	반유동체
0	355 ~ 385	아주연질
1	310 ~ 340	연 질
2	265 ~ 295	조금연질
3	220 ~ 250	보통굳음
4	175 ~ 205	굳 음
5	130 ~ 160	굳 음
6	85 ~ 115	Block Grease고상

주) NLGI : National Lubricating Grease Institute

(1) 그리스의 용도에 의한 분류

① 구름 베어링용 그리스(다목적용, 저온용, 광범위 온도용)

② 집중 급유용 그리스

③ 고하중용(EP) 그리스

④ 기어 콤파운드

⑤ 자동차용 섀시 그리스

⑥ 자동차용 휘일 베어링 그리스

3) 고체 윤활제

고체 윤활제로는 흑연(Graphite), 이유화몰리브덴(MoS_2), 운모(Mica), 활석(Tale) 등이 있으며 고체 윤활제 자체는 윤활성이 거의 없으나 금속면의 요철부분을 메워 평활한 면을 만드는데 사용된다. 이러한 고체 윤활제는 내열성 및 내산성이 강하며 내하중성이 우수하여 극압 윤활제로 주로 윤활유 및 그리스에 분산 사용된다.

1.10 윤활 관리

1) 윤활관리의 계획

올바른 윤활관리를 실시하기 위해서는 우선 면밀한 준비와 계획으로 경영자 및 공장 간부의 이해와 지지를 얻어 충분한 권한과 설비와 인원이 동원되어야 하며 각 부서의 절대적인 협조가 필요하다.

윤활관리 계획은 각 공장의 실정에 맞게 적합한 양식으로 작성하며 기입내용도 가능한 간결하고 양식의 종류도 최소한으로 한정시키는 것이 좋다.

표 8.9는 윤활관리 계획 일람표를 나타낸 것이다.

표 8.9 윤활관리 계획 일람표

종류	용도 내용	비고
1. 윤활관리조사표	대상기계의 급유부분, 급유실태 등의 조사	
2. 기계대장	기계의 제원, 급유방법 등을 기재	
3. 급유지시표	급유개소, 유종, 급유량, 급유간격 및 급유개소 중 요수리 실태 기재	
4. 윤활제 갱유 카드	월간 및 연간의 갱유 결과를 담당부서에게 기재	
5. 윤활관리 점검표	분기, 반기, 연간 점검결과를 기재	

2) 윤활관리의 순서

윤활관리를 올바르게 하기 위해서는 다음과 같은 구체적인 순서에 준하여 하는 것이 바람직하다.

① 각 기계의 제원을 기록 작성한다.
② 각 기계의 윤활개소에 적합한 윤활제를 선정한다.
③ 선정된 윤활제의 종류를 총괄한 표를 만들고 그 종류를 최소한으로 줄이는 연구를 한다.
④ 윤활적유표와 기계윤활카드를 작성하고 각 기계의 윤활개소마다 윤활제의 이름, 급유(급지)방법 및 급유주기 등을 기록한다.
⑤ 윤활개소를 구별해서 명찰 또는 플레이트를 부착하고 잘못하여 다른 윤활제를 사용하지 않도록 한다.
⑥ 급유원의 급유경로 순서 등의 계획을 세운다.
⑦ 윤활제의 급유(급지)방법의 타당성을 검토하고 개량을 필요로 하는 경우는 최적의 방법을 계획하여 실시한다.
⑧ 윤활작업 실행을 확인하기 위한 기록을 한다.
⑨ 보전비 및 생산원가의 절감 등 윤활관리의 평가상 중요한 사항을 기록한다.
⑩ 윤활제의 보관, 취급 및 분배의 방법에 관해서 검토를 해서 능률이 좋은 경제적인 방법을 기획 실시한다.

⑪ 윤활담당자에 대해서 윤활의 기초지식, 윤활용기구의 사용방법 등에 관한 훈련 한다(슬라이드, 영화, 텍스트 등을 활용하는 강습회를 개최).
⑫ 윤활유의 정화방법을 연구하고 회수유의 용도를 생각한다.

3) 윤활관리의 실시

윤활관리 계획을 실행하여 그 효과를 거두기 위해서는 계획을 실시할 실시 조직을 확립하고 중심인물(윤활기사)을 선정하여야 한다. 조직이 확립되지 않으면 관리가 철저하지 않고 또한 부분적으로 실시하면 관리가 오래가지 않게 된다.

윤활기사의 자격기준은 조직적 업무수행이 가능하고 공장 각 계층의 협조와 지지를 얻을 수 있으며 보전 및 제조부문 담당자들의 협력 하에 필요한 일을 수행해 나갈 수 있는 자를 선정해야 한다.

올바른 윤활관리 실시를 위해 다음과 같은 점을 반드시 고려해야 한다.

① 유종 통일(유종이 많을 경우)
　㉮ 저장경비의 증가
　㉯ 급유시 오류를 범할 가능성이 있다.
② 누유 발견(누유시)
　㉮ 고가오일의 소비
　㉯ 공장 내의 오염
　㉰ 위험 초래(화재 및 안전사고 등)
③ 급유 담당자의 결정(기계정비공 또는 기계 보전계원 등)
④ 급유원의 교육훈련(윤활교육 실시)
　㉮ 윤활의 기초 지식
　㉯ 윤활유의 취급
　㉰ 저장과 배급
　㉱ 급유 방법
　㉲ 유조의 보전
　㉳ 예방보전 등

4) 적정 윤활법

적정한 윤활제를 적정한 온도 범위에서 적정량만 필요한 개소에 적당한 간격으로 확실히 공급하여 외부로부터의 이물이나 수분이 윤활부분이나 윤활제 중에 혼입되지 않도록 해야 한다.

5) 윤활사고의 주요원인

① 유종 선정 불량
    ㉮ 동력손실
    ㉯ 마찰면 손상
    ㉰ 윤활제의 수명단축
    ㉱ 소음 진동 증대
② 유종의 혼용 : 적정 오일이 없을 때 우선 구하기 쉬운 오일로 일시 급유한 경우
③ 이물질의 혼입
    ㉮ 유압계통에 물의 혼입
    ㉯ 순환계통에 절삭유의 혼입
    ㉰ 기타
④ 급유량의 부족 : 오일 부족은 윤활사고의 가장 많은 원인으로서 점검이 중요하다.
⑤ 누유

1.11 사용유의 관리

일반적으로 기계설비에 대한 급유 및 갱유는 기계 제조자 등의 지시에 따라 정기적으로 실시하고 있으나 사용유량 또는 소비유량이 많을 때는 신유의 보충으로 전량 교환시기를 연장하고 있다. 그러므로 정기적인 사용유의 성상, 성능 분석으로 항상 사용유의 상태를 정확하게 파악하여 두는 것이 중요하다.

기계장치 전체의 예방보전적인 입장에서 생각하면 윤활유는 사용 가능하다고 판단할 때라도 충분한 여유를 두고 교환하는 것이 이상적이며 자원절약이나 경제적인 면

에서는 교환기간의 연장이 바람직하다.

1) 윤활유의 열화원인

윤활유의 수명 또는 사용한계는 산화 및 이물질의 혼입에 따라 정해진다. 예를 들어 사용조건이 가혹한 콤프레샤유, 터빈유, 엔진오일, 유압작동유 등은 오일이 산화 및 열화되기 쉽고 이물질이 혼입되기 쉬운 상태에서 사용되고 있다.

따라서 양질의 윤활유라 할지라도 사용중에 점차적으로 변질되어 그 성질이 저하되는데 이것을 윤활유의 열화라 한다.

윤활유의 열화는 윤활유 자신이 일으키는 화학적 변화와 외부적 요인에 의하여 생기는 변화로서 윤활유의 오손이다.

윤활유의 열화원인을 종합하면 다음과 같다.

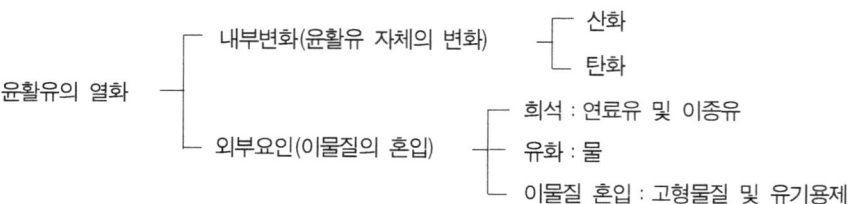

윤활유의 내부적인 변질은 산화현상으로 나타나는데 산화되면 색상이 나빠지고 점도가 증가한다. 광유가 산화되면 케톤, 알데히드 및 알코올과 같은 유용성의 산소화합물을 먼저 생성하고 다음에 이것이 유기산으로 바꾸어지며 최후에는 오일에 용해하지 않는 수지상 물질을 생성한다.

일반적으로 윤활유의 열화 중 가장 큰 원인은 공기중의 산소에 의한 산화작용이며 윤활유의 열화에 미치는 내부적 및 외부적 요인을 종합하면 그림 8.4와 같다.

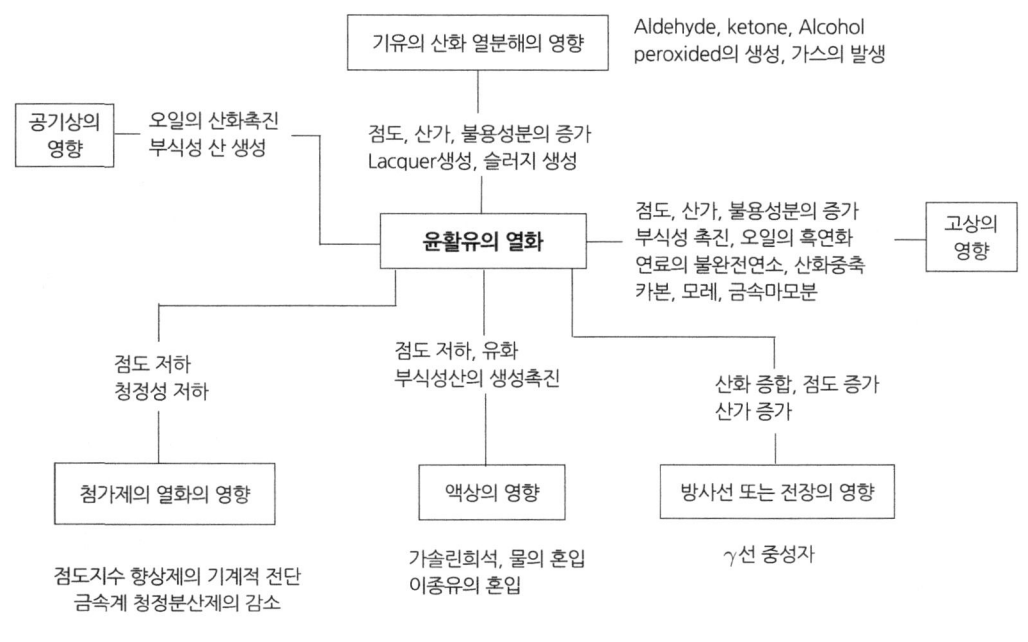

그림 8.4 윤활유의 열화에 미치는 요인

1.12 윤활유의 산화

1) 산화에 미치는 영향

① 온도

오일을 고온에서 사용하면 산화, 열화되어 중합반응을 일으켜 가용성생성물 및 불용성 생성물 등 각종의 복잡한 물질로 산화가 진행된다.

가용성생성물은 오일의 점도를 상승시켜 베어링 메탈이 부식하여 유화, 포립 등을 생성하고 또한 불용성생성물을 슬러지라 하며 윤활부의 마찰을 증가시켜 윤활면에 교착하여 열전도 및 유공을 막는 등 윤활기능을 저해한다.

㉮ 파라핀계 오일이 나프텐계 오일보다 산화안정성이 높다.
㉯ 고점도유가 경질유보다 안정하다.
㉰ 오일의 열화는 온도가 10℃ 상승할 때 약 2배가 된다.
㉱ 오일이 50℃ 이하에서 사용시 온도가 열화의 원인이 되지는 않는다.

㉮ 순환급유장치에서 광유의 최고 사용온도는 약 90℃가 된다.
　　㉯ 최고온도에서 사용을 최소화하고 급속순환을 행하여 주어야 한다.
② 산소
대기중의 산소로 인하여 오일이 산화되고 오일이 공기중에 포화되었을 때 용해된 산소의 양은 0.01wt% 이하가 되며 이 산소가 산화반응을 일으킨다. 오일의 박막이나 표면적의 체적비가 큰 경우 산화는 급속히 쉽게 일어나므로 스프레이 급유나 오일미스트 급유법은 산화를 촉진하기도 한다.
③ 금속촉매
윤활유의 산화는 일종의 화학반응이므로 촉매의 존재에 의하여 반응속도는 증가한다. 윤활유의 산화에 있어서의 촉매제로는 오일 속에 혼입된 금속마모분, 마찰금속면, 먼지, 수분, 연소생성물 등이 있다. 대부분의 금속은 윤활유의 열화에 대한 촉매로 작용하는데 일반적으로 구리, 철, 황 등은 촉매작용이 크다.
④ 윤활유의 혼합
사용유를 교환하는 경우 열화유를 남긴 채 신유와 교환하든지 열화유를 신유와 혼합하여 사용하면 열화유에 함유된 각종 불순물이 촉매작용을 일으켜 오일의 변화에 의한 열화속도가 빠르게 된다.
⑤ 수분
수분은 베어링면에서 오일을 제거하여 마모나 손상을 일으킨다. 또한 녹을 발생시켜 산화를 촉진시키기도 하고 저온에서 오일중의 불순물이나 열화 생성물과 결합하여 슬러지를 생성시켜 산화를 촉진시킨다.
⑥ 함유슬러지
윤활유의 사용중 슬러지가 생기는데 이것을 완전히 제거할 수는 없다. 오일 속에 슬러지는 래커, 고형슬러지, 유화슬러지 등이 있으나 그 성분과 구조 등은 여러 가지가 있고 폴리머성질, 과산화물질, 불포화성분 등으로 되는 고분자량의 아스팔트로서 각종 불순물 및 수분이 응결한 것으로 생각된다.
⑦ 먼지
기계장치의 주위환경, 기계마모 및 수리나 제조시의 이물미립자가 산화촉매제로서 작용을 한다. 또한 먼지는 오일의 순환을 방해하고 급유상태를 원활하지

못하게 하거나 고형물이나 마찰면에 침입하여 윤활작용을 해치고 마찰을 증대시키며 마찰온도를 높이고 오일의 산화를 촉진시킨다.

2) 윤활유의 탄화

윤활유가 가열 분해하여 기화된 가스가 산소와 결합할 때 열의 전도속도보다 산소와의 반응속도가 늦으면 열 때문에 오일이 건유되어 탄화되고 다량의 탄소잔류물이 생기게 되는 것이다. 또한 극히 점조한 오일의 경우 그 기화속도가 가열속도보다 늦으면, 탄화작용이 한층 진전 되어가는 것이다. 따라서 디젤엔진이나 공기 압축기 등의 실린더 윤활유는 탄화경향이 적은 오일을 선정해야 한다.

일반적으로 기화속도가 낮을수록 탄화 경향이 감소한다.

3) 희석

윤활유 중에 연료유 및 비교적 다량의 수분이 혼입되었을 경우에 일어나는 현상으로 윤활 성능을 저하시킨다. 수분에 의해 녹이 발생되며 녹은 계통 내 혼입되어 슬러지상 퇴적물 생성 촉진, 밸브나 실린더의 조작 저해, 펌프 및 밸브의 마모, 피스톤 로드와 램의 녹은 패킹부의 마모를 초래하여 누유 증가 등의 심각한 문제를 발생시킨다.

4) 유화(Emulsion)

윤활유가 수분과 혼합하여 유화액을 만드는 현상은 오일 속에 존재하는 미세한 슬러지 입자가 가진 극성(일종의 응집력)에 의하여 물과 오일과의 계면장력이 저하하고 W/O형 에멀션이 생성되어 차차로 견고한 보호막이 형성되는 결과에서 일어나는 것이다.

1.13 윤활유 오염관리

윤활유는 사용중에 열, 기계적 전단, 금속 마모분, 수분, 먼지, 교반 등의 영향을 받아 열화된다. 윤활유의 열화는 기계고장과 베어링의 마모, 녹아 붙음의 원인이 됨으로서 열화가 진행되면 점도변화, 산가의 증가, 수분의 증가, 슬러지 발생, 색상의 변화 등이 나타난다.

반복해서 사용되는 순환급유 등에서는 정기적으로 오일의 열화정도와 성능저하를 검사해야 하며 오염관리를 성공적으로 이끌려면 다음과 같은 사항 등을 조직적이고 계획적으로 추진해야 한다.

① 오염물질의 조사
② 오염의 영향파악
③ 오염물질의 혼입방지대책
④ 오염물질의 제거대책
⑤ 정화기기의 관리
⑥ 사용오일의 오염도 측정
⑦ 오염도의 관리기준 설정

1) 오염물질과 발생원인

표 8.10은 주요 오염물질의 특징과 발생원인을 나타낸 것이다.

표 8.10 주요 오염물질의 특징과 발생원인

종류	특징	발생 원인
산화생성물	금속부식	고온, 수분에 의한 오일의 분해
슬 러 지	작동방해	오일의 열화 생성물, 먼지 등에 의한 퇴적물
수 분	에멀전화	수분에 의한 산화 방지제의 분해
공 기	기포발생	펌프패킹불량에 의한 공기 흡입

2) 오염방지

① 외부 오염 방지
 ㉮ 접합부에 패킹, 가스켓 부착
 ㉯ 급유구에 필터 부착

㉰ 에어 브리더(Air Breather) 부착

② 탱크의 고려 사항

㉮ 적당한 스트레이너(Strainer) 부착

㉯ 적당한 격판 설치

㉰ 회수관은 유면보다 아래 탱크하부보다 관 직경의 3배 이상 높이에 설치

㉱ 흡입관(Suction Pipe)은 탱크하부보다 50 mm 이상 설치

㉲ 드레인 콕(Drain Cock) 설치

㉳ 유압 탱크 저면은 경사를 둔다.

㉴ 필요에 따라 탱크에 바이패스(By-Pass) 필터 부착

㉵ 탱크 저부에 마그네틱 필터를 설치

3) 누유와 방지

① 누유개소 발견

㉮ 배관의 진동   ㉯ 패킹의 과잉 조임

㉰ 패킹의 손상   ㉱ 패킹의 허용압력 이상 사용

㉲ 패킹의 재질불량   ㉳ 패킹 노화

㉴ 이음류의 치수불량   ㉵ 이음의 부착력 부족

② 누유

표 8.11은 누유에 의한 손실을 나타낸 것이다.

표 8.11 누유에 의한 손실

(단위 : Liter)

누유 상태	1일 (20시간)	1개월 (500시간)	1년간 (6,000시간)
5초마다 1방울	0.7	21	252
1초마다 1방울	3.5	103.5	1,242
실상적하 (소)	24	720	8,640
〃 (중)	57.6	1,728	20,736
〃 (대)	176	5,280	63,360

1.14 사용유의 열화판정법

사용유의 정기분석에 있어서 제일 필요한 데이터는 운전시간, 유온, 급유량, 청정작용 등의 윤활유 운전상황에 관한 자료이다.

1) 직접 판정법

① 신유의 성상을 사전에 명확히 파악해둔다.
② 사용유의 대표적인 시료를 채취하여 성상을 조사한다.
③ 신유와 사용유와의 성상을 비교검토한 후에 관리기준을 정하고 교환하도록 한다.

2) 간이 판정법

다음과 같은 방법으로 간접적으로 판정할 수 있다.

① 투명한 유리시험관에 오일을 넣고 밝은 곳으로 투시해서 개략적인 평가
  ㉮ 투명(Clear) : 양호(유자체 색상과는 무관)
  ㉯ 반투명(Hazy) : 오염-시험분석 필요
  ㉰ 적색 및 흑색(Black) : 산화-시험분석 필요
  ㉱ 유화(Emulsion) : 수분-즉시 신유 교체
② 냄새를 맡아보고 연료유의 혼입이나 불순물의 함유량 판단
③ 시험관에 적당량의 오일을 넣고 그의 선단부를 110℃ 정도 가열 후 함유수분 존재를 물이 튀는 소리로 판단
④ 시험관에 오일과 물을 같은 양으로 넣고 심하게 교반한 후 방치해서 오일과 물이 완전히 분리될 때까지의 시간을 측정하여 항유화성을 조사
⑤ 현장에서 간이식 점도계, 중화가시험기, 비중계, 비색계 등을 활용하거나 간이시험기를 사용한다.

1.15 윤활유의 열화방지법

사용 윤활유의 열화를 방지하고 장기간 경제적으로 양호한 윤활상태를 유지하여 수명을 연장시키려면 윤활유의 산화를 촉진시키는 원인을 제거함과 동시에 항상 순환계통을 청정하게 하여 윤활 중에 불순물이나 산화생성물의 신속한 제거는 물론 적절한 시기에 신유를 교환 또는 보충해야 한다.

① 고온을 가능한 피한다.
② 오일의 혼합사용을 피한다(첨가제반응, 적정점도 유지).
③ 신규기계 도입시 충분한 세척을 행한 후 사용한다(쇳가루, 녹분, 방청제 등 제거).
④ 교환시는 열화유를 완전히 제거한다.
⑤ 협잡물 혼입시는 신속히 제거한다(수분, 먼지, 금속 마모분, 연료유 등).
⑥ 연 1회 정도는 세척을 실시하여 순환계통을 청정하게 유지한다.

1) 윤활유 관리의 주안점
① 온도
② 오염
③ 누유

02 작동유

2.1 작동유의 종류와 특성

유압의 이용분야는 아주 광범위하여 일반산업용을 비롯한 선박, 군사, 차량, 건설기계, 각종 제어장치 등에 이용되고 있다. 이에 대한 작동유도 각 이용분야에 따라 개발되고 있으며 화학적 성질 및 유압작동유로서의 사용조건에 의해 분류된다.

1) 작동유의 분류

(1) 화학적 성질에 의한 분류

작동유의 종류를 화학적 성질로 분류하면 표 8.12와 같다. 이 중에서 광유(Mineral Oil)는 석유계 작동유라고도 하며, 그 주성분은 원유에서 채취된 천연의 탄화수소이다.

합성작동유는 특수한 작동유 및 윤활유를 목적으로 화학적으로 합성시킨 것으로 광유계에 비해 매우 고가이며 특징이나 결점도 현저하게 다르고 고무재료 등에 미치는 영향도 크다.

수성형은 물을 함유하고 있으며 주로 내화성을 목적으로 한 것으로 그 중에서 수-글리콜계는 내화성 작동유로서는 최초로 개발된 것이며, W/O형 에멀전계는 이 종류의 작동유 중에서는 가장 새로운 것으로서 수분은 중량 40% 전후 함유되어 있다. 또한 O/W형은 물 90~95% 중량으로 사용된 것으로서 주로 제철소의 롤밸런스장치 등

표 8.12 작동유의 화학적 분류표

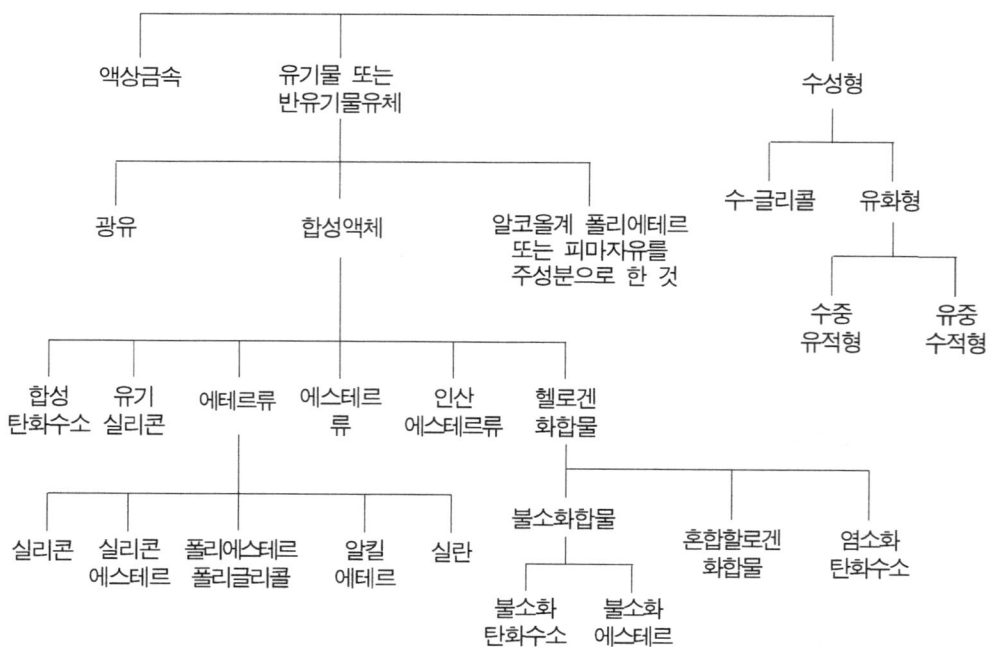

에 사용되고 있다. 이들 작동유의 대부분은 군사용 및 기타 특수한 장치에 사용되고 있다.

(2) 사용조건에 의한 분류

최근의 유압장치는 고압화, 고속화, 정밀제어, 저소음, 높은 작동신뢰성, 자원절약, 에너지절약 등의 요구에 따라 기술이 비약적으로 향상되고 있으며 건설기계용 등에서는 극히 가혹한 사용조건에도 불구하고 수명의 연장이 요구되고 있다.

표 8.13 ISO에 의한 작동유의 분류

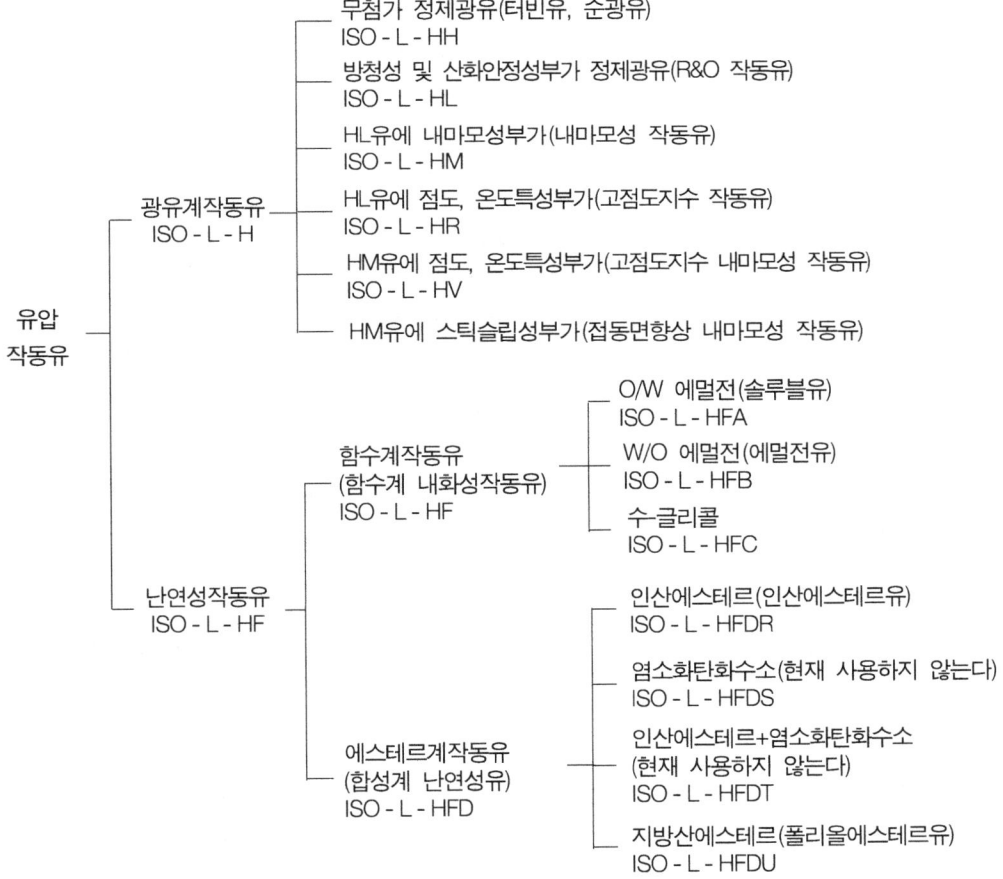

주) 기호는 ISO 분류를 표시
　　( )내는 일반명칭을 표시

일반산업용 작동유의 분류는 광유계 작동유와 난연성 작동유로 대별되며 표 8.13과 8.14는 ISO에 의한 작동유의 분류와 작동유의 종류에 따른 적합성을 나타낸 것이다.

표 8.14 작동유의 종류에 따른 적합성

종류	적 합 성
첨가 터빈유	주로 고온영역에서의 사용에 적합, 장치의 일부에 100℃ 이상의 고온이 될 가능성이 있는 장치에 적용.
일반 작동유	보통의 사용조건에 적정. 최근에는 내마모성유 겸용의 종류가 많다.
내마모성 작동유	베인펌프를 140 kg/cm² 이상으로 사용하는 경우에 적정. 가혹한 사용조건에서의 작동유로서 적정.
고온용 작동유	100℃ 전후까지는 첨가터빈유를 사용. 100℃ 이상의 사용조건에서는 고온 전용유를 사용.
저온용 작동유	-10℃ 정도까지는 일반 작동유로 충분히 사용 가능. -40℃ 부근까지 사용하는 경우에는 유동점 -40℃ 이하를 사용.
고점도지수 작동유	사용점도범위가 한정되는 장치용에 적정. 사용온도범위가 저온에서 고온까지 매우 광범위한 경우에 적정.
NC용 작동유	NC 기계의 작동유로서 적정. 사용점도범위가 좁은 경우에 적정.
접동면 겸용 작동유	기계접동부의 윤활유와 혼합되기 쉬운 유압장치용. 마찰계수가 작은 기기를 이용한 유압장치용.
차량용 작동유	산업차량, 건설차량용 작동유.
클린 작동유	전기, 유압 서보밸브 등 정밀유압기기전용의 작동유에서 주로 오염물 혼입량이 적은 작동유.
프레스기계용 작동유	대형프레스, 단조 프레스 등의 전용유.
리크방지용 작동유	장기간 사용에 따른 유압기기 패킹부에서의 누유를 방지하는 작동유.
방청 작동유	유압기기의 시험용, 또는 장기간운전을 정지시키는 경우 수분이 혼입된 경우에 적정.

종류	적합성
인산 에스테르계 작동유	물이 함유되지 않은 합성형의 난연성 작동유임. 고도의 작동이나 가혹한 사용조건에 적정.
수-글리콜계 작동유	수분이 40% 전후 함유된 난연성 작동유. 비교적 사용조건이 좋은 장치에 적정.
W/O 에멀전계 작동유	수분을 40% 전후 함유한 에멀전계의 작동유, 가격이 싸다.

2.2 작동유의 선정과 평가

주변의 온도가 높아 작동유가 고온에 휩싸이거나 인화의 위험성이 있는 경우에는 작동유의 수명에 중점을 두어 산화안정성이 좋은 것과 후자에서는 난연성의 작동유를 선정할 필요가 있다. 또한 작동유속에 수분과 이물질의 혼입을 피할 수 없는 장치에서는 교환빈도가 많아지기 때문에 작동유의 수명보다 경제성에 중점을 두고 선정을 해야 한다.

작동유를 평가할 경우 일반적으로 작동유 메이커의 목록과 자료에 있는 일반성상표를 토대로 하는 방법이 취해지고 있다. 예를 들면 인화점은 작동유의 유분을 나타내고 높을수록 증발성과 위험성이 작고 양호하다. 일반적으로는 200℃ 전후이며 점성이 높을수록 높은 경향이 있다.

표 8.15는 각종 작동유의 특성과 선택상의 조건을 나타내었다.

표 8.15 각종 작동유의 특성과 선택상의 조건

구분	석유계	O/W 유화형	W/O 유화형	수-글리콜계	인산 에스테르계	지방산 에스테르계
비중 (15/4℃)	0.85~0.90	0.98~1.0	0.92~094	1.03~1.08	1.13~1.15	0.92~0.95
점도지수	95~120	매우 높다	130~150	140~170	-40~+20	150~195
인화점(℃)	200~250	-	-	-	230~280	260

구분	석유계	O/W 유화형	W/O 유화형	수-글리콜계	인산 에스테르계	지방산 에스테르계
유동점(℃)	-30~10	-	-	-40	-10℃	-20~-10
내화성	나쁘다	좋다	약간 나쁘다	좋다	약간 높다	나쁘다~약간 나쁘다
증기압	낮다	높다	높다	높다	낮다	낮다
윤활성 펌프수명 구름베어링	좋다~매우 좋다 매우 좋다	나쁘다 나쁘다	좋다 약간 나쁘다	좋다 나쁘다	좋다~매우 좋다 좋다	좋다~매우 좋다 매우 좋다
사용온도 한계(℃)	130	50	65	65	130	130
금속부식성	매우 좋다	나쁘다	좋다	좋다, Cd, Mg, Zn 등은 침식한다	좋다	좋다
물 함유량	없음	90~95%	약 40%	35~50%	없음	없음
실 및 패킹류 - 적합	니트릴고무 아크릴고무 불소무 클로로프렌 (폴리우레탄)	니트릴고무 아크릴고무 불소고무 클로로프렌	니트릴고무 아크릴고무 불소고무 클로로프렌	니트릴고무 아크릴고무 불소고무 클로로프렌	불소고무 부틸고무 EPR 실리콘고무	니트릴고무 아크릴고무 불소 고무
실 및 패킹류 - 부적합	부틸고무 EPR	부틸고무, 가죽 EPR 폴리우레탄계 코르크함침 고무	부틸고무, 가죽 EPR 폴레우레탄 코르크함침 고무	실리콘고무 폴리우레탄 코르크함침고무	니트릴고무, 가죽 아크릴고무 폴레우레탄계 코르크함침 고무	부틸고무 EPR
도료	좋다	좋다	약간 나쁘다	외면 도장 비닐계, 에폭시 수지 내면도장 없음	외면도장 에폭시 수지 내면도장 없음	좋다 페놀계는 불량
소방법상의 취급	위험물	비위험물	비위험물	비위험물	위험물	위험물

구분	석유계	O/W 유화형	W/O 유화형	수-글리콜계	인산 에스테르계	지방산 에스테르계
용도	내화성을 요하지 않는 각종 유압장치	압연설비 롤밸런스용 저압프레스기계	제철소의 다운코일러	다이캐스터 머신 용접기, 제철소의 저·중압 유압장치	100kg/cm² 이상의 고압을 요하며 내화성을 필요로 하는 유압장치 연속주조설비	100kg/cm² 이상의 고압을 요하며 내화성을 필요로 하는 유압장치 연속주조설비
사용상의 문제점	R&O형 작동유, 내마모성 작동유, 고점도지수유 등이 있고 펌프의 종류, 사용압력, 온도조건 등 사용조건에 적합한 것을 선정할 필요가 있다.	① 점도가 낮고 윤활성이 나쁘므로 일반 유압 장치와 같은 점성 실형 밸브와 펌프에는 부적합 ② 박테리아나 곰팡이가 발생하기 쉽다.	① 사용온도는 65℃ 이하가 바람직하다. ② 유화안정성이 나쁘다. ③ 박테리아나 곰팡이가 발생하기 쉽다.	① 사용온도는 65℃ 이하가 바람직하다. ② 누유성이 나빠고하중 구름베어링에의 윤활성이 좋지 않다. ③ 밸브류의 작동 불량과 케비테이션 에로전이 발생하기 쉽다.	① 점도지수가 낮아 저온시 동시에 주의가 필요 ② 가수분해를 일으키기 쉬우므로 수분의 혼입에 주의를 요한다.	① 가수분해를 일으키기 쉬우므로 수분의 혼입에 주의를 요한다.

2.3 작동유의 관리기준

유압기기는 에너지 절약화, 소형화, 저소음화, 유압제어밸브의 집적화 등 꾸준한 기술혁신에 의해 보다 광범위한 용도에 사용되고 있다.

이 유압기술의 진보에 따라 유압기기에 사용되고 있는 작동유에 대해서도 요구품질이 엄격해지고 있으며, 또한 정기적으로 작동유를 분석하여 관리하는 것은 단순히 오일의 수명 예측을 할 뿐 아니라 유압장치 예방보전상의 면에서 중요시되고 있다.

여기서는 작동유를 관리하는 기준으로서 갱유시의 기준치를 중심으로 시험항목의 의의 및 갱유기준에 대해서는 사용조건이 여러 가지이기 때문에 통일된 것은 없고 일반적으로 채용되고 있는 기준치를 사용했다.

1) 일반 시험항목

작동유의 열화와 오염의 정도는 거의 현장에서 작동유를 채취하여 신유와 비교함으로써 판단할 수 있다. 그림 8.5는 작동유의 판정경로를 나타낸 것이다.

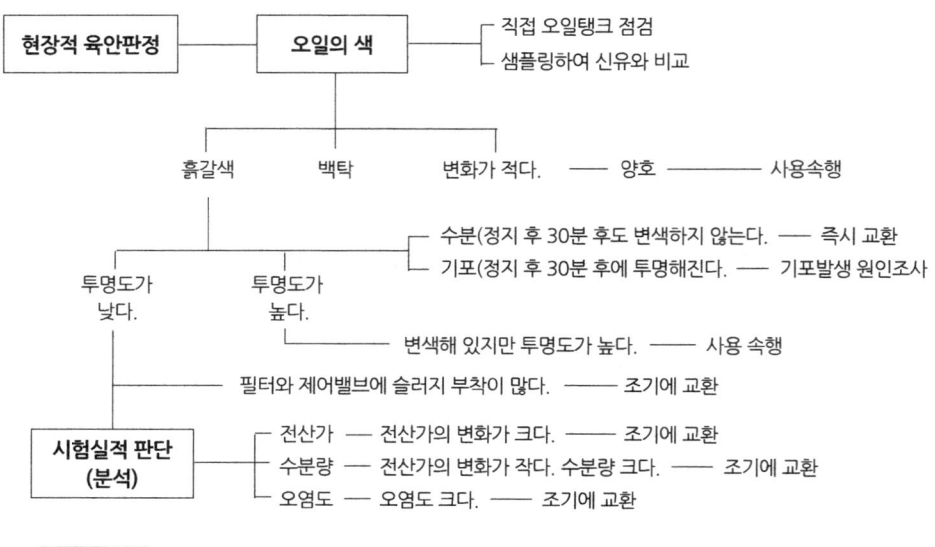

그림 8.5 작동유의 판정경로

일반시험항목은 기기가 요구하는 특성 또는 사용조건에 따라 차이가 있지만 비중, 점도, 색, 전산가, 수분, 기포성, 방기성, 오염도 등이 있다.

또한 시험의 목적에 따라서는 인화점, 유동점, 침전가, 방청성, 계면장력, 항유화성 등을 포함한 필요항목을 분석하여 뒤에 설명할 기기분석과 아울러 해석하는 일도 있다.

여기서는 일반적인 시험항목에 대해 그 의의와 얻어진 결과가 갖는 의미에 대해 간단히 설명하겠다.

① 비중

비중은 물리특성인 발열량, 비열, 팽창계수 등과 중량환산에 이용되고 있으나 사용유에서는 오일의 열화와 이종유 혼입의 판정에도 사용된다. 석유계 작동유에서 ±0.05의 변화량을 갱유기준으로 정하고 있는 사례도 있으며 또한 W/O유화형 작동유에서는 수분과 상관관계가 있기 때문에 수분량을 측정하는 방법을 사용하고 있다.

② 점도

점도의 측정법으로는 동점도시험식이 국제적으로 채택되어 cSt로 표시되고 있다. 점도변화의 원인으로서 증가됐을 경우에는 산화의 진행에 의한 열화와 불용해물질에 의한 오손을 생각할 수 있다.

일반적으로는 신유에 대한 점도변화율 ±10%를 갱유기준으로 설정하는 사례가 많으며 유압기기의 사용조건에 따라서는 ±15%가 되는 경우도 있다.

표는 내마모성 작동유의 TOST(터빈유 산화안정도 시험) 결과를 나타낸 것으로 점도변화는 전산가의 증가에 따라 점도도 상승하고 있음을 알 수 있다.

표 8.16 내마모성 작동유의 TOST 결과

시험항목 \ 시간(h)	0	1,000	1,500	2,000	2,500	3,000	3,500
색상(ASTM)	L0.5	L1.5	L1.5	L4	L6	L7	L8 이상
전산가(mg KOH/g)	0.7	0.3	0.2	0.3	0.4	0.7	1.1
점도 변화율(40℃)	0	+1	+1	+2	+2	+5	+13

③ 색

색변화의 원인으로서는 오일의 산화경향과, 현장에서의 오일의 오염물질의 존재를 생각할 수 있고 열화판단의 기준으로 사용되고 있다.

R&O타입의 터빈오일에서는 색이 5를 넘는 것을 열화판정의 기준으로 하고 있는 경우도 있으나 내마모성 작동유에서는 특별히 정해져 있지 않다.

④ 전산가

작동유의 열화판정을 하는데 가장 중요한 항목으로 사용된다. 탄화수소는 산화되면 중간물로서 하이드로퍼옥사이드를 생성하여 연쇄반응에 따라 산화가 촉진되어 중간 생성물이 분해되고 카르본산, 알데히드, 알코올 등을 생성하여 전산가가 증가된다.

일반적으로는 1.0 mgKOH/g를 갱유기준으로 설정하고 있는 사례가 많으며, 갱유기준을 초과하면 가속도적으로 산화열화가 진행되어 슬러지와 점착성의 슬럼을 형성할 뿐 아니라 부식 등 기기의 성능에 중대한 영향을 준다.

표 8.17은 TOST후의 윤활유의 품질변화 원인을 나타낸 것이다.

표 8.17 윤활유의 품질변화 원인

시험항목 \ 구분	수치가 감소되었을 경우	수치가 증가되었을 경우
비 중	저점도 그레이드오일의 혼입	① 고점도 그레이드오일의 혼입 ② 전산가의 상승 ③ 불용해분의 증가
점 도	저점도 그레이드오일의 혼입	① 고점도 그레이드오일의 혼입 ② 전산가의 상승 ③ 불용해분의 증가
수 분	증 발	수분의 혼입
전 산 가	① 보급 ② 첨가제의 소모	작동유의 열화
전 염 기 가	첨가제의 소모	
색	보 급	① 전산가의 상승 ② 오염 ③ 불용해분의 증가
소 포 성		① 첨가제의 소모 ② 전산가의 상승

⑤ 수분

수분의 혼입은 단순히 유화하여 오일의 수명을 단축할 뿐 아니라 유압계 내의 녹발생, 윤활불량 등을 일으키는 촉진제가 된다. 또한 인산에스테르계 작동유에서는 물이 혼입되면 가수분해를 일으키기 쉬워져 강산이 생성되어 작동유와 장치의 수명을 현저히 짧게 한다.

그림 8.6은 수분이 열화에 미치는 영향을 나타낸 것으로 0.2vol%를 초과하면

RBOT(로터리봄베 산화안정도 시험)의 수명비가 급격히 악화됨을 알 수 있다.

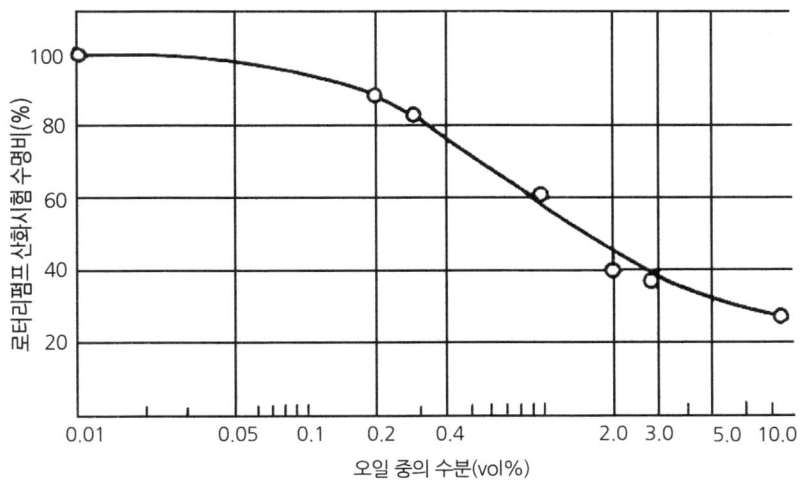

그림 8.6 　수분이 열화에 미치는 영향

⑥ 오염도

오염도의 측정법에는 여러 가지가 있으나 오염관리에 자주 사용되는 측정법은 미립자 측정법이 있다. 일반적으로 오염이 진전되고 있지 않은 시료는 자동식 입자계수기법으로 측정하고 오염이 진전되고 있는 시료는 질량법으로 측정하는 것이 타당하다고 생각된다.

오염의 관리 기준으로서 유압장치에 사용되고 있는 필터의 여과 정밀도에 따라 다르지만 일반적으로는 질량법으로 10 mg/100ℓ이 사용되고 있다.

⑦ 기포성

기포가 심해지면 마모, 시저현상 등의 발생, 펌프의 효율저하, 소음, 작동불량 등 유압장치에 주는 영향은 크다. 기포성의 시험법은 유감스럽게도 실기와의 상관관계에 대해서는 명확하지 않다. 그러나 분석결과 기포성이 나빠져 있을 경우는 원인을 추구한 후에 적절한 조치를 하는 것이 바람직하다.

작동유에 사용되는 소포제로서는 에스테르계와 실리콘계가 있는데 기포성이 나빠져 있다고 해서 단순히 소포제를 첨가하면 오히려 기포가 심해지는 등 생각하지 못한 문제가 발생하는 일도 있어서 오일메이커와 상담한 후에 신중한 대응을 할 필요가 있다.

⑧ 방기성

포말기포의 영향과 같이 오일속의 기포는 유압시스템의 작동불량과 펌프의 캐비테이션에 의한 토출유량 저하, 이상의 발생 등의 요인이 된다. 이 오일 속 기포를 측정하는 방법으로서, DIN51381에 방기성의 시험법이 규정되어 있다. 오일 속의 기포가 0.2vol%에 이를 때까지 요하는 시간(분)으로 표시되고 있는데 작동유의 관리기준으로서는 아직 명확히 되어 있지 않다.

그림 8.7에 방기성 시험장치와 시료용기를 나타낸 것이다.

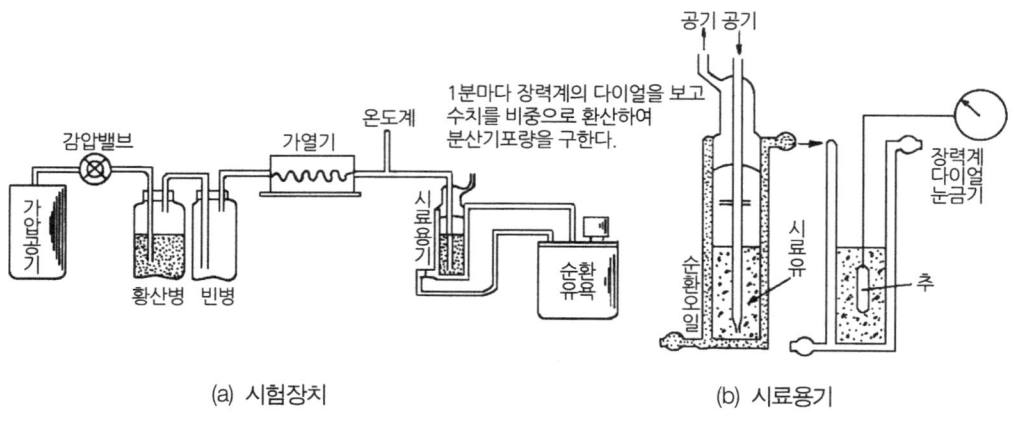

(a) 시험장치   (b) 시료용기

그림 8.7 방기성 시험장치와 시료용기

2) 사용유의 채취

사용유의 채취에 있어서 다음과 같은 점에 유의하여 실시해야 한다.

① 채취량은 시험항목에 따라 다르지만 표 8.18에 대표적인 시험항목과 시료량을 나타냈다. 이 양은 최소한의 수치이며 분석치가 허용오차범위에서 벗어난 경우에는 재시험을 실시하기 위해 여유를 갖고 채취하는 것이 바람직하다. 일반분석에서는 1ℓ로 충분하다고 생각된다.

표 8.18 시험항목과 시료량

시험항목	시료량	시험항목	시료량
반응	100 ml	침전가	10 ml
중화가	25 ml	기포성	400 ml
전산가	25 ml	방청성능	300 ml
색상	30 ml	부식시험	50 ml
비중	300 ml	전단안정성	50 ml
인화점	100 ml	불용해분	30 g
유동점	50 ml	잔류탄소	15 ml
점도	30 ml	수분	25~50 g
pH	25 ml	계면장력	90 ml
산화안정도	150 ml	공기량	300 ml
아닐린점	10 ml	향유화성	40 ml

② 채취유는 기계가 운전되고 있을 때의 평균적인 작동유의 상태를 대표하는 것이어야 한다. 탱크의 상층부, 중층부, 하층부에서 상태가 달라져 있는 경우도 있고 채취개소도 일정한 장소나 또는 샘플채취기 등으로 채취하는 것이 바람직하다. 하층부에는 수분과 오염물이 침전해 있는 일도 있어서 정기적으로 드레인에서 빼내 상황을 파악하는 것도 중요하다.

③ 채취용기는 청정한 용기를 사용해야 한다. 특히 오염도를 중요시할 경우에는 깨끗한 유리용기를 이용하는 것이 바람직하다. 채취 후는 시료용기의 마개와 뚜껑을 완전히 닫아 먼지가 들어가지 않도록 한 다음 빨리 시험실로 보내 분석을 한다.

또 채취용기에는 공장명, 설비명, 오일명, 운전시간, 유량, 채취개소, 채취연월일 등을 기입함과 동시에 되도록 시험의 목적, 육안상의 판단, 사용상의 특기사항 등을 첨가 기록해 적절한 지시를 하는 것이 바람직하다.

3) 갱유기준

열화가 진전된 작동유를 계속 사용하면 슬러지가 유로를 폐쇄하여 윤활불량을 일으킬 뿐 아니라 점도상승에 의한 동력손실의 증대, 부식과 마모촉진 등 기계의 고장,

사고의 원인이 된다.

갱유기준은 탁상평가, 실기에서 데이터의 집적, 경험에 의거한 판단에 의한 것이고 사용유압장치의 이력, 사용조건(온도, 압력, 분위기 등), 보급량 등에 따라 당연히 달라진다. 그러므로 정기적인 분석결과를 토대로 표 8.19에 나타낸 갱유기준 예를 대조하여 갱유할 필요가 있다.

갱유기준 설정시에는 사용자측, 기기메이커, 오일메이커 3자가 협의하여 적정한 기준을 설정하는 것이 가장 바람직한 자세다. 그리고 갱유에 즈음해서는 분석결과를 토대로 종합적으로 판단하는 것이 중요하다.

표 8.19 작동유의 갱유기준 예

시험항목 \ 유종명	내마모성 작동유	수-글리콜계 작동유	W/O유화형 작동유
비중(15/4℃)	±0.05*		
동점도(40℃)cSt	±0.05*	20%	50 이하
전산가(mg KOH/g)			3.0 이상
전염기가(mg KOH/g)	0.5~1.0*		4.0 이하
예비알칼리가		32 이하, 40 이상	
수분 vol %	0.2 이상	33 이하, 50 이상	30 이하
pH		10%	
오염도 mg/100ml	10 이상	10 이상	10 이상

주) * 표 : 변화량을 표시함.

4) 작동유의 오염

유압장치의 고장 원인에서 70~80%가 작동유 중에 존재하는 이물질(오염요인물)에 의한 것으로 알려져 있다.

유압장치의 특징은 작동유가 주로 다음과 같은 작용을 한다.

① 동력을 전달한다.
② 압력을 밀봉한다.
③ 기기의 윤활을 한다.

④ 냉각작용을 한다.

어떤 작동유에나 많든 적든 이물질이 존재하고 있는 것은 사실이며 이물질의 양은 유압장치의 구동시간이 경과함에 따라 증가하게 된다. 작동유중에 이물질이 혼입되는 경로로서 여러 가지 것을 생각할 수 있는데 그것은 다음과 같다.

① 유압기기의 제작중
② 유압기기를 조합하여 장치를 제작중
③ 유압기기, 유압장치의 보관 및 수송중
④ 설치된 유압장치의 노출부와 수리중 개구부에서의 침입
⑤ 유압장치 각 요소기기의 내부에서 박리
⑥ 유압장치 내부에서의 발생

표 8.20 작동유오염의 원인과 종류

오염의 원인 \ 오염물의 종류	금속분	주물사	먼지	용접슬래그	실재	고무류마모분	절삭연마분	섬유류	도료분	작동유열화물	수분	이종의액체	공기
부적당한 세정과 제조 조립공정	○	○	○	○	○	○	○	○	○	-	○	-
보관, 수송도중	-	-	○	-	-	-	-	-	○	-	○	○	-
장치의 노출부 및 수리시	○	-	○	○	○	○	○	○	○	-	○	○	○
장치 내에서의 이탈	○	-	○	-	○	○	○	○	○	○	-	○

이와 같은 경로로 침입, 발생하게 되는 이물질은 어느 것이든 모두 없앨 수는 없다. 작동유를 오염시키는 원인과 종류를 표 8.20에 나타냈다.

2.4 플러싱

1) 플러싱의 목적

플러싱(Flushing)이란 유압장치의 배관계통에 작동유를 넣어 세정하는 작업을 말하며 플러싱에는 다음 두 종류가 있다.

① 새로 제작한 유압장치의 조립완료 후 또는 유압장치와 본체의 배관접속이 종료되어 운전에 들어가기 전에 실시한다.
② 지금까지 사용하고 있던 유압장치에서 작동유 교환시 또는 오버 홀시에 실시한다.

유압장치의 배관계통은 충분한 내진동, 내압력을 가져야 하며 또한 관로 내는 매우 깨끗해야 하며 관내의 스케일, 녹, 용접스패터, 주사, 마모분, 작동유의 열화물, 혼입수분 등을 제거하여 청정한 상태로 마무리하는 수단으로서 플러싱이 실시된다.

2) 플러싱 전의 주의사항

플러싱에 의해 유압장치의 배관계통 내가 모두 청정해지는 것은 아니다. 플러싱은 어디까지나 배관계통 내의 미세한 입자 또는 부착물의 제거가 목적이며 모든 오염요인물의 제거에 대해 만능은 아니다. 따라서 유압장치 제작에 임해서는 조금이라도 오염요인물의 혼입을 없애도록 다음 사항에 주의해야 한다.

① 배관재료의 선정과 보관
배관재료는 반드시 내벽이 청정한 것을 선정하고 내부에 녹이나 현저한 오염물이 있는 것을 사용하지 않는다. 부득이 사용할 때는 충분히 녹과 오염물을 제거해야 한다. 관이나 관조인트의 보관에는 방청유를 바른 후에 습기가 적은 장소를 선정해야 한다.
② 배관작업
스크루식 배관의 경우에는 나사 끝부위에 모따기를 실시하고 실테이프를 사용하여 나사를 조일 경우에는 한번 나사를 조인 것을 풀어 다시 조일 시 최초의

실테이프 찌꺼기가 관로 중에 들어가는 일이 없도록 사전에 제거한다.
③ 용접작업
용접시의 고온에 의해 용접부 내벽에 스케일이 발생하는 일이 있다. 이것이 떨어져 계통 내에 침입하는 것을 방지하기 위해 와이어브러시 등으로 스케일을 제거해 청정하게 한다.
④ 관의 절단작업
고속커터로 관을 절단하면 절삭칩이 관의 내벽에 침투됨으로 청정하게 한다.
⑤ 매니폴드
특히 가공구멍 입구나 내부교차 구멍부근의 돌기 부분을 와이어휠, 전용공구 등으로 완전히 제거한다. 그리고 장치조립중의 보관에는 각 포트부에 방진을 위해 플러그를 설치하든가 테이프를 붙여 둔다.

3) 산세정

산세정 전에 관벽에 부착되어 있는 작동유 및 기타 윤활유분을 충분히 제거해야 함으로 탈지공정이 필요하게 된다. 또한 산세정 공정 완류 후의 방청처치도 중요하다.

유압배관은 임시 조립한 후 이것을 다시 해체해 용접을 하는 일이 많으므로 최종 조립을 하기 전에 배관내부와 용접부의 녹, 스케일 등을 제거하는 방법으로 산세정이 실시된다.

사용되는 산은 염산, 황산, 초산 등인데 그 중에서도 상온에서 비교적 단시간의 침적으로 효과가 있는 염산이 많이 사용된다.

철강을 염산으로 세정하면 염산 중의 수소가 철강 내에 들어가 약화시키는 수소취성의 현상을 일으키는 일이 있다. 이 때문에 시판의 철강용 화학세정의 산세정액에는 수소취성 방지제가 배합되어 있다. 표 8.21에 산세정과 후처리 공정을 나타냈다.

표 8.21 산세정과 후처리의 공정

작업 내용	액의 종류	작업 목적
1. 수세	물	거친 고무의 제거
2. 탈지	NaOH 용액 (유기용제, 에멀전 등을 사용할 때도 있다.)	유분 제거
3. 수세	물	NaOH의 제거
4. 제청	희염산(희황산을 사용하는 일도 있다. 관 및 관조인트가 SUS인 경우는 초산+플루오르산, 인산+플루오르산 등이 사용된다.)	녹, 스케일의 제거
5. 수세	물	산분의 제거
6. 중화	아초산소다용액	미량산분의 제거와 일시 방청
7. 탕세	열 탕	조기건조
8. 화성처리	인산염용액 또는 NaOH고온용액 (인산염피막처리와 검게 물들이는 것으로 생략되는 일이 있다.)	방 청
9. 탕세	열 탕	조기 건조
10. 건조	-	방 청
11. 방청처치	방청유	방 청
12. 밀봉처치	-	방청, 먼지방지

4) 플러싱 오일

석유계 플러싱 오일에서는 일반적으로 아래와 같은 특성이 필요하다.

① 윤활성이 양호해야 한다.
② 방청성이 양호해야 한다.
③ 용해 능력이 커야 한다.
④ 혼화성이 양호해야 한다.

2.5 작동유의 취급과 보관방법

유압장치를 항상 최상의 상태로 사용하기 위해서는 적절한 윤활관리기구를 정해 적유, 적량, 적법, 적시라는 윤활관리의 4원칙을 확실히 실행하는 것이 중요하다. 이것을 확실히 실행하는데 있어서의 장점은 다음과 같다.

① 기계의 고장과 사고가 감소되고 가동률이 향상된다.
② 기계의 정밀도 향상, 기계의 내용기간이 길어진다.
③ 갱유 및 오일보충 등의 작업이 단순화되어 시간을 줄일 수 있다.
④ 책임자를 둠으로써 공장 전체가 규율화된다.
⑤ 누유가 없어지고 오일의 소비량이 감소된다.
⑥ 적소, 적유, 적량으로 갱유주기를 연장할 수 있다.
⑦ 유종의 합리적인 통일로 일괄구입이 가능해져 구입단가를 내릴 수 있다.

작동유는 작동에너지의 매체역할 외에 다음과 같은 작용을 한다.

① 접동면에서 윤활유로서의 작용
② 금속면간의 간극부분에서의 밀봉작용
③ 금속면의 방청작용

유압기기 고장의 80%~90%는 오염요인물에 의한 것으로 보고되고 있다. 따라서 작동유의 취급과 보관에 대해서도 오염요인물을 어떻게 방지하느냐가 주안점이 되는 것이다.

제09장　밀봉 장치

1. 밀봉의 개요

2. 실의 선택

3. 실의 종류

밀봉 장치

01 밀봉의 개요

배관과 기기 내부의 유체가 누설되지 않고 또한 외부로부터 이물질이 내부로 침입을 방지하기 위해 이용되는 장치를 총칭해서 밀봉장치 또는 실(Seal)이라고 한다.

표준 규격에서는 서로 접촉하는 부분 사이에서 유체의 누설을 방지하는 기계요소를 실이라고 하고 정지 부분에 사용하는 것을 개스킷(Gasket), 운동부분 간에 사용되는 것을 패킹(Paking)이라 한다.

실(Seal)은

① 왕복운동, 회전운동, 나선운동 등과 같은 접촉하는 부분에서 운동부의 상태
② 실 유체의 기체, 액체 분체, 온도, 압력, 부식, 발화의 위험성
③ 접촉면의 조건

등에 따라 다음과 같이 분류된다.

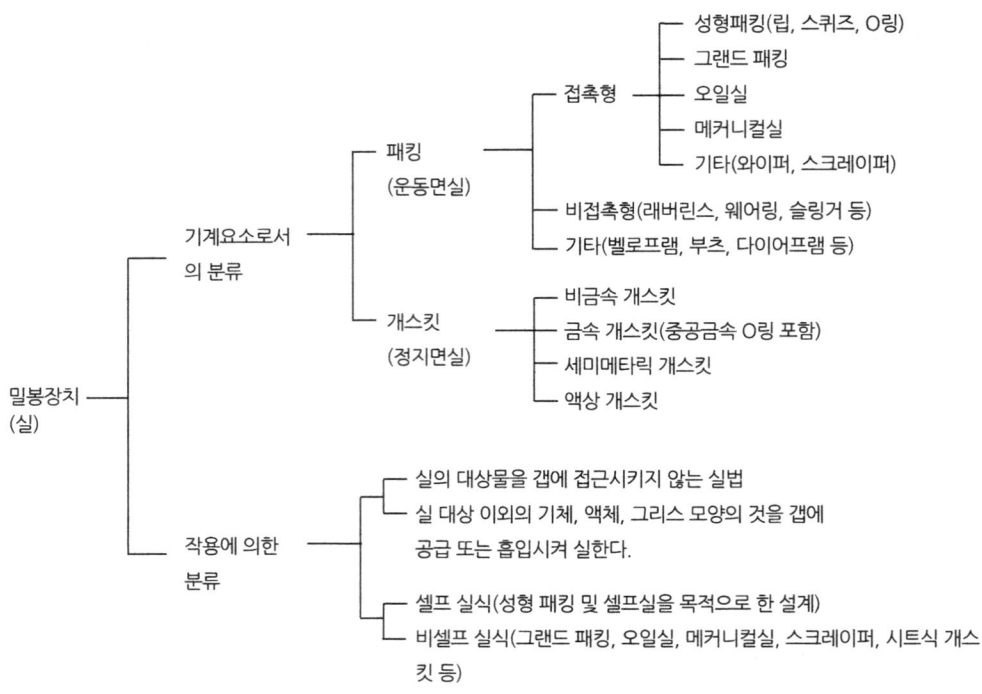

02 실의 선택

그림 9.1은 다양한 고무 성형 실의 종류를 나타낸 것이며, 적절한 실이란 실 장치와 그 성능을 유지하기 위한 비용이 저렴하고 성능과 신뢰성이 높아야 한다.

① 절대 누설과 침입을 허용치 않을 경우
② 약간의 누설 또는 침입을 허용하는 경우

(a) 고무 성형 실

(b) 오일 실

그림 9.1 다양한 고무 성형 실의 종류

03 실의 종류

3.1 패킹

패킹은 기밀성을 유지하기 위해 파이프의 이음새나 용기의 접합면 등에 끼우는 재료를 말한다.

유압기기, 압축기, 펌프 등의 액체나 밀폐되어 있는 용기의 접합면이나 이와 같은 용기에 회전 또는 왕복운동을 하는 축이 관통하고 있을 경우 등에 이 부분에서 내부의 유체가 밖으로 새어나오지 않게 여러 가지 물질을 끼워 넣는다. 따라서 밀봉하는 장소의 구조 압력, 온도, 운동 등의 차이에 따라 채워 넣는 재료나 모양이 다양하다.

패킹 재료로는 천연고무, 합성고무, 피혁, 석면 등의 비강체물질이 주로 사용되며 또한 철, 구리, 납 등을 조합한 합금을 사용하기도 한다.

한편, 상자에 넣은 하물을 운반할 때 동요로 인해 내용물이 파손되는 것을 방지하기 위해 하물 속에 넣는 것도 패킹이라 한다.

3.2 그랜드 패킹

그랜드 패킹이란 펌프 등의 축봉장치가 그랜드 패킹일 경우에 스타핑박스 내에 있고 패킹부분으로 조여진 단면사각형의 코일형태로 성형한 패킹을 말한다.

그림 9.2는 그랜드 패킹의 절단과 설치를 나타낸 것이며 재료로는 목면, 석면, 합

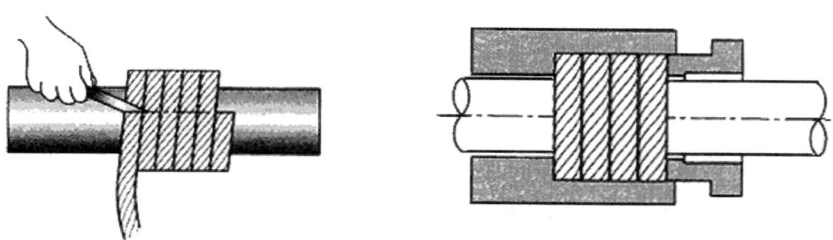

그림 9.2 그랜드 패킹의 절단과 설치

성섬유 등이 사용되고 가는 실을 짜서 10~15 mm 정도의 사각형의 단면을 가진 로프로 만들어 여기에 윤활성을 주기 위해 오일을 넣는다. 그랜드 패킹은 고속 회전부의 축봉에 사용되는 소모품으로 적당히 조여야 하며 너무 무리하게 조이면 패킹이 과열되어 스터핑 박스, 패킹과 보호 스리브가 손상되고 또한 기계적 손실에너지가 증가한다.

1) 펌프의 소모부품과 교환주기

그랜드 패킹은 일반적으로 일일 8시간 운전하는 경우에 6개월마다 교환하는 것이 좋고, 적어도 1년에 1회는 교환하지 않으면 안 된다.

표 9.1은 펌프의 소모부품과 교환주기 예를 나타낸 것으로, 그랜드 패킹의 사용 내열온도는 523K~723K(250℃~450℃)이다.

표 9.1 펌프의 소모부품과 교환주기 예

소모 부품	교환 기준	교환 주기
그랜드 패킹	① 스타핑 박스에서 물의 누출이 많아지면 패킹을 더 조인다. ② 더 조여도 물의 누출이 멈추지 않을 경우에는 패킹을 교환한다. 이때 슬리브가 마모되었을 경우는 이것도 교환한다.	6개월
메커니컬 실	그랜드부에서 물의 누출이 있으면 메커니컬 실을 교환한다.	1년
축이음매 고무	고무가 열화, 마모, 편측 마모되었을 때	1년
오일실	윤활유의 누출이 있을 때	1년
V링, O링, 개스킷	분해 점검시마다(정기 점검시)	
축 슬리브	슬리브 표면이 마모되었을 때	1년
베어링 금속판	① 소음이 심해졌을 때나 이상 진동이 있을 때 ② 정기 점검에서 마모되었을 때	2년~3년

2) 그랜드 패킹의 교환요령

① 작업의 안전확보상, 제어반의 스위치를 끊고 반드시 실시한다.

② 토출관에서는 토출밸브와 체크밸브가 병설되어 있지만 좀 더 확실히 하기 위해

토출밸브를 완전히 차단해야 한다.

③ 그랜드 패킹의 크기는 스터핑박스의 패킹 봉입부와 같은 지름 또는 이것에 가장 가까운 것을 이용한다. 박스 내에는 보통 패킹이 3~6개 정도 들어갈 수 있도록 되어 있으며 1링에 필요한 패킹의 길이는 그 양끝의 표시부분이 회전축에 감겨진 경우 반드시 합치되도록 패킹을 자른다.

④ 바르게 절단한 패킹 여러 개 중 우선 1개를 회전축에 감고 그랜드에 따라서 스터핑박스에 주의 깊게 밀어 넣고 그 다음부터 각 패킹은 각각의 표시부분이 그 전에 끼워넣은 것에 대하여 90° 정도 벗어나도록 해서 1개씩 같은 요령으로 박스에 밀어넣기 시작한다.

⑤ 마지막 패킹은 비스듬히 빠지지 않도록 그랜드에 넣을 장소로서 적어도 5 mm의 여유를 남겨두지 않으면 안 된다. 이것은 그랜드가 기울면 회전축과 접촉하여 사고로 연결되기 때문이다.

⑥ 모든 패킹을 끼워 넣으면 그랜드너트를 손으로 가볍게 조이는 정도로 해두고 맨 처음부터 스패너로 심하게 조여서는 안 된다. 그리고 커플링부를 손으로 회전시켜 회전축의 회전이 지나치게 무겁지 않다는 것을 확인하고 나서 패킹이 축에 익숙해질 때까지 약 20분 정도 펌프를 길들이는 운전을 한다.

⑦ 스터핑박스부에서 누수량이 최대인 경우에는 누수량이 적당량(매분 30방울 정도)으로 감소하도록 그랜드를 증가하도록 조인다. 이 경우 좌우의 그랜드너트를 스패너로 상호 동등한 힘으로 서서히 조이는 것이 중요하며 결코 한쪽만 조여서는 안 된다.

3.3 오일 실

1) 오일 실의 개요

밀봉면에 거시적인 상대운동이 있는가 없는가에 따라 동적요소와 정적요소로 분리된다. 동적밀봉요소를 운동용 실 또는 패킹이라고 하고 크게 접촉형과 비접촉형으로 분리된다.

오일 실은 가격이 저렴하고 사용하기 쉬우며 또한 설치에 사용자에 의한 조정이 거의 필요하지 않는 이점이 있으므로, 수량적으로 현재 사용되는 패킹의 주력이 되고 있다. 특히 자동차용으로는 압도적으로 이용되며 각종 기계, 기구, 설비 등에 매우 다양하게 채용되고 있다. 일반적으로 오일 실은 고무제의 립(Lip)과 금속의 보강링으로 이루어져 있고 스프링으로 고무립 면을 누르고 있는 것이 대부분이다.

2) 오일 실의 종류와 특징

표준형 오일 실을 만드는 재료로는 1942년 니트릴고무가 개발되기 전에는 대부분이 피혁제였으나 최근에는 내유성 합성고무인 니트릴고무(NBR), 실리콘고무(VMQ), 불소고무(FKM), 아크릴고무(ACM) 등이 사용되며 비표준형에는 특수고무, 합성수지, 복합재료 등이 사용된다. 그러나 다음 조건의 경우에는 오일 실의 사용이 어렵고 메커니컬 실을 사용해야 한다.

① 실의 온도가 100℃ 이상
② 내부 액체의 압력이 $2\,kg/cm^2$ 이상
③ 실 대상이 기체인 경우

표 9.2는 오일 실의 종류와 제품 특징을 나타낸 것이다.

표 9.2 오일 실의 종류와 제품 특징

종류	기호	제품 특징	비고
스프링들이 바깥둘레 고무	S	스프링을 사용한 단일 립과 금속링으로 구성되어 있고 바깥 둘레면이 고무로 씌워진 형식의 것	
스프링들이 조립	SA	스프링을 사용한 단일 립과 금속링으로 구성되어 있고 바깥 둘레면이 금속링으로 구성되어 있는 조립 형식의 것	
스프링들이 바깥둘레 금속	SM	스프링을 사용한 단일 립과 금속링으로 구성되어 있고 바깥 둘레면이 금속링으로 구성되어 있는 형식의 것	

종류	기호	제품 특징	비고
스프링 없는 바깥둘레 고무	G	스프링을 사용하지 않는 단일 립과 금속링으로 구성되어 있고 바깥 둘레면은 고무로 씌워진 형식의 것	
스프링 없는 조립	GA	스프링을 사용하지 않는 단일 립과 금속링으로 구성되어 있고 바깥 둘레면이 금속링으로 구성되어 있는 조립 형식의 것	
스프링 없는 바깥둘레 금속	GM	스프링을 사용하지 않는 단일 립과 금속링으로 구성되어 있고 바깥 둘레면이 금속링으로 구성되어 있는 형식의 것	
스프링들이 바깥둘레 금속 먼지막기 붙이	D	스프링을 사용한 단일 립과 금속링 및 스프링을 사용하지 않은 먼지 막이로 되어 있고 바깥둘레면이 고무로 씌워진 형식의 것	
스프링들이 조립 먼지막기 붙이	DA	스프링을 사용한 단일 립과 금속링 및 스프링을 사용하지 않은 먼지 막이로 되어 있고 바깥둘레면이 금속링으로 구성된 조립 형식의 것	
스프링들이 바깥둘레 금속 먼지막기 붙이	DM	스프링을 사용한 단일 립과 금속링 및 스프링을 사용하지 않은 먼지 막이로 되어 있고 바깥둘레면이 금속링으로 구성된 형식의 것	

3.4 개스킷

밀봉장치는 압력용기와 관 등의 고정된 접합면에 끼워서 볼트 등의 방법으로 조이고 유체의 누수를 방지하는 실을 개스킷(Gasket) 또는 고정용 실이라고 한다.

개스킷의 종류로는 재질 등으로 인해 경성고무판제와 석면판제 등을 사용한 비금속 개스킷, 금속재료와 비금속재료를 조합하여 사용한 세미메타릭 개스킷, 얇은 동판제 등을 사용한 금속 개스킷, 액상 개스킷 등으로 분류할 수 있다.

1) 개스킷의 올바른 사용방법

개스킷은 밀봉하는 유체의 종류, 온도, 압력 등에 의해 이것에 적합한 재질의 것을 사용하지 않으면 안 된다. 그러므로 빌딩관계의 냉수배관에서는 일반적으로 고무질 개스킷을 사용하고 온수배관과 증기배관에서는 고무질 개스킷 또는 석면 조인트시트가 사용된다.

개스킷의 성능을 판단하는 계수로 최소유효좝계수 Y와 개스킷 계수 m이 있다. Y는 유체압과 관계없이 개스킷면과 플랜지면을 적용시키는데 필요한 압력이며 이 이하의 값으로는 개스킷이 플랜지에 밀착되지 않아 기밀을 보증할 수 없다. m은 기밀을 위해 필요한 잔류압축응력과 유체압력의 비(P_r/P_f)이다. Y와 m의 값은 플랜지의 레이팅과 관계있으며 지나치게 Y와 m이 큰 개스킷을 낮은 레이팅의 플랜지에 사용하면 플랜지가 변형하게 된다.

2) 비금속 개스킷의 특징

일반적으로 시판되고 있는 개스킷 시트의 두께는 고무질 개스킷은 0.6 mm~6.5 mm, 석면 조인트시트는 0.4 mm, 0.8 mm, 1.0 mm, 1.5 mm, 3.0 mm, 오일시트는 0.2 mm, 0.4 mm, 0.8 mm, 1.6 mm, 3.2 mm 등이 있다.

표 9.3은 비금속 개스킷의 종류와 특징을 나타낸 것이다.

표 9.3 비금속 개스킷의 특징

종류	제조 방법	특징
가죽 개스킷	유지, 로우, 합성고무 등으로 처리한 것	공기, 물, 기름 등에 사용된다. 특히 저온성이 좋다.
오일시트	종이에 젤라틴, 글리세린 등을 스며들게 한 것	상온에서 기름에 사용한다. 저압에 적당하다.
고무질 개스킷	천연고무나 합성고무를 재료로 가압성형한 것	공기, 물, 기름, 가솔린 등에 널리 사용된다.
합성수지 개스킷	PTEE(테플론) 등의 합성수지로 한 것	내열, 내약품, 내유성이 좋다. 다른 개스킷보다 질기다.
석면 조인트시트	석면 60%~80%에 점결제로서 고무 10%~20%를 섞은 것	내열, 내유, 내약품에 좋다. 고온 고압에 잘 견딘다.

3.5 메커니컬 실

유체를 취급하는 펌프, 컴프레서, 터빈 등의 회전 기기의 축봉부에 사용되는 메커니컬 실(Mechanical Seal)은 기기의 사용조건이 가혹해짐으로 인하여 충분한 밀봉성과 신뢰성, 내구성 등을 요구하게 되었다.

이러한 요구조건에 따라 메커니컬 실은 실링(Sealing)면의 간극을 고의적으로 유체의 윤활막 이상으로 설계하지 않는 접촉형 메커니컬 실과 실링면의 간극을 고의적으로 유체정압 또는 유체동압을 부여하여 유체의 윤활막 이상으로 설계하는 비접촉 메커니컬 실이 사용되고 있다.

메커니컬 실은 각종 기계에 사용됨에 따라 그 성능에 영향을 미치는 많은 인자를 가지고 있다. 예를 들면 실 유체의 조건(유체의 종류, 압력, 온도, 점도, 고형물의 유무 등), 취급기기의 조건(기기의 종류, 기기의 정밀도, 축경, 회전속도, 사용빈도 등), 취급조건(윤활방식, 냉각방식, 장착 길이의 여부 등)에 따라 메커니컬 실의 성능은 크게 좌우될 수 있다.

실에서 요구되는 성능은 주어진 밀봉조건에 견디며(내 마모성) 필요한 기간(내구성) 누설을 필요량 이하로 억제하는(밀봉성) 것이며 그 이외에 저토크성, 보수성, 안정성, 장착 장소, 가격 등이 평가 항목이 될 수 있다.

그림 9.3 메커니컬 실

그림 9.3은 메커니컬 실의 실물을 나타낸 것으로서 메커니컬 실이 고부하에 견디어 장시간 안정한 성능을 유지하기 위해서는 누설되는 유체가 밀봉 단면 사이에서 최소한의 윤활막을 형성해 연속적으로 유체가 존재하여 밀봉단면을 보호할 필요가 있다.

1) 메커니컬 실이란

섭동면(밀봉단면)의 마모에 따라 스프링 등이 축방향으로 움직일 수 있는 회전환과 움직일 수 없는 고정환으로 구성되며 축에 수직으로 래핑 등의 고정밀도로 사상을 한 섭동환의 면이 서로 접촉하여 상대적으로 회전하는 면(섭동면, 밀봉단면)에 따라 유체의 누설을 최소로 제한하는 기계요소를 말한다.

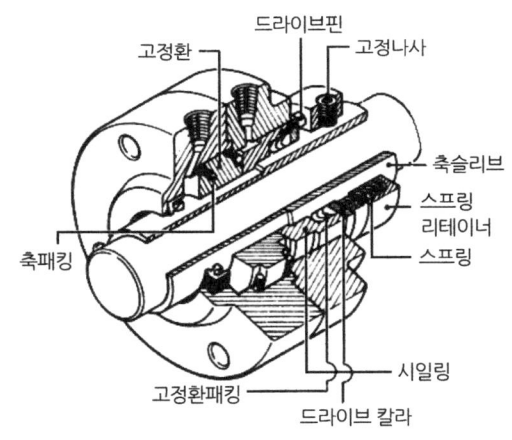

그림 9.4 메커니컬 실의 각부 명칭

그림 9.4는 메커니컬 실의 각부 명칭을 나타낸 것으로 밀봉단면 사이의 윤활 상태를 적정한 범위로 유지하고 요구되는 내구성(장기 안정성), 메커니컬 실의 보수성, 경제성 등에 적합한 특성을 만족하게 하기 위해서는 다음의 조건을 만족해야 하며 그 요구에 따라 구조, 재료, 가공정밀도 등의 개선이 중요하다.

① 밀봉단면에 작용하는 밀봉력을 적절히 유지하여 회전 정도를 흡수할 추종성을 장기간 확보한다.

② 압력 변형, 열 변형의 균형을 유지하여 밀봉 단면을 항상 평행 평면 상태로 유지하여 장기간 윤활을 확보한다.
③ 발열량을 내려 밀봉단면 사이에서의 윤활 유체의 기화를 방지한다.
④ 탈착이 용이하여 수리가 가능해야 한다.
⑤ 충분한 기계적 강도와 내식성, 내열성, 내마모성 등을 가져야 한다.

2) 메커니컬 실의 분류 및 특성

(1) 메커니컬 실의 축방향의 힘의 균형

메커니컬 실의 축방향 힘의 총화 W_t를 구하면 회전환의 뒷면에서 밀어 주는 유체 압력에 의한 밀폐력(W_c)과 실링면에 개재된 윤활막에서 발생하는 개방력(W_o) 사이에는 다음과 같은 관계가 있다.

$$W_t = W_c - W_o + W_s \pm W_p$$

W_t : 힘의 총화
W_c : 밀폐력
W_o : 개방력
W_s : 예압력
W_p : 패킹의 마찰력

(2) 메커니컬 실의 분류

① 압력범위에 의한 분류

메커니컬 실은 저압용의 불균형 실형(Unbalance Seal Type)과 고압용의 균형 실형(Balance Seal Type)으로 나누어지는데, 이것은 밀봉 유체의 압력이 밀봉 단면에 작용하는 비율이 1 이상이면 불균형 실형, 1 이하이면 균형 실형을 의미한다.

② 스프링의 위치에 따른 분류

정지형과 회전형의 두 가지 형식으로 구분하며 회전형은 스프링이 축과 같이 회전하는 구조로 설계되어 있으며, 그와는 반대로 정지형은 회전하지 않는 구조로 설계되어 있기 때문에 고속회전시 스프링이 원심력의 영향을 받지 않는 구조이다. 이상의 2종류의 형식에 대하여 각각의 특징을 상대 비교하면 표 9.4와 같다.

표 9.4 정지형과 회전형의 특징

구분	회전형	정지형
고속회전의 효과	고속 회전시에는 원심력이 스프링의 작동을 불안정하게 만든다.	스프링이 원심력의 영향을 받지 않아 고속에 사용 가능하다.
단면 직각도에 대한 효과	1회전시마다 회전환 간극이 신축하여야 하기 때문에 2차 실의 마찰력이 실 성능에 영향을 준다.	고정환은 1회전시 스프링의 추종을 받지 않아도 되기 때문에 간극은 변화가 없으며 2차 실의 영향도 없다.
End Plat의 변형에 대한 효과	고정환이 클램프형이거나 Press-In 형의 경우 변형의 영향을 받는다.	고정환이 End Plat에 대하여 들떠 있기 때문에 Plat의 변형에 대한 영향이 적다.
슬러리에 대한 효과	스프링 1개에 대해서 안정적이다.	스프링을 대기측에 설치하였기 때문에 안정적이다.
점도에 대한 효과	스프링 1개에 대해서 안정적이다.	스프링을 정지측에 설치하였기 때문에 안정적이다.
실 크기에 대한 효과	슬리브와 축경이 실 크기가 되므로 주속상으로 안정적이다.	고정환 리테이너 두께를 고려해야 하기 때문에 실 크기가 크게 된다.
취급 부분의 구조에 대한 효과	슬리브와 End Plat가 비교적 간단하다.	슬리브와 End Plat가 비교적 복잡한 구조이다.

주) 슬러리(Slurry) Type : 고체와 액체의 혼합물 또는 미세한 고체입자가 물 속에 현탁된 현탁액.

③ 취급 위치에 따른 분류

그림 9.5와 같이 인사이드 형(Inside Type)과 아웃사이드 형(Outside Type)의 두 가지 형식으로 구분하며, 일반적으로는 스타핑 박스의 내측에 회전환을 설치하는 인사이드 형을 주로 사용하고 있다.

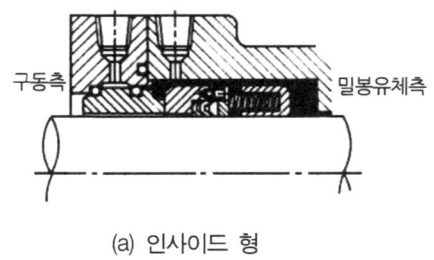
(a) 인사이드 형

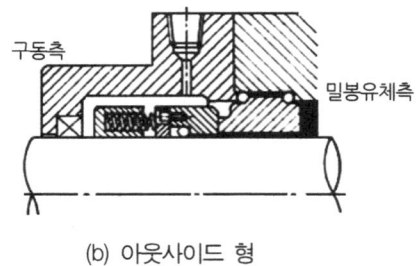
(b) 아웃사이드 형

그림 9.5 취급위치에 따른 분류

인사이드 형은 밀봉단면의 외주부를 내주부로 향하여 누설이 진행되는 유체를 밀봉한다 하여 내장형이라고 부르며, 누설 방향이 원심력에 상반되는 방향이므로 밀봉조건에 유리하여 일반적으로 많이 사용하고 있는 방법이다.

아웃사이드 형은 인사이드 형과는 반대 방향으로 설치되어(대기측에 메커니컬 실의 중요부가 설치됨) 내주부에서 외주부로 누설이 진행되는 유체를 밀봉한다 하여 외장형이라고 부른다. 누설의 방향이 원심력과 같은 방향이 되므로 누설향이 많아지는 경향이 있다. 따라서 고압, 고속 등의 엄격한 조건에서의 사용은 적합하지 않다. 그러나 표 9.5와 같은 특징을 갖추고 있어 비금속형(Non-Metalic Type) 등의 특수한 용도로 많이 사용되고 있다.

표 9.5 아웃사이드 형의 특징

특 징	장 점	단 점
실 유체와 접액되는 부분이 적다.	부식성 유체 등의 경우 금속재 부분을 접액시키지 않고 SiC 등의 내식재를 용이하게 사용할 수 있다.	플러싱의 효과를 줄 수 없으므로 담금질을 시행하여야 한다. 슬러리가 많은 유체의 경우 내경측으로 흡입될 우려가 있으므로 고농도 슬러리에 대하여서는 사용할 수 없다.
스터핑 박스의 외측에 회전환이 있다.	회전환을 이동하여 실 부분을 쉽게 세척할 수 있기 때문에 식품용 펌프 등에 적합하다. 밀봉단면의 마모 상태를 쉽게 확인할 수 있다.	누설방향이 축의 회전에 따라 원심력과 같은 외주방향이기 때문에 고압, 고속 등의 엄격한 사용조건에서는 누설량이 많아진다.

주) 비금속형(Non-Metalic Type)이란 금속이 접액되지 않는 구조를 의미한다.

④ 배치에 따른 분류

단동형(Single Type), 복동형(Double Type), 텐덤형(Tandom Type) 등의 세 가지 형식으로 구분하며 단동형은 메커니컬 실을 1개 사용하는 방식으로써 1개의 밀봉 단면을 가지고 특별한 사용조건 이외는 일반적으로 사용하는 방법이다.

복동형과 텐덤형은 메커니컬 실을 2개 조합하여 사용하고 2개의 밀봉 단면을 갖는 형식이다. 복동형은 2개의 실이 반대 방향으로 향하여 있는 구조를 Back To Back Type이라, 하고 각개의 실이 마주보고 있는 구조를 Face To Face Type이라 한다. 이와 같은 복동 실은 2개의 실 중간에 외부 유체를 주입하여 사용한다.

텐덤 실은 각개의 실을 동일한 방향으로 설치하여 고압측 유체와 저압측 유체의 압력을 2등분하여 개당 압력 부하를 저감할 수 있어 고압의 유체에 많이 사용하고 있다.

⑤ 스프링 형상에 따른 분류

다중 스프링형(Multi-Spring Type)과 단일 스프링형(Single Spring Type)의 두 가지 형식으로 구분하며, 다중 스프링형은 일반적으로 여러 개의 작은 스프링을 원주상에 균등하게 설치한 구조이며 일반 산업용 기기에 가장 많이 사용되고 있다.

단일 스프링형은 1개의 큰 스프링을 사용한 구조이며 고농도의 슬러리의 사용 조건에서 다중 스프링형이 스프링 작동 부위에 슬러리가 고착되어 작동불량을 일으키기 쉬운 경우나 부식성 유체의 경우 다중 스프링형이 스프링 선경이 가늘어서 부식에 따라 스프링 하중이 감소하는 것을 방지하기 위해 사용하는 경우가 많다.

⑥ 회전 방지 방법 및 토크 전달 방법에 따른 분류

밀봉 단면재와 스프링 등의 예압기구, 금속 벨로스(Bellows)의 구성 부품 등은 케이싱(Casing)과의 회전을 방지하여야 하며 회전 토크(Torque)을 전달하는 구조를 가져야 한다. 따라서 그에 대한 대략적인 구조는 다음과 같다.

㉮ PIN에 의한 방식

㉯ 클러치에 의한 방식

㉢ 스프링 자체에 의한 방식

㉣ 금속 벨로스 자체에 의한 방식

㉤ 패킹의 마찰력에 의한 방식

⑦ 운동용 2차 실에 따른 분류

O링 형(O-Ring Type), V링 형(V-Ring Type), 벨로스 형(Bellows Type) 등으로 나눌 수 있으며, 운동용 2차 실은 실링(Sealing)에 삽입하여 누설을 방지하고 축방향의 운동을 하며 축 진동을 흡수하는 기능을 갖는 중요한 부품이다.

일반적으로 실 유체의 종류, 온도와 점도, 고형물의 유무, 취급기기의 종류와 그 회전의 정밀도 등에 따라 각종의 재질과 형상이 존재한다.

3) 메커니컬 실의 재료선정 및 설계

메커니컬 실을 구성하는 재료는 정지환과 회전환의 섭동성을 요구하는 섭동재와 금속주체의 구조재, 그리고 개스킷, 패킹 등의 2차 밀봉재로 구별된다. 일반적으로 구조재는 주로 강도와 내식성을 2차 밀봉재는 내식성과 내열성 면에 따라 설계하고 선정한다. 따라서 메커니컬 실의 주요 재료는 2차 밀봉재, 구조재(금속재), 섭동면(Seal Face)의 재료 구분할 수 있다.

(1) 2차 밀봉재

2차 밀봉재에는 섭동면(밀봉 단면)의 마모에 대한 추종성과 메커니컬 실의 설치부 기기의 정밀도 즉 축의 진동, 런 아웃(Run-Out), 섭동면과의 직각도 불량 등의 부적합량에 의한 섭동면으로부터 영향을 완화할 목적으로 탄성이 있는 고무 재료 등을 2차 밀봉재로 사용한다.

① PTFE(4불화에틸렌 수지)의 특징

불소수지는 4불화에틸렌 수지, 3불화에틸렌 수지, 6불화에틸렌 수지, 불화비닐 수지, 불화비닐렌 수지 등이 있으며 이러한 불소수지계의 80% 이상을 차지하는 것이 4불화에틸렌 수지이다.

② 2차 밀봉재의 특성

표 9.6은 대표적인 2차 밀봉재의 특성을 나타낸 것이다.

표 9.6 대표적인 2차 밀봉재의 특성

종 류	클로르프렌고무 (CR)	니트릴고무 (NBR)	에틸렌프로필렌고무 (EPDM)	실리콘고무 (VMQ)	불소고무 (FKM)	퍼플로로일래스토머 (FFKM)	4불화에틸렌수지 (PTFE)
인장강도 max(MPa)	24.5~27.4	19.6~24.5	19.6~20.6	9.8	17.6~19.6	13~16.9	34.3
내마모성	○~◎	○~◎	△~○	X~△	△~○	△~○	X~◎
내굴곡균열성	○	○	△~○	X~○	○	○	-
사용온도범위 (℃)	-55~120	-50~120	-60~130	-70~200	-20~230	-40~316	-100~260
물	◎	◎	◎	○	◎	◎	◎
유기산	X~△	X~△	X	○	X	◎	◎
고농도무기산	○	△	○	△	○	◎	◎
저농도무기산	◎	○	◎	○	◎	◎	◎
고농도알칼리	◎	○	◎	○	X	◎	◎
저농도알칼리	◎	○	◎	◎	△	◎	◎

주) ◎ : 우수 ○ : 양호 △ : 가능 X : 불가
　　고무의 배합 내용이나 매체의 종류에 따라 다소 변화된다.

(2) 구조재

메커니컬 실에 사용하는 금속재는 장기적으로 기계적 강도를 유지하며 밀봉유체에 대해 충분한 내식성이 요구되기 때문에 스테인리스강이 많이 선정되고 있다. 또한 섭동재와의 열적 특성을 고려하여 티탄 등의 저열팽창합금을 선정하는 경우가 많이 있다.

메커니컬 실에서 요구되는 재료의 특성을 표 9.7에 기술하였으며 메커니컬 실 각 요소별 특징은 다음과 같다.

① 일반적으로 섭동재를 보강하는 리테이너는 사용온도 및 부하조건에 따라 티탄

합금이나 42% 니켈 합금강 등 저열팽창 합금강을 많이 사용한다. 이것은 섭동재를 많이 사용하는 탄소, SiC, 텅스텐, 탄화물 등의 열팽창계수가 작기 때문에 리테이너 재료와의 열팽창계수의 차를 작게 하여 열에 의한 변형을 작게 할 목적으로 사용된다. 또한 코팅재의 경우 코팅면의 박리 및 부식을 없애기 위하여 열처리 및 산세척 등의 공정을 거쳐 사용된다.

표 9.7 각종 금속재료의 특성

재료	밀도 (g/cm^2)	탄성계수 (10^{3}N/mm^2)	내력 N/mm^2	인장강도 N/mm^2	열팽창계수 10/℃	열전도율 W/mK (kal/him℃)
SUS 304	8.03	종 193 횡 69	≤ 205 ≥ 185	≥ 440	17~20	16.3(14.0)
SUS 304L	8.03	종 193 횡 69	≥ 175	≥ 390	17~20	16.3(14.0)
SUS 316	8.03	종 193 횡 69	≥ 185	≥ 440	16~19	16.3(14.0)
SUS 316L	8.03	종 193	≥ 175	≥ 440	17~20	16.3(14.0)
SUS 410	7.75	종 200	≥ 205	≥ 440	9.9	25.1(21.6)
SUS 430	7.76	종 200	≥ 205	≥ 450	10.4	26.4(22.7)
모넬	8.84	종 179	490	637	11.5	21.8(18.7)
인코넬 718	8.20	종 205	1225	1372	10.6	11.3(9.7)
Has-C	8.94	종 196 횡 71	≥ 275(402)	≥ 495(818)	11~14	11.3(9.7)
Alloy 20	7.85	종 159 횡 71	≥ 165(245)	≥ 390(588)	14~16	20.9(18.0)
42% Ni합금	7.8	종 151	≥ 165	≥ 380	5.5~6	
티탄	4.51	종 106	≥ 215	340~510	8.2	17.2(14.8)
니켈	8.89	종 204	≥ 100	≥ 380	10.4	75.3(64.8)

② 필요한 스프링 면압을 유지하기 위하여 스프링 재 및 금속 벨로스 재료는 높은 응력과 내식성을 겸비한 Alloy 20, Hastelloy C, 인코넬 718 등의 고니켈합금이 사용된다.

③ 그 외에 사용되는 재료로는 SUS304, SUS316 등의 오스테나이트계 스테인리스강이 사용되고 있다. 또한 실 플랜지 및 슬리브의 재질은 오스테나이트계 스테인리스강 이외의 재질이 사용되는 경우가 많다.

(3) 섭동재

메커니컬 실의 성능은 누설량, 섭동면의 마모량, 내부하성(토크) 등으로 평가된다. 섭동재는 기계적 특성, 열적 특성, 내식성, 상대재와의 적합성 등이 요구되어 메커니컬 실 성능에 크게 영향을 주는 가장 중요한 부재라 할 수 있다. 장기간에 걸쳐 안정된 메커니컬 실 성능을 유지하기 위해서는 적절한 섭동재를 선정하여 적절한 조합으로 사용하는 것이 중요하다. 섭동재의 조합은 연질재와 경질재에는 스텔라이트 코팅, 세라믹스, 세라믹 코팅, 초경합금을 사용하는 것이 많으며 이 가운데에서 스텔라이트 코팅, 세라믹 코팅은 저부하용으로 사용한다.

4) 메커니컬 실의 선정

메커니컬 실의 선정은 밀봉하려는 기기의 조건과 유체의 특성에 따라 메커니컬 실의 구조 선정, 구성부품의 재질 선정, 메커니컬 실의 주변 장치 선정으로 나누어 생각할 수 있다. 여기에서는 우선 메커니컬 실을 선정하는 기본 요소에 대하여 설명한 후 유체별 메커니컬 실을 선정하는 방법에 대하여 설명하겠다.

(1) 기기의 조건

① 사용 기기명

펌프, 교환기 또는 반응기, 송풍기, 압축기 등의 기기의 구조를 개념적으로 설정하여 취급하는 유체의 상태, 압력 작용 방향 등의 기초적 조건 등을 생각해 볼 수 있다.

② 기기의 형식

펌프나 송풍기, 압축기 등에서는 횡형, 입형, 단수 등, 교반기에서는 실의 링위치 등을 생각할 수 있으며 기기의 구조를 개념적으로 설정할 수 있다. 즉, 취급하는 유체의 상태와 유동방향, 축수방식과 축회전 정도 및 실 취급부의 기기 정밀도 등의 개념을 설정하는 것이 필수 조건이다.

③ 회전수

실 크기, 압력과 함께 실 선정상 중요한 3요소로써 구조(회전형과 정지형), 형식(Unbalance Type과 Balance Type), 섭동재 등을 결정하는 요소이다. 따라서 실 회전속도, Pv치, 섭동 발열량 계산의 기초 조건으로 후술하는 실 배치, 플러싱 방식과 공급량, 담금질, 냉각기 등의 보조 장치의 설계, 선정에 필수 조건이다.

④ 회전 방향

단일 스프링형에서 스프링의 권선 방향의 결정, 임펠러 형식 등을 결정하는 요소이다. 스프링 자체로써 축 회전을 전달하는 경우 스프링의 회전 방향과 역방향으로 토크를 전달하면 스프링의 전단응력과 유체의 회전 방향과 상반되는 방향으로 스프링이 회전함에 따라 발생되는 응력을 같이 스프링이 받게 되므로 주의를 요한다.

⑤ 회전 정도

축수 형식, 지지 방식에 따른 진동, 축 진동, 축 이동 등의 실 구조 형식 등을 결정하는 요소로써 추종성, 토크 전달부의 내마모성을 고려한 실 구조, 형식, 재질을 결정하는 요소이다.

⑥ 압력 조건

펌프, 송풍기, 압축기에서는 흡입압, 토출압, Box압 등, 교반기에서는 기내(악내)압 등을 말하며 실 유체 압력 설정에 따른 요소이다. 따라서 실 구조, 형식, 섭동재, 플러싱 방식 등을 결정하는 요소이다. 회전 속도를 곱하여 표시하는 Pv치, 섭동 발열량 계산 등의 기초 조건이며 실 배치, 플러싱 방식과 공급량, 보조 장치의 방식 결정에 따른 필요 조건이며 압력 변동은 구성 부품의 변동, 탄소 섭동면의 편마모의 원인된다. 그리고 부압조건은 섭동면의 공기 침입에 따른 건조상태 운전의 원인이 되기도 한다.

(2) 유체의 조건

① 실 유체

이것은 실 취급기기의 취급하는 유체를 말한다. 기기의 조건과 함께 실 구조, 형식, 재질, 배치, 플러싱 등의 냉각 방식 등을 결정하는 주 요소이다. 셀프 플러싱(Self Flushing)의 경우에는 실 유체의 특성을 결정하며 개스를 취급하는 송풍기, 압축기, 교반기에는 외부 플러싱(External Flushing) 유체의 특성을 결정할 수 있다.

② 비중, 점도

섭동발열에 대하여 플러싱의 냉각 효과 및 섭동면간의 윤활 조건을 설정하는 요소로써 유체의 상세한 특성을 모르는 경우 자료 시트를 통하여 그 값을 알게 됨으로 윤활 조건을 비교 검토할 수 있는 자료가 된다.

③ 온도

섭동재와 패킹재의 내열온도를 대비하여 재질을 선정하는 요소이다. 이것은 응고점, 비점과의 여유 정도에 따라 플러싱 방식, 담금질, 냉각 등의 보조 장치를 결정하는 요소이다. 그러므로 패킹재에 고무, PTFE 등은 저온 사용할 때에 경화, 고온 사용할 때에 연화됨으로 경도저하 등을 고려하여 선정해야 하며 온도 변화에 따른 부품의 열변형, 섭동면의 열변형 등에 따라 실 구조, 형식, 재질, 배치, 플러싱 방식, 담금질 방식, 보조장치 등을 검토하여야 한다.

④ 슬러리(Slurry)

섭동면 간에 슬러리가 침입하면 윤활 불량, 면의 거칠어짐, 이상마모, 누설의 원인이 됨으로 실 구조, 재질, 배치, 플러싱 방법, 담금질 방법 등을 검토하여야 한다. 송풍기 압축기 등 기내 가스 중에 이물질 등을 포함하는 경우도 검토가 필요하다. 만일 경질 슬러리가 섭동면간에 침입하면 어브레시브(Abrasive) 마모의 원인이 되며 부품 표면에 에로존을 유발하고 연질 슬러리는 작동 부분에 고착하여 스프링에 따른 추종기능을 저해하여 플러싱 배관 중에 축적하여 설정 환경을 파괴하는 원인이 됨으로 설계시 고려하여야 할 사항이 된다.

⑤ 증기 압력과 비점

섭동면간의 기화 현상에 따른 실 구조, 재질, 배관, 플러싱 방식, 보조 장치 등을 검토한다. 실 압력이 증기압 근처인 경우나 실 온도가 비점 근처인 경우는 섭동면간을 극단적인 기화 현상(Flush)을 일으키므로 주의해야 한다.

⑥ 결정 석출 및 중합성

실 유체의 특성에 따라 저온시에 결정의 석출과 응고하는 경우 또는 고온시에 중합 반응을 일으키는 경우에는 슬러리와 동일하게 검토할 필요가 있다. 이것은 섭동면 내의 결정 석출 또는 중합에 따른 점착 피막이 형성됨으로 실의 윤활 섭동을 방해하므로 주의를 요한다.

⑦ 부식성

부식은 최종적인 누설의 원인이 된다. 부식성에 견디는 좋은 재질을 검토할 필요가 있다. 특히 메커니컬 실에는 일반 장치에 따라 부식되지 않는 재료의 선정이 필요하다. 따라서 부식성 실 유체는 일반적으로 고온시에는 부식성이 증가하므로 주의를 해야 하며 고온시에는 고무 패킹에 활발히 작용하므로 주의해야 한다.

⑧ 기타

독성, 강부식성, 휘발성 등이 있는 실 유체는 확실한 안전 설계를 강구하여야 한다. 따라서 실 구조, 재질, 배치, 플러싱 방식, 담금질 방식 등을 전반적으로 검토하여야 한다.

(3) 선정시 고려 사항

① 밀봉 단면의 윤활성
② 스프링 예압의 유지
③ 사용 재질의 내식성
④ 사용 재질의 내열성
⑤ 밀봉단면 재질의 내마모성
⑥ 밀봉단면의 친밀성(친화성)

(4) 선정 순서

메커니컬 실의 선정 순서는 다음과 같고, 표 9.8은 선정요인과 선정항목을 나타낸 것이다.

① 실 형식 및 배열
② 균형비 및 면압
③ 구성재료의 양립성
④ 밀봉단면 재료의 선택
⑤ 2차 실, 개스킷의 선택
⑥ 플러싱 시스템(Flushing System)의 검토
⑦ 기타 보조 장치의 검토

표 9.8 선정요인과 선정항목

선정항목		액 질								압력	회전수	Pv치	온도	운전조건	기기구조
	사양조건	비점	융점	점도	비중	비열	부식성	용압	미립자						
재료	밀봉단면재료	○	○		○	○	○		○	○	○	○	△		
	구조 재료				△		○						○		
	축 패킹					○				○			○		
형식구조	Drive 방식		○	○										○	
	예압 기구 방식		○	○			○	○	△	○			○		
	Balance, Unbalance	○								○	○				
	Inside, Outside			○			○	○		○					○
	정지형, 회전형			○							○				○
장치	메커니컬 실 수						○			○	○				
	온도 제어장치	○	○	○	○	○	○					○	○	△	

5) 메커니컬 실의 보수, 보전

(1) 취급상 기본적인 주의 사항

① 메커니컬 실의 실면의 평면도 0.5μm 정도의 고정도로 가공되어 있으므로 취급 시 주의하여야 한다.

② 메커니컬 실에 이물질이 부착될 수 있는 장소에서 사용할 경우 부드러운 천이나 종이를 이용하여 아세톤이나 알코올 등의 용제를 이용하여 세척한다. 합성고무 O링은 용제에 팽창됨으로 주의하여야 한다.

③ 패킹, 개스킷류는 손상되거나 변형되지 않도록 주의하여야 한다.

④ 시운전을 하거나 사용하고 있는 메커니컬 실을 분해하는 경우에 재사용하는 것은 될 수 있는 한 피한다. 이것은 메커니컬 실면에 이미 마모가 진행되고 있으므로 재사용시 다량의 누설이 발생할 수 있기 때문이다. 그러므로 래핑을 행한 후 사용하여야 한다.

(2) 메커니컬 실의 검사

① 외관 검사
  ㉮ 2차 실(O링, VC-Ring) : 유해한 돌기나 흠을 육안으로 검사
  ㉯ 밀봉 단면 : 유해한 돌기나 흠을 육안으로 검사
  ㉰ 밀봉 단면 외 : 돌기나 상태를 육안으로 검사

② 치수 검사
  메커니컬 실과 기기와의 결합부의 치수를 도면을 중심으로 측정한다.

③ 조립 및 작동 검사
  메커니컬 실을 조립한 상태에서 축방향으로 압축하여 부드럽게 작동되는지 확인한다.

④ 재질 및 제조 번호 각인 검사
  재질 및 제조 번호 각인이 정확한지 도면을 통하여 검사한다.

⑤ 표면조도 검사
  표면 조도기를 사용하여 중심선 표면거칠기를 측정한다.

⑥ 평탄도 검사
  광선정반(Optical Flat)을 사용하여 평면도 정도가 $0.87 \mu m$ 이하로 한다.

⑦ 정지 내압시험
  메커니컬 실을 조립한 상태에서 정지 시험기에 장치하여 수압을 가하여 누설여부를 시험한다.

㉮ 사용하는 시험수 : Cl⁻ < 100 PPM, PH 6~8(25℃)를 만족하는 청정수를 사용한다.
㉯ 압력계는 정도등급 1.5급 이상을 사용한다.
㉰ 시험조건은 다음과 같다.
- 압력 : 도면에 지시하지 않은 경우 $4\,kg/cm^2$
- 온도 : 실온
- 시간 : 10분
- 누설량 : $1.2\,cc/Hr$ 이하

(3) 조립 전 확인 사항

메커니컬 실 자체 확인 사항은 다음과 같다.
① 메커니컬 실의 구성부품을 확인한다.
② 실면의 평면도는 보관중 온도, 습도 등의 변화에 의해 영향을 받게 되므로 가능한 조립 전에 광선정반을 사용하여 평면도를 확인한다.
③ 패킹, 개스킷의 확인 : 포장박스의 검사인의 날짜를 확인하여 보관기간인 2년 이내인지 그리고 외관상 변형이나 손상 여부를 확인한다.
④ 기타 점검사항
  ㉮ 스프링 장착부의 작동성을 확인한다.
  ㉯ 단일 스프링의 경우 스프링 권선 방향을 확인한다.

(4) 운전개시 전 확인 사항

① 구동축과 피구동축의 기계정렬 및 중심이 정확한지 확인한다.
② 플러싱, 냉각, 담금질 등의 배관이 정확한지 확인한다.
③ 온도계, 압력계 등의 계기류에 이상이 없는지 확인한다.
④ 베어링부분에 윤활유는 적정한지, 배수 플러그, 오일 실 등에서 누설이 발생되지 않는지 확인한다.
⑤ 기기 내에서 공기를 완전히 제거하였는지 확인한다.
⑥ 수회에 걸쳐 축을 손으로 회전시켜 메커니컬 실, 케이싱 개스킷, 배관 용접부에서 누설이 발생되는지 확인한다. 그러나 메커니컬 실에서 초기에 미량의 누설

이 발생하여도 운전시에는 누설이 발생되지 않는 경우가 있다. 또한 이상음이 있거나 임펠러에 접촉하는지 확인한다.

⑦ 조건에 따라 예냉, 예열을 행하는지 확인한다.

㉮ 극저온 서비스에서는 충분히 예비 냉각을 행하여야 한다. 만일 예비 냉각을 행하지 않는 경우 실부 내에 가스가 유입되어 케비테이션(Cavitation)의 원인이 되어 트러블이 발생된다.

㉯ 고온 서비스의 경우 특히 양흡입 펌프의 경우에는 충분히 예열을 행한다. 만일 불충분한 경우 케이싱과 축의 열팽창률이 다르게 되어 메커니컬 실의 스프링 취부 거리에 문제가 되어 누설이 발생할 수 있다.

(5) 운전 초기의 확인 사항

① 메커니컬 실의 누설 유무 및 이상음 발생을 확인한다.
② 흡입압력, 토출압력, 밀봉액 압력 등을 확인하여 설계조건과 일치하는지 확인한다.
③ 펌핑 온도, 플러싱 온도, 냉각수 온도 등이 설계조건과 일치하는지 확인한다.
④ 베어링부나 구동부에서 이상음이나 이상 발열이 생기는지 확인한다.

(6) 메커니컬 실의 보관

① 보관 장소

메커니컬 실은 서로 다른 종류의 재질을 조합한 부품과 합성고무 등을 사용하고 있으므로 고온 다습한 장소는 피하며 연간 온도 변화가 적은 장소, 직사광선을 받지 않는 장소, 분진이 적은 장소를 보관한다.

② 보관 기간

메커니컬 실의 구성 부품에는 시간에 따라 노화되는 합성 고무 O링이 있어 안전성을 고려하여 보통 4년 정도의 수명을 갖는다고 생각할 수 있다. 따라서 보관 기간 2년, 사용기간 2년 정도이다.

제10장 부 록

1. 안전율과 허용응력
2. 체결 볼트의 고장 유형
3. 기어의 일상점검
4. 기어의 백래시(Back Lash) 기준
5. 기어 이너비의 평행오차와 오차의 허용치
6. 변속기의 고장원인과 대책
7. 원심 펌프의 점검
8. 3상 유도 전동기의 점검
9. 유압 탱크의 점검
10. 베어링의 점검
11. 유압 펌프에 관한 용어

부 록

1. 안전율과 허용응력

1) 안전율

재 료	정하중	반복하중	교번하중	충격하중
주철	4	6	10	15
강	3	5	8	12
목재	7	10	15	20
벽돌, 석재	20	30	-	-

2) 금속재료에 따른 허용응력

(단위 : kg/mm^2)

응력	하중	연강	중경강	주강	주철
인장	정하중	9~15	12~18	6~12	3
	반복하중	6~10	8~12	4~8	2
	교번하중	3~5	4~6	2~4	1
압축	정하중	9~15	12~18	9~15	9
	반복하중	6~10	8~12	6~10	6
전단	정하중	7.2~12	9.6~14.4	4.8~9.6	3
	반복하중	4.8~8	6.4~9.6	3.2~6.4	2
	교번하중	2.4~4	3.2~4.8	1.6~3.2	1
굽힘	정하중	9~15	12~18	7.5~12	-
	반복하중	6~10	8~12	5.0~8	-
	교번하중	3~5	4~6	2.5~4	-
비틀림	정하중	6~12	9~14.4	4.8~9.6	-
	반복하중	4~8	6~9.6	3.2~6.4	-
	교번하중	2~4	3~4.8	1.6~3.2	-

주) 반복하중은 교번하중을 포함하지 않은 하중임.

2. 체결 볼트의 고장 유형

	주요 원인 (인자)	정하중시 파단	피로 손상	진동에 의한 이완	체결부의 누설
설계와 제작	진동축에 대한 볼트축의 방향			●	
	체결부의 댐핑			●	
	이완 효과		●	●	
	나사 뿌리 반경		●		
	볼트 체결부 강성률		●		●
	나사의 런 아웃		●		
	필렛(Fillet)의 크기와 모양		●		
	너트 수축	●			
	끼워 맞춤 불량	●			
	갈링(Galling)	●			
	부품 마무리		●		
	부적절한 열처리	●			
	공구의 홈		●		
조립 관례	체결면의 조건				●
	개스킷의 조건				●
	볼트 체결 절차				●
	나사부 윤활	●	●	●	
	사용된 공구의 형태	●			
	부적절한 하중			●	●
운전 조건	하중 이동의 크기	●	●		
	온도 순환				●
	부식	●	●	●	●

3. 기어의 일상점검

점검 항목	점검 사항	이상 원인
음향상황	• 음의 종류 • 기어의 맞물림 소리는 양호한가? • 베어링의 고장에 의한 소리인가? • 발생음은 주기적(또는 연속적)인가? • 부하와 무부하와의 변화는 어떤가?	• 이의 결손 • 이뿌리나 리브에 균열 • 축의 휘어짐 • 보스의 키가 느슨하다. • 이면의 마모 • 이물질의 혼입 • 유량 부족 • 베어링의 마모 • 볼트의 느슨함
진동상황	• 진동 발생의 부위와 진동방향? • 감속기 본체의 진동인가? • 베어링의 일부 진동인가? • 진폭(진동의 크기)은 일정한가? • 부하와 무부하와의 변화는 어떤가?	
급유상황	• 유량의 점검 • 유면계에 관리라인을 표시 • 기름 누출의 유무와 누출부위 • 축 오일 실 부위 • 상하 케이싱의 플랜지 • 점검 구멍의 플랜지	• 실 패킹의 마모 • 에어 블리더(Air Bleeder)의 막힘 • 2분할 케이싱 부착 볼트의 느슨함
온도상황	• 발열부위는? • 감속기 본체(케이싱)인가? • 베어링의 일부 발열인가? • 윤활유 온도(강제 순환 급유 방식)?	• 기름의 초과 주유 • 베어링의 고장 • 쿨러의 막힘

4. 기어의 백래시(Back Lash) 기준

1) 스퍼기어(Super Gear) 및 베벨기어(Bevel Gear)

(단위 : mm)

스퍼기어				베벨기어	
모듈 (m)	백래시			모듈 (m)	백래시
	최소	중간	최대		
1	0.05	0.075	0.100	1.3 이하	0.03~0.08
1.5	0.05	0.075	0.1	1.3~2.5	0.05~0.10
2	0.075	0.1	0.13	2.5~3.2	0.08~0.13
2.5	0.075	0.1	0.13	3.2~4.2	0.10~0.15
3	0.1	0.13	0.15	4.2~5.1	0.13~0.18
4	0.13	0.18	0.2	5.1~6.4	0.15~0.20
5	0.15	0.2	0.25	6.4~7.3	0.18~0.23
6	0.2	0.25	0.3	7.3~8.5	0.20~0.28
8	0.25	0.3	0.4	8.5~10.2	0.25~0.32
10	0.3	0.4	0.5	10.2~12.7	0.30~0.41
12	0.4	0.5	0.6	12.7~14.5	0.36~0.46
16	0.5	0.7	0.8	14.5~16.7	0.41~0.56
24	0.75	1.0	1.25	16.7~20.3	0.46~0.66
				20.3~25.4	0.50~0.76

2) 하이포이드기어(Hypoid Gear) 및 웜기어(Worm Gear)

(단위 : mm)

하이포이드기어		웜기어	
모듈(m)	백래시	중심거리	백래시
25.4	0.45~0.75	50	0.08~0.20
12.7	0.30~0.40	150	0.15~0.30
8.5	0.20~0.28	300	0.30~0.50
6.4	0.15~0.20	600	0.45~0.75
4.2	0.10~0.15		
2.5	0.05~0.10		
1.3 이하	0.03~0.08		

5. 기어 이너비의 평행오차와 오차의 허용치

1) 이너비 접촉측의 평행오차 및 어긋난 오차의 허용치

(단위 : μm)

이너비 (mm)	1.5 이상 3 이하	3 이상 6 이하	6 이상 12 이하	12 이상 25 이하	25 이상 50 이하	50 이상 100 이하	100 이상 200 이하	200 이상 400 이하	400 이상 800 이하
특급	3	3	3	3	3	5	6	10	17
1,2급	4	4	4	5	5	7	10	15	27
3,4급	6	7	7	7	9	11	15	24	42
5,6급	10	10	11	12	14	18	24	38	67
7,8급	16	17	17	19	22	27	39	61	105

2) 측정길이 100 mm당 축의 평행오차 및 어긋난 오차의 허용치

(단위 : μm)

이너비 (mm)	1.5 이상 3 이하	3 이상 6 이하	6 이상 12 이하	12 이상 25 이하	25 이상 50 이하	50 이상 100 이하	100 이상 200 이하	200 이상 400 이하	400 이상 800 이하
특급	120	61	32	17	10	6	4	3	3
1,2급	190	98	51	27	15	10	7	5	5
3,4급	300	155	81	42	24	15	11	8	7
5,6급	480	240	130	68	38	24	17	13	12
7,8급	760	390	200	105	61	39	27	21	19

6. 변속기의 고장원인과 대책

고 장	원 인	대 책
열이 발생할 때	• 과부하운전 • 윤활유가 너무 많거나 적을 때 • 윤활유가 오염되어 있을 때 • 베어링 마모 및 체인 마모시 • 부정확한 설치 • 주위 온도가 높을 때	• 부하를 낮추거나 용량이 큰 변속기 교환 • 유면계의 "H" 부분에 맞출 것. • 윤활유 교환 • 베링 교환 및 체인 교환 • 정확하게 교정 설치 • 변속기 위치 선정 검토
소음이 발생할 때	• 체인이 늘어지거나 마모시 • 텐션 슈 및 스프링 파손 • 입력 회전수가 빠를 때 • 베어링이 손상되었거나 윤활유 부족 • 과부하 및 충격하중이 클 때 • 부정확한 설치	• 체인교환 및 조절 • 검사하여 교환 • 회전수를 낮출 것. • 교환 • 용량이 큰 변속기로 교환 • 정확하게 교정 설치
누유	• 오일실이 손상되었을 때 • 윤활유량이 너무 많을 때 • 배유구 및 볼트 조인상태 불량 • 공기통 구멍이 막혔을 때	• 교환 • 유면계 "H" 부분에 맞출 것. • 검사하여 조여줄 것. • 공기통 세척
진동	• 벨트 및 커플링 조립상태 불량 • 비정상적인 체인 마모	• 검사하여 적절히 조정 • 교환
회전이 부정확	• 체인이 마모되었을 때 • 체인이 늘어졌을 때 • 베벨디스크가 마모되었을 때 • 전달장치 부적합한 설치	• 체인 교환 • 체인 조절 • 디스크 교환 • 벨트, 커플링, 키 점검
입력은 회전되나 출력이 되지 않을 때	• 입출력 혹은 출력측 파손 • 체인 절단되었을 때 • 체인이 완전히 늘어졌을 때 • 베벨디스크가 마모되었을 때	• 검사하여 교환 • 교환 • 체인 조절 • 디스크 교환
변속이 잘 안될 때	• 컨트롤 스크류의 파손 • 체인이 늘어지거나 마모시 • 내부부품 파손	• 교환 • 교환 및 조절 • 체크하여 교환

7. 원심 펌프의 점검

고장	점검 내용	점검 방법
가동하지 않는다.	• 원동기가 고장이 나 있다. • 기동조건이 성립되어 있지 않다. • 보호 회로가 작용하고 있다.	• 점검 수리한다. • 각 조건을 확인한다. • 각 보호 장치를 확인한다.
물이 나오지 않는다.	• 펌프, 흡입관의 만수 불충분 • 흡입, 토출 밸브가 닫혀 있다. • 스트레이너, 흡입관이 막혀 있다. • 임펠러에 이물이 막혀 있다. • 회전수가 저하하고 있다. • 회전 방향이 반대이다. • 양정이 너무 높다. • 흡입 양정이 높다.	• 재차 마중물을 붓는다. • 흡입관 이음, 펌프 그랜드로부터의 공기 누입을 조사한다. • 검검하고 연다. • 분해하여 청소한다. • 분해하여 청소한다. • 회전계로 체크한다. • 전동기의 배선을 수정한다. • 입력계로 확인한다. • 진공계로 확인한다.
규정 수량이 나오지 않는다.	• 공기가 흡입된다. • 흡입관의 잠수 깊이의 부족 • 임펠러에 이물이 막혀 있다. • 라이너 링이 마모되어 있다. • 회전수가 저하하고 있다.	• 흡입관이음, 펌프 그랜드로부터의 공기 누입을 조사한다. • 흡입관을 길게 한다. • 분해하여 청소한다. • 분해하여 청소한다. • 회전계로 체크한다.
처음에는 물이 나오지만, 곧 나오지 않게 된다.	• 펌프 흡입관의 만수 불충분 • 공기가 흡입된다. • 흡입관에 공기 집합소가 생긴다.	• 재차 마중물을 붓는다. • 흡입관 이음, 펌프 그랜드로부터 공기 누입을 조사한다. • 배관을 다시 고친다.
과부하	• 회전이 너무 빠르다. • 회전체와 케이싱의 접촉 • 그랜드 패킹의 지나친 죄임 • 토출량이 많다.	• 회전계로 체크, 규정 회전수로 한다. • 분해하여 수리한다. • 그랜드 패킹을 느슨하게 한다. • 토출 밸브를 조정한다.
베어링이 뜨거워진다.	• 그리스의 지나친 채움, 급유 부족 • 윤활유의 열화 • 축심의 어긋남 • 베어링의 손상	• 적정한 양으로 한다. • 기름을 교환한다. • 중심내기를 조정한다. • 점검하여 교환한다.
그랜드부가 뜨거워진다.	• 그랜드 패킹의 지나친 죄임 • 그랜드 냉각수량의 부족	• 그랜드 패킹을 느슨하게 한다. • 수량을 증가시킨다.
펌프가 진동한다.	• 임펠러의 일부가 막혀 있다. • 설치 중심내기 불량 • 베어링의 손상 • 캐비테이션의 발생	• 분해하여 청소한다. • 중심내기를 조정한다. • 점검하여 교환한다. • 흡입수위, 흡입관의 개선, 규정수량 부근에서의 운전

8. 3상 유도 전동기의 점검

점검 항목	점검 내용	점검 방법	원인
전체	• 도장의 벗겨짐, 오손이 없을 것. • 먼지의 적재·부착이 없을 것. • 명판 기재 사항을 바르게 읽을 수 있을 것. • 이음, 소음, 이상한 냄새가 없을 것. • 진동이 크지 않을 것. • 과열되어 있지 않을 것.	육안 육안 육안 귀, 코, 소음계 진동계 손에 닿는 감촉, 온도계, 서모라벨	주위환경(먼지, 습도, 유해가스 등) 이물 침입, 베어링 불량, 언밸런스, 기초 볼트 헐거움, 권선소손 과부하
베어링	• 베어링 온도는 높지 않을 것. • 베어링이 이상한 진동을 일으키고 있지 않을 것. • 스러스트를 받고 있지 않을 것.	손에 닿는 감촉, 온도계 귀, 청음기, 베어링 진단기 육안, 틈새 게이지	그리스 부족, 베어링 불량 벨트 장력 과대 기계 쪽에 결함
외부 및 전선	• 기름 누설이 없을 것. • 베어링유는 더러움이나 변질이 없을 것. • 오일 링은 원활하게 돌고 있을 것. • 급유구의 뚜껑에 손상이 없을 것. • 유면계의 손상, 눈금에 더러움이 없을 것. • 유면은 규정 위치에 있을 것.	육안	
	• 손상이 없을 것. • 올바르게 고정되어 있을 것. • 접속부에 과열 상태가 없을 것. • 접지선에 손상이나 벗겨짐이 없을 것.	육안	
권선의 절연	• 절연 저항값이 규정 이상일 것.	절연저항계	오손, 흡습, 열화
부하상황	• 부하 전류가 보통과 별로 변화가 없을 것. • 부하 전류에 헌팅이 없을 것.	전류계	부하 이상 회전자 도체 절손

9. 유압 탱크의 점검

1. 일상 점검 항목

1) 기름 탱크의 유면은 적당한가.(유면계를 본다.)
2) 작동유의 온도, 점도는 적당한가.(유온 : 0~60℃, 샘플링 검사, 점도 : ISO VG32, 46, 56 상당)
3) 유압 펌프 정지시 압력계의 지시는 정상인가.(0kg/cm^2)
4) 유압 펌프의 토출 압력
   ① 작동 압력은 정상인가.(시운전시의 조정 기록)
   ② 압력계 지침이 이상하게 흔들리지는 않는가.
5) 유압 계통 내에 이상음은 없는가.
6) 유압 펌프 흡입 압력이 지나치게 낮지는 않은가.
   ① 펌프 흡입 라인, 흡입 필터가 막혀 있지는 않은가.(세척 또는 교환) (150Mesh)
   ② 탱크 유온이 낮지는 않은가.(0~60℃)
7) 라인 필터는 막혀 있지 않은가.(세척 또는 교환)
8) 기기, 배관, 계수 등에 누유는 없는가.
9) 액추에이터의 작동
   ① 규정 속도로 작동하고 있는가.
   ② 순조롭게 작동하고 있는가.

2. 월간 점검 항목

1) 일상 점검 기록의 분석
2) 유압 탱크 유면의 점검
3) 작동유의 샘플링 검사
4) 액추에이터의 작동 점검   • 작동 속도 :   • 작동압력 :
5) 기기, 배관, 계수 등에 누유는 없는가
6) 비상용 기기 등 통상 사용되고 있지 않는 기기의 작동 확인

3. 3개월 점검 항목

1) 월간 점검 기록의 분석
2) 공기 흡입기의 오염도 점검, 청소
3) 체인 커플링의 점검 및 그리스 교환
4) 펌프 축과 모터 축과의 동심도 측정
   • 동심도 : 0.05mm 이하
   • 편각도 : 0.1mm 이하
5) 전기 결선 상황 및 릴레이, 솔레노이드 등의 작동 상황 점검
6) 압력계, 압력 스위치 등 계기류의 작동 확인 및 정도 검사
7) 유연 호스의 점검

10. 베어링의 점검

점검 항목	점검 방법	판단 기준	대책
베어링 이상음	청진기, 청음봉 사용하여 점검	이상음 발생 없을 것.	베어링 교환
베어링부 이상 발열	2시간 이상 연속운전 후 검온기·서모라벨 이용하여 진단	이상발열 없을 것.	분해 점검
베어링 급유상태	그리스를 급유하면서 열화 그리스가 적절히 배출되는지 조사 실타입 베어링의 그리스 교환 주기 점검	적절히 배출되는 상태일 것. 교환주기에서 상태확인	분해점검 그리스 교환
선택불량	운전상태를 보아 소음이나 발열도 점검	소음이나 발열 없을 것.	적절한 베어링 선택
베어링 고정 볼트 느슨함	청소하면서 점검	고정볼트 느슨함 없을 것.	토크렌치 사용하여 규정 토크로 더 조이기
손상(타흔)	정지시 베어링 외륜을 육안으로 점검	손상(타흔) 없을 것.	새것으로 교환

11. 유압 펌프에 관한 용어

용어	용어 풀이	비고
터보 펌프	깃날개차를 케이싱 내에서 회전시켜 액체에 에너지를 부여하여, 액체를 토출하는 형식의 펌프	Turbo-Pump
정용량형 펌프	1회전량당의 이론 토출량이 변하지 않는 펌프	Fixed Displacement Pump : Fixed Delivery Pump
가변 용량형 펌프	1회전량당의 이론 토출량이 변하는 펌프	Variable Displacement Pump : Variable Delivery Pump

용어	용어 풀이	비고
기어 펌프	케이싱에 교합하고 있는 2개 이상의 기어에 의해서 액체를 흡입측으로 밀어내는 형식의 펌프	Gear Pump
외접 기어 펌프	기어가 외측에서 교합하는 형식의 기어 펌프	External Gear Pump
내접 기어 펌프	기어나 내접 교합된 형식의 기어 펌프	Internal Gear Pump
베인 펌프	케이싱(캠링)에 접하여 있는 깃날을 회전자 내에 설치, 베인간에 흡입된 액체를 토출측에 밀어내는 형식의 펌프	Vane Pump
피스톤 펌프, 플런저 펌프	피스톤 또는 플런저를 경판, 캠, 크랭크 등에 의해서 왕복 운동을 시켜 액체를 흡입측으로부터 토출측으로 미는 형식의 펌프	Piston Pump : Plunger Pump
액시얼 피스톤 펌프, 액시얼 플런저 펌프	피스톤 또는 플런저의 왕복 운동의 방향이 실린더 중심에 대략 평행한 피스톤 펌프(플런저 펌프)	Axial Piston Pump : Axial Plunger Pump
사축식(액시얼) 피스톤 펌프	구동축과 실린더 블록 중심축이 동일한 선상에 없는 형식의 액시얼 피스톤 펌프(액시얼 피스톤 펌프)	Bent Axis Type Axial Piston Pump
사판식(액시얼) 피스톤 펌프	구동축과 실린더 블록 중심축에 사판(경사판)을 설치하여 사판의 경사 각도에 따라 토출량을 결정하는 방식	Swash Plate Type : Axial Piston Pump
레이디얼 피스톤 펌프, 레이디얼 플런저 펌프	피스톤 또는 플런저의 왕복 운동의 방향이 구동축에 대략 직각인 피스톤 펌프(플런저 펌프)	Radial Piston Pump : Radial Plunger Pump
나사 펌프	케이싱 내에 나사가 있는 회전자를 회전시켜 액체를 흡입측으로부터 토출측으로 밀어내는 형식의 펌프	Screw Pump
복합 펌프	동일 케이싱 내에 2개 이상의 펌프 작용 요소가 있으며, 부하의 상태에 의해서 각 요소의 운전을 상호 관련시켜 제어하는 기능이 있는 펌프	Combination Pump
2연 펌프	동일축상에 2개의 펌프 작용 요소를 가진 각각 독립된 펌프 작용을 하는 형식의 펌프	Double Pump

찾아보기

【한글】

ㄱ

가변익 ··· 231
가연성(Flamibility) ···························· 263
가열법(Heating Method) ···················· 029
가죽 개스킷 ·· 313
가죽 벨트(Leather Flat Belt) ·············· 084
각도법(Angle Method) ························ 029
간격유지 볼트(Stay Bolt) ···················· 040
감마작용 ·· 253
강제순환 윤활시스템(Oil Circulation System) ·· 267
강제순환급유 ······································ 266
강제윤활장치 ······································ 265
강철 벨트(Steel Belt) ·························· 084
개스킷(Gasket) ······················ 95, 305, 312
개스킷펌프 ··· 179
갱유기준 ·· 295
경 방향 틈새 ······································ 115
경계윤활(Boundary Lubrication) ········· 252
경방향 흔들림 ···································· 126
경연펌프 ·· 183
경질염화비닐제 펌프 ··························· 183
경화층 파손(Case Crushing) ··············· 063
계열번호 ·· 106
계획정지손실 ······································ 021
고 사이클(High Cycle)피로 파괴 ········· 073
고무 라이닝 펌프 ······························· 183
고무 벨트(Rubber Belt) ················ 83, 84
고무 와셔(Rubber Washer) ················· 049

고무 커플링 ······································· 147
고무질 개스킷 ···································· 313
고장력 볼트 ······························ 034, 044
고장특성 곡선 ···································· 023
고점도용 펌프 ···································· 185
고점도지수 작동유 ······························ 286
고정 커플링(Fixed Coupling) ·············· 146
고정기기 ·· 161
고정측 베어링 ···································· 113
고주파 진동 ······································· 189
고착 방지법 ······································· 051
고착된 볼트의 분해법 ························· 051
고착의 원인 ······································· 051
고체 윤활제 ······························ 253, 272
공기기계 ·· 223
공동현상 ·· 189
공정불량 ····································· 021, 022
공차 선정 ·· 119
과부하 절손(Overload Breakage) ········ 064
관류형 송풍기(Tubular Fan) ··············· 232
관리상 정지손실 ································· 021
관통 볼트(Through Bolt) ···················· 038
광유(Mineral Oil) ······························· 284
광유계 ······································· 142, 254
광유계작동유 ····································· 285
교번자속(交番磁束) ···························· 130
교정 피팅 ·· 070
구동 기어(Driving gear) ····················· 059
구름 베어링(Rolling Bearing) ·············· 100
국부 응력집중 ···································· 066
궤도륜 ··· 113

궤도의 긁힘 ·· 138
그랜드 패킹(Gland Packing)
·· 194, 195, 219, 308, 309
그리드 커플링 ···································· 147
그리스(Grease) ··································· 271
그리스 건(Grease Gun) ······················· 269
그리스 윤활 ·· 268
그리스 컵(Grease Cup) ······················· 269
극압윤활 ··· 253
극압제 ··· 257
급격한 피팅(Destructive Pitting) ········ 070
급속순환 ··· 278
급유위치 ··· 264
기계식 강제 급유법(Mechanical Force Feed
  Oiling) ·· 266
기본 동정격 하중 ······························· 117
기본 정격 수명 ··································· 117
기어 손상(Grar Failures) ···················· 063
기어 윤활 시스템 ······························· 066
기어 이 절손(Gear Tooth Breakage) ··· 063
기어 커플링 ·· 147
기어 펌프 ···································· 179, 210
기유 ·· 142, 255
기체 윤활제 ·· 253
기초 볼트(Foundation Bolt) ················ 040
기초원 ··· 060
기포 펌프(Air Lift) ······················ 179, 212
기포성 ··· 293
긴장 풀리(Tightening Pulley) ············· 086
끼워맞춤 ··· 119

ㄴ

나비 볼트(Wing Bolt) ·························· 039
나사 등급 ·· 043
나사 펌프 ···································· 179, 212
나사의 체결력 ···································· 030

난연성작동유 ······································ 285
내력 ··· 032
내륜 번호 ·· 108
내륜회전하중 ······································ 119
내마모제 ··· 257
냉각작용 ··· 253
너트의 회전각 ···································· 027
녹아붙음(Seizure) ······························· 263
니들 롤러 베어링 ······························· 101
니트릴고무(NBR) ······························· 311

ㄷ

다단 터빈펌프 ···································· 198
다단 펌프 ·· 198
다이어프램 펌프 ··············· 179, 181, 208
다익 송풍기(Multi Blade Fan) ············ 226
닥트(Duct) ·· 232
단단 펌프 ·· 198
단열 앵귤러 콘택트형 ······················· 104
단열 홈형 ·· 104
더블피치 롤러체인(Double Pitch Roller Chain)
·· 088
데시벨 평균값 ···································· 081
동압(Dynamic Pressure) ····················· 234
동점도 ··· 291
동점도(Kinematic Viscosity) : Stokes(cm^2/sec)
·· 261
둥근 너트(Circular Nut) ······················ 041
드레인 콕(Drain Cock) ······················· 281
드레인 플러그(Drain Plug) ················ 095
디퓨져(Diffuser) ·································· 188

ㄹ

레이디얼 베어링(Radial Bearing) ······ 102

레이디얼 송풍기(Radial Fan)	229
레이디얼 클리어런스	126
로크너트(Lock Nut)	048
롤러 체인(Roller Chain)	087, 088
룸 후드(Room Hood)	228, 231
리머 볼트(Reamer Bolt)	041
리징(Ridging)	063
리테이너 형식	110
리프 체인	088

ㅁ

마멸고장 기간	023
마모(Wear)	063
마모와 폴리싱	064
마찰(Friction)	251
마찰 계수	034, 046, 252
마찰 클러치(Friction Clutch)	149
마찰토크	027
맞물림 클러치(Claw Clutch)	149
멈춤 나사	050
메커니컬 실	309, 314, 315
모듈(m)	060
모터펌프	181
무동력펌프	181
물결무늬 항복(Rippling)	063
미끄럼 베어링(Sliding Bearing)	100
미니어처 베어링(Miniature Bearing)	100
미세 피팅(Micro Pitting)	072
미스-얼라인먼트(Mis-Alignment)	164
밀봉 방법	110
밀봉작용	253

ㅂ

반고체 윤활제	253

방기성	294
방청 작동유	286
방청작용	253
방청제	257
밸런스 드럼(Balance Drum)	192
버어(Burr)	126
베어링(Bearing)	099
베어링 검사	125
베어링 계열번호	119
베어링 마모	094
베어링 선정	108
베어링 수명	117
베어링 정밀도	110
베어링 치수	109
베어링 틈새	110
베어링 형식	109
베어링의 계열 번호	107
베어링의 틈새(Clearance)	115, 116
베인 댐퍼(Vane Damper)	226, 227
보아홀 펌프	184
복렬 자동 조심형(큰나비)	104
복합요인에 의한 손상(Associated Gear Failure)	063
볼류트 케이싱(Volute Casing)	188
볼류트 펌프	188
볼트 인장시험	032
볼트의 신장량	027
볼트의 적정 조임	030
볼트텐셔너	029
부러진 볼트 빼는 방법	053
부시 체인(Bush Chain)	088
부식 마모(Corrosive Wear)	063
부식성(Corrosion)	262
부하시간	021
분기점검	092
분무 급유법	145
분무식 급유법(Oil Mist Oiling)	266

분사펌프 ······································· 179
분산제 ··· 257
분할 핀(Split Pin) ··························· 048
불균형 실형(Unbalance Seal Type) ····· 316
불소고무(FKM) ······························ 311
불완전윤활 ··································· 252
불평형(Unbalance) ·························· 163
불혼화주도 ··································· 271
브란자 펌프 ···························· 179, 207
브레트레스형 ································· 200
블로어(Blower) ······························ 224
블록 체인(Block Chain) ···················· 088
비 역전 클러치(Over Running Clutch) ····· 151
비교회전도 ··································· 188
비금속 개스킷 ································ 313
비말 급유법(Splash Oiling) ················ 267
비산 급유법 ·································· 144
비순환 급유방식 ····························· 266
비용적식펌프 ································· 179
비틀림각(Helix Angle) ····················· 067

ㅅ

사각 너트(Square Nut) ····················· 041
사각 볼트 ····································· 039
사류 펌프 ······························ 179, 201
사류형 ··· 200
사류형 송풍기(Mixed Flow Fan) ········· 232
사일런트 체인(Silent Chain) ·············· 088
산세정 ··· 299
산술평균값 ··································· 081
산화 안정성(Oxidation Stability) ········ 262
산화방지제 ··································· 257
산화안정도 ··································· 295
산화안정성 ··································· 287
생산의 3요소 ································ 020
생산의 5요소 ································ 020

서리형상 피팅(Frosting, Micro Pitting) ····· 063
서징현상 ······································ 193
석면 조인트시트 ····························· 313
설비관리 영역 ································ 021
섬유 벨트(Textile Belt) ···················· 084
섭동재 ··· 323
세라믹 볼 ····································· 101
세목휠터(Filter) ····························· 125
세정작용 ······································ 253
세척조(Washing Tank) ····················· 126
센터링 ··· 156
소경 베어링 ·································· 099
소성 연신량 ·································· 029
소성 유동(Plastic Flow) ············· 063, 068
소성변형(Plastic Deformation) ··········· 063
소음 레벨의 측정기 ························· 078
소음 스펙트럼 ································ 077
소음 스펙트럼의 측정 ······················ 079
소음도 측정 ·································· 079
소포제 ··· 257
속도 저하손실 ································ 022
손 급유법(Hand Greasing) ················ 268
손 급유법(Hand Oiling) ··················· 266
솔벤트나 오일 ································ 121
송풍기 ··· 223
수-글리콜계 작동유 ························· 287
수격현상(Water Hammer) ················ 193
수동급유 ······································ 266
수동력(kW) ·································· 175
수동테스트펌프 ······························ 181
수동펌프 ······································ 181
수압펌프 ······································ 181
수율손실 ······································ 022
수정손실 ······································ 022
수중펌프 ······································ 179
수직(상하방향) 평행편차(Vertical Offset) ······· 157
수추 펌프(무동력 펌프) ···················· 215

수추펌프(Hydraulicram) ·············· 179, 181
수평(좌우방향) 평행편차(Horizontal Offset) ···· 157
순환 급유방법 ······································ 266
순환 급유법 ·· 144
슈퍼크린(Super Clean) ······················ 120
스러스트 베어링(Thrust Bearing) ······ 101, 102, 104
스커핑(Scuffing Adhesive Wear, Scoring) ····· 063
스코링(Scoring) ·································· 063
스크루엑스트랙터 ································ 053
스터드 볼트(Stud Bolt) ······················· 038
스트레이너(Strainer) ··························· 281
스파이럴 베벨기어 ······························· 064
스퍼기어 ······································ 059, 060
스페리컬 롤러 베어링 ·························· 112
스폴링(Spalling, 쪼갬) ························ 072
스프로킷 휠(Sprocket Wheel) ············ 087
스프링 와셔(Spring Washer) ·············· 049
스프링 판 너트(Spring Plate Nut) ······ 043
슬러리(Slurry) ····································· 325
슬리브 ·· 113
시안화염처리(Cyaniding) ···················· 072
식품용 펌프 ··· 185
신장력(Tensioning Force) ·················· 029
신장법(Tensioning Method) ··············· 028
실(Seal) ··· 305
실리콘고무(VMQ) ································ 311
실측값 ·· 081
심(Shim) ··· 160
심지 급유법(Wick Oiling) ··················· 266
싱글나사펌프 ······································· 212
씨일 손상 ·· 094

ㅇ

아웃사이드 형(Outside Type) ············ 317
아이 볼트(Eye Bolt) ···························· 040
아크릴고무(ACM) ································ 311

안내날개(Guide Vane) ················· 187, 188
안정성(Stability) ································· 261
암소음 ··· 080
압력각(α) ·· 060
압력에너지 ·· 186
액체 윤활제 ·· 253
앵귤러 콘택트 ····································· 113
양액의 밀도(kg/m^3) ··························· 175
어댑터 ··· 113
억지끼워맞춤 ······································ 127
에스테르계작동유(합성계) ···················· 285
에어 리프트(Air Lift) 펌프 ·················· 184
에어 브리더(Air Breather) ·················· 281
엔진펌프 ··· 181
여과요소(Element) ······························ 065
연간점검 ··· 092
연마 마모(Abrasive Wear) ·················· 063
열 안정성(Thermal Stability) ············· 261
열 팽창계수 ·· 115
열박음 ·· 127
열크랙 ·· 139
예방보전(Preventive Maintenance, Predictive Maintenance, Proactive Maintenance) ······· 015
예압 ·· 113
오물용 펌프 ·· 184
오염도 ·· 293
오일 순환식 급유법(Oil Circulating Oiling) ······· 267
오일 실 ·· 310
오일 에어 윤활 ··································· 145
오일레스, 볼리테이너 베어링 ············· 101
오일미스트 급유법 ····························· 278
오일시트 ·· 313
오일유막 ·· 064
오일유막 붕괴 ···································· 064
오프셋 체인(Offset Chain) ················· 088
옥타브 대역 ······································· 082
옥타브 필터 ······································· 079

올덤 커플링(Oldham's Coupling) ·············· 147	유압토크렌치셋(Power Pack and Hydraulic Torque Wrenches Set) ························· 036
와류펌프 ···················· 173, 179, 186, 198	유욕 윤활법(Oil Bath Oiling) ··············· 267
와류형 ·· 200	유욕법 ·· 144
와셔붙이 너트(Washer Based Nut) ········ 042	유종 선정 불량 ································· 275
완전윤활(후막윤활) ······························· 252	유종의 혼용 ·································· 275
왕복동 펌프 ······························ 179, 205	유체 클러치(Fluid Clutch) ··············· 151
외륜 번호 ·· 108	유체윤활(Full Film Lubrication) ········ 252
요부 포금제 펌프 ·································· 183	유티리티 설비 ··································· 020
용적식펌프 ·· 179	유형고정자산 ····································· 020
우발고장 기간 ······································ 022	유화(Emulsion) ····································· 279
워싱턴펌프 ··· 181	유화제 ··· 257
워터 해머 ·· 194	유효 흡입수두(NPSHav : Avaliable Net Positive Suction Head) ·························· 189
원심 클러치(Centrifugal Clutch) ·········· 149	육각 구멍붙이 볼트 ····················· 039
원심펌프 ··· 179	육각 너트(Hexagon Nut) ···················· 041
원심형 송풍기(Centrifugal Flow Fan) ······ 226	육각 볼트(Hexagon Head Bolt) ········· 039, 043
원주피치(P) ·· 061	윤활 급유법 ··································· 263
원추 마찰차 ·· 059	윤활(Lubrication)이란 ······················· 251
원추 클러치(Cone Clutch) ···················· 149	윤활개소 ··· 264
원통 롤러형 ·· 104	윤활관리 점검표 ···························· 273
원통 마찰차 ·· 059	윤활사고 ··· 275
원판 클러치(Disc Clutch) ······················ 149	윤활시스템 ·· 066
월간점검 ··· 092	윤활유(Lubricating Oil) ······················· 270
웜 휠(Worm Wheel) ···························· 095	윤활유계(Lubricating System) ············ 265
웨어링 링(Wearing Ring) ····················· 187	윤활유의 산화 ································· 277
웨이브(Wave) ·· 120	윤활유의 열화 ································· 276
웨이브(Wave) 펌프 ······························· 197	윤활유의 열화원인 ······················ 276
윙 펌프 ···································· 179, 181, 208	윤활유의 탄화 ································· 279
유니버설 커플링(Universal Coupling) ········ 148	윤활유의 혼합 ································· 278
유니트 베어링 ·· 101	윤활제 갱유 카드 ····················· 273
유닛 베어링 ·· 112	음압레벨 ··· 078
유동기기 ··· 161	응력 한도(Max) ································· 028
유동점 ·· 295	응력분산작용 ····································· 253
유동점 강하제 ·· 257	이 두께(Tooth Width) ······················· 060
유막두께 ··· 252	이끝 높이(Addendum) ······················· 059
유성향상제 ··· 257	이끝원(Addendum Circle) ··················· 059
유압 토크렌치 ······························ 028, 037	
유압작동유 ··· 285	

이뿌리 높이(Dedendum) ·················· 059
이뿌리부분 노치 ·························· 073
이뿌리원(Dedendum Circle) ············ 059
익형 송풍기(Airfoil Fan) ················ 227
인벌류트 ·································· 060
인사이드 형(Inside Type) ··············· 317
인산 에스테르계 작동유 ················· 287
인장 강도 ································· 043
인화점 ······························ 287, 295
일반 작동유 ······························· 286
일방향 클러치 ··························· 151
일일점검 ·································· 092
임팩트 렌치(Impact Wrench) ·········· 054
임펠러 ······························ 173, 183
임펠러(Impeller) ························ 242

ㅈ

자기순환급유 ···························· 266
자기제 펌프 ······························ 183
자동 죔 너트(Self-Locking) ············ 047
자분탐상 ·································· 126
자유측 베어링 ··························· 113
자재 스크랩 ······························ 022
자주보전 ·································· 018
작동유 ······························ 283, 301
작동유의 오염 ··························· 296
작용선 ···································· 060
잔모래(Grit) ······························ 065
장시간의 마모(Long-Range Wear) ···· 063
저널(Journal) ····························· 099
저널 베어링(Journal Bearing) ········· 102
적정한 토크 ······························ 054
적하 급유 ································· 266
적하 급유법(Drop Feed Oiling) ·· 144, 266
적합성(Compatibility) ··················· 262
전 포금제 펌프 ·························· 183

전동효율 ·································· 087
전사적 근로자 참여운동(Total Employee Involvement) ··························· 015
전사적 설비보전(Total Productive Maintenance : TPM) ······························· 015
전사적 품질관리(TQM) ················· 015
전산가 ···································· 295
전압 p_t ··································· 236
전양정(m) ································· 175
전자 클러치(Electro Magnetic Clutch) ······ 149
전주철제 펌프 ··························· 183
절대점도 : Poise(g/cm·sec) ············ 261
점도(Viscosity) ···················· 260, 295
점도지수 ····························· 143, 287
점도지수 향상제 ························· 257
점성 펌프(마찰 펌프) ··················· 203
점성펌프 ·································· 179
접액부 포금제 펌프 ····················· 183
접촉각 번호 ······························ 106
정격 하중 ································· 117
정도(Accuracy) ··························· 068
정도검사 ·································· 126
정렬불량(Misalignment) ················ 066
정렬오차 ·································· 073
정밀도 등급 ······························ 108
정밀도의 등급 ··························· 108
정압 p_s ··································· 236
정압(Static Pressure) ···················· 234
정지손실 ·································· 021
제트 급유법(Jet Oiling) ············ 145, 267
제트 펌프 ································· 184
조업손실 ·································· 021
조업시간 ·································· 021
종동 기어(Driving gear) ················ 059
죔 토크(Torque) ························· 054
주간점검 ·································· 092
주강성 펌프 ······························ 183

주도	143, 271
주철제 펌프	183
중심 주파수	079
중앙집중식 그리스 공급장치(Centralized Grease System)	269
중지 판(Locking Plate)	049
중화가	295
증주제	142
지름피치(D_p)	061
진공도	173
질화 열처리	065
질화처리(Nitriding)	072

ㅊ

첨가 터빈유	286
첨가제	255, 256
청수용 펌프	184
청정실(Clean Room)	228
청정제	257
체결장치	027
체결정확도(Accuracy)	029
체결축력	027
체토크	027
체인 전동	087
체인 커플링	147
초기 피팅(Initial Pitting)	070
초기고장 기간	022
초기수율	021
초기유동	022
초음파 축력계	030
초음파탐상(超音波探傷)	126
최고 효율점	236
축 방향 틈새	115
축 이음(Shaft Coupling)	146
축동력	175
축력	027
축력계	030
축류 펌프	179, 202
축류형 송풍기(Axial Fan)	231
축방향 흔들림	126
축정렬 불량(Misalignment)	156
축정렬(Alignment)	156
치면압(Tooth Surface Pressure)	066
치형 벨트(Toothed Belt)	086
침탄열처리(Carburizing)	072
침탄질화처리(Carbonitriding)	072
침탄파손	071

ㅋ

캐비테이션	189
캐비테이션 계수	190
캡 너트(Cap Nut)	042
커플링	146
컬러체크(Color Check)	126
케미컬 펌프	185
케이싱 링(Casing Ring)	187
크라우닝	067
크랙성장	073
크롬몰리브덴강 3종(SCM3)	039
크린 룸(Clean Room)	120, 231
클러치	146
클리어런스	138

ㅌ

타이밍 벨트	086
탄성 변형량	112
탄성 영역	027, 030
탄성 한계	027, 032
탭 볼트(Tap Bolt)	038
터보 송풍기(Turbo Fan)	229

터빈 펌프 · 179, 186, 188
테이퍼 베어링(Taper Bearing) · · · · · · · · · · · · 102
테트론 플라스틱 펌프 · 183
텐셔닝법(Tensioning Method) · · · · · · · · · · · · 029
토출압력 · 205
토출유량(m^3/min) · 175
토크 · 027
토크 계수(K) · 033
토크 렌치(Torque Wrench) · · · · · · · · · · · 046, 054
토크 렌치 테스터 · 046
토크법(Torque Method) · · · · · · · · · · · · · · · · · · 028
톱니 붙이 와셔 · 050
통기구(Air Breathe Hole) · · · · · · · · · · · · · · · · · · 093
통기구 막힘 · 094
특성곡선 · 236
틈새 구분 · 116

ㅍ

파괴적인 마모(Destructive Wear) · · · · · · · · · · 063
파손(Breakage) · 063
패드 급유법(Pad Oiling) · · · · · · · · · · · · · · · · · · · 266
패킹(Paking) · 305, 308
패킹상자 · 187
팬(Fan) · 224
펄스 브리넬링(False Brinelling) · · · · · · · · · · · 136
펄프용 펌프 · 185
펌프 아웃 백 베인(Pump-Out Back Vane) · · · · · · 192
펌프 효율 · 175
펌프의 실양정(m) · 174
펌프의 전양정(Total Head) · · · · · · · · · · · · · · · 178
펌프의 전양정(m) · 174
펌프의 축추력 · 191
펌프의 회전속도 · 176
편심 펌프(Cam Pump) · · · · · · · · · · · · · · 179, 196
평 벨트 · 083
평균값 · 081

평형 디스크(Balance Disk) · · · · · · · · · · · · · · · · 193
평형 파이프(Balancing Pipe) · · · · · · · · · · · · · 192
포화증기 압력 · 176
포화증기압 · 189, 191
폴 와셔 · 049
폴리머 그리스 · 143
표면 피로(Surface Fatigue) · · · · · · · · · · · 063, 070
표면조도 · 066
표면처리 · 066
표준대기압 · 173
풀리 지름 · 091
풍량(Volume) · 233
풍량변동 · 232
프로세스 펌프 · 185
프로스팅(Frosting) · 072
프로펠러 펌프 · 179, 201
플라스틱 사출 베어링 · 101
플라스틱 플러그 · 050
플러싱(Flushing) · 298
플러싱 오일 · 300
플렉시블 커플링(Flexible Coupling) · · · · · · · 147
피로응력 · 027
피로절손 · 073
피스톤 펌프 · 179, 184, 206
피치원(Pitch Circle) · 059
피팅(Pitting) · 063, 067
피팅(Pitting, Surface Fatigue) · · · · · · · · · · · · 063
핀틀 체인(Pintle Chain) · 088
필요 최소 축력 · 029
필요 흡입수두(NPSHre : Required Net Positive
　　Suction Head) · 190

ㅎ

하우징 · 119
하이피니온 펌프 · 211
하중 조건 · 027

하중기호	105
하중의 크기	111
한계 부하 송풍기(Limit Load Fan)	230
함수계작동유	285
함유슬러지	278
합성수지 개스킷	313
합성유	142
합성유계	254
항복강도	027
항복점	028, 032, 043
항유화제	257
해수용 펌프	185
헐거운 끼워맞춤	127
혀 붙이 와셔	049
호브 자국(Hob Tear)	073
호칭 높이	041
호칭 지름	041
혼합 윤활 영역(Mixed Lubrication Regime)	068
혼화주도	271
회전 모멘트	039
회전 펌프	179, 209
후레이킹	120
후렛팅(Fretting)	139
흡입관(Suction Pipe)	281
희석	279

【영문】

(SUS)스테인리스 & 플라스틱 베어링	101
1Stokes = 100cSt(Centistokes)	261
1차 체결과 2차 체결	036
2중나사펌프	212
2차 밀봉재	320
3중나사펌프	212
5행 추진조직	017
5행 활동	018
5행(5S)	017
6대손실	021

A

AGMA(American Gear Manufactures Association)	063
Angular Misalignment	157

B

Balancing	161

C

Case Crushing	072

D

dn값	264
Mechanical Seal	167, 195

P

P : 정밀급	105
Parallel Misalignment	157
pH	295
PTFE(4불화에틸렌 수지)	320

R

R&O타입	291
RBOT(로터리봄베 산화안정도 시험)	293
Reverse Indicator Method	166
Rim & Face Method	166

S

SP : 초정밀급 ·· 105

T

T 볼트(T-Bolt) ··· 041
T/S(Torque Shere)볼트 ···························· 034
TOST(터빈유 산화안정도 시험) ·················· 291
TPM 선행활동 ··· 017

V

V벨트 ·· 084
V벨트의 단면 구조 ···································· 084
V벨트의 전동 ··· 084
V벨트의 정비 ··· 086

W

W/O 에멀전계 작동유 ······························· 287
W/O유화형 ·· 290

X

XH(Extra Heavy) ···································· 087
XL(Extra Light) ······································ 087
XXH(Double Extra Heavy) ····················· 087

기계설비보전
(Mechanical Maintenance)

2024년 12월 12일 제1판제1발행
2025년 4월 3일 제1판제2발행

저 자 김 창 균
발행인 나 영 찬

발행처 **기전연구사**

경기도 하남시 하남대로 947 하남테크노밸리U1센터
B동 1406-1호
전 화 : 02)2235-0791/2238-7744/2234-9703
FAX : 02)2252-4559
등 록 : 1974. 5. 13. 제5-12호

정가 25,000원

◆ 이 책은 기전연구사와 저작권자의 계약에 따라 발행한 것이
 므로, 본 사의 서면 허락 없이 무단으로 복제, 복사, 전재를
 하는 것은 저작권법에 위배됩니다.
 ISBN 978-89-336-1058-9
 www.kijeonpb.co.kr